西安交通大学 XI'AN JIAOTONG UNIVERSITY 本科“十三五”规划教材
普通高等教育数学类专业“十四五”系列教材

微分几何入门

WEIFEN JIHE RUMEN

马 跃 张正策 编著

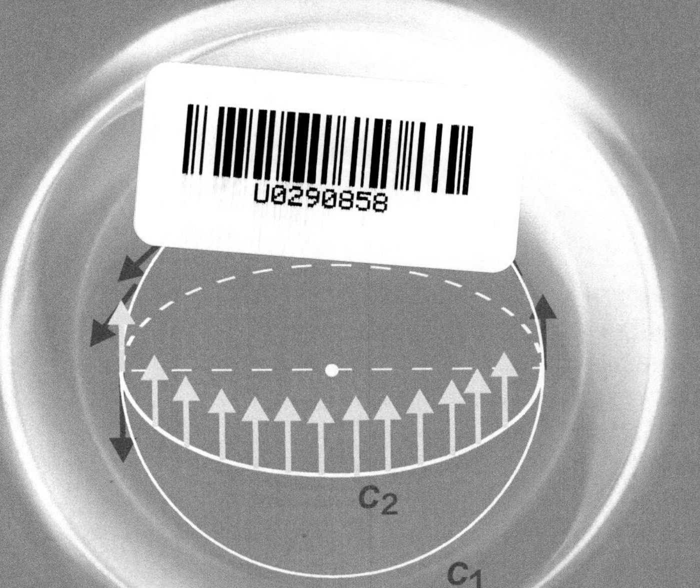

西安交通大学出版社
XI'AN JIAOTONG UNIVERSITY PRESS

内容简介

“微分几何”是本科数学类专业基础课程。它来自于人们借助微积分和线性代数工具对平面和空间中的曲线和曲面进行的研究。现在，微分几何不仅仅本身是现代数学研究的前沿之一，它的基础理论和方法也广泛而深入地应用于数学的其它分支以及力学、物理学等其它学科。作为面向本科生的基础课教材，我们将本书的内容限定在三维欧氏空间中曲线和曲面的局部微分几何。本书可供综合大学、师范院校数学系、力学和物理相关专业的本科生课程选用。

图书在版编目(CIP)数据

微分几何入门/马跃，张正策编著. —西安：西安交通大学出版社，2022.12(2025.3 重印)
ISBN 978-7-5693-2681-9

Ⅰ.①微… Ⅱ.①马… ②张… Ⅲ.①微分几何-高等学校-教材 Ⅳ.①O186.1

中国版本图书馆 CIP 数据核字(2022)第 113914 号

WEIFEN JIHE RUMEN
书　　名　微分几何入门
编　　著　马　跃　张正策
责任编辑　田　华
责任校对　李　文

出版发行　西安交通大学出版社
(西安市兴庆南路 1 号　邮政编码 710048)
网　　址　http://www.xjtupress.com
电　　话　(029)82668357　82667874(市场营销中心)
(029)82668315(总编办)
传　　真　(029)82668280
印　　刷　西安日报社印务中心

开　　本　787 mm×1092 mm　1/16　**印张**　11　**字数**　180 千字
版次印次　2022 年 12 月第 1 版　2025 年 3 月第 3 次印刷
书　　号　ISBN 978-7-5693-2681-9
定　　价　30.00 元

如发现印装质量问题，请与本社市场营销中心联系。
订购热线：(029)82665248　(029)82667874
投稿热线：(029)82669097
读者信箱：190293088@qq.com

目　　录

第1章 绪　　论

1.1 什么是几何学

由于测定距离、丈量田亩、绘制地图以及测量时间制定历法的需要，古代人类逐渐积累起了最基本的几何学知识．到古希腊亚历山大时期，古典几何学的公理体系已经臻于完备，并在其后近两千年间继续发展．截至18世纪，在人们脑海中，“几何学(geometry)”指的就是研究三维欧几里得空间中点集性质的学问．我们将这种语境下的几何学称为“古典几何学”．根据所使用的方法不同，古典几何学又可分为以下几种．

(1)初等几何：平面及空间欧几里得几何．主要研究方法是希腊式的公理演绎方法．主要的研究对象是简单的直线、三角形、圆、球、圆柱与圆锥等．

(2)初等解析几何：采用坐标方法，将初等代数学方法引入几何学研究．主要研究对象是平面上的二次曲线和空间中的二次曲面．

(3)古典微分几何：采用坐标方法，综合运用微积分和线性代数的手段，研究平面和空间中更加一般的曲线和曲面的性质．

注意“古典”这个限定词并不意味着古典几何已经发展完备而“无问题可做”．事实上，古典几何(也就是三维欧几里得空间中的几何学)中依然存在不少悬而未决的问题．

随着数学的发展，几何学研究早已突破了古典几何学的范畴．在19世纪的时候，相继涌现出了射影几何(projective geometry)、仿射几何(affine geometry)、球面与双曲几何(统称非欧几何)、拓扑学等数学分支．这些在传统观点看来“像几何又不完全是几何”的数学分支如何定位？如何以一个统一的观点看待这些略显杂乱的分支成为了当时数学界思考的问题．

1872年，Felix Klein首次提出，随后于1893年正式发表了题为*Vergleichende*

Betrachtungen über neuere geometrische Forschungen *（《关于新几何学研究的比较》）的研究计划，被后世称为 Erlangen Program. 在该计划中，Klein 建议以对称性的观点来对几何学进行分类. 他认为几何学研究的"几何性质"应该是一个点集（或者更一般的集合）在某种"变换"之下保持不变的性质. 例如，平面封闭图形的面积这个性质，在"旋转"和"平移"操作之下是保持不变的. 所以"面积"这个概念可以成为几何学研究的对象. Klein 进一步采用当时新出现的"群论"观点来描述"变换"，认为一个集合上的某类"变换"，乃是集合到自身的可逆映射构成的群的某个子群. 同一个集合，其上变换群的不同会产生不同的几何学，这就是对几何学分类的依据. 进一步我们可以认为，几何学乃是研究一个集合在某个变换群作用之下保持不变的那些性质的学问.

1.2　几何学的分类

这里我们以平面上的点集为例，以变换群为依据对平面上的几何学进行初步分类. 平面点集到自身的可逆映射全体记作 $\mathcal{T}$. 在 $\mathcal{T}$ 中存在许多子群. 而在这些子群变换下保持不变的性质就是相应几何学研究的对象. 我们将从小到大来讨论这些子群. 为方便起见，假设这个平面上已经装备了标准直角坐标系 $\{O;x,y\}$.

1. 等距变换群

设 $\boldsymbol{A}\in O(2)$，$\boldsymbol{\xi}\in\mathbb{R}^2$. 我们记

$$(\boldsymbol{\xi},\boldsymbol{A}):\mathbb{R}^2\mapsto\mathbb{R}^2,$$
$$\boldsymbol{x}\mapsto\boldsymbol{A}\boldsymbol{x}+\boldsymbol{\xi}.$$

它的意思是我们取一个点 $\boldsymbol{x}$，以 O 为中心做一个以 $\boldsymbol{A}$ 表达的线性变换，再平移 $\boldsymbol{\xi}$. 我们记：

$$\mathcal{S}(2):=\{(\boldsymbol{\xi},\boldsymbol{A})\mid\boldsymbol{\xi}\in\mathbb{R}^2,\boldsymbol{A}\in O(2)\},$$

其中，$O(2)$ 表示 $\mathbb{R}$ 上的二阶正交矩阵. 可以证明这些映射是可逆的，并且构成一个群. 这个群的乘法为映射的复合，运算规则为

$$(\boldsymbol{\xi},\boldsymbol{A})\circ(\boldsymbol{\eta},\boldsymbol{B})(\boldsymbol{x})=\boldsymbol{A}\boldsymbol{B}\boldsymbol{x}+\boldsymbol{\xi}+\boldsymbol{A}\boldsymbol{\eta}=(\boldsymbol{\xi}+\boldsymbol{A}\boldsymbol{\eta},\boldsymbol{A}\boldsymbol{B})(\boldsymbol{x}).\qquad(1.1)$$

熟悉群论的读者可以看出这意味着 $\mathcal{S}(2)=\mathbb{R}^2\rtimes_\varphi O(2)$，这里 φ 是 $O(2)$ 在 $\mathbb{R}^2$ 上的自然作用.

---

*　发表于 Math. Ann. 1893(43):63－100.

我们观察到这个群是由等距线性变换和平移变换生成的. 它保持一个图形的尺寸(点与点之间的距离)和形状(任意向量的夹角)不变. 这些性质都是中学平面几何的研究范畴. 研究在等距变换群之下保持不变的几何性质的平面几何学称为**平面欧几里得几何学**.

如果我们进一步要求 $\det\boldsymbol{A}>0$,上述变换群同构于$\mathbb{R}^2\rtimes_\varphi SO(2)$,称为**刚体运动群**. 注意刚体运动群和等距变换群的一个重要区别是:在等距变换群下,左手坐标系可以变成右手坐标系,即左脚鞋子可以变成右脚鞋子——也就是说在等距几何学家看来,左脚鞋子和右脚鞋子是同一个形状. 但是在刚体运动群下,左右脚鞋子不再是同一个几何形状,因为生产厂家必须有左右脚两套模具来生产左右脚的鞋子(见图 1.1).

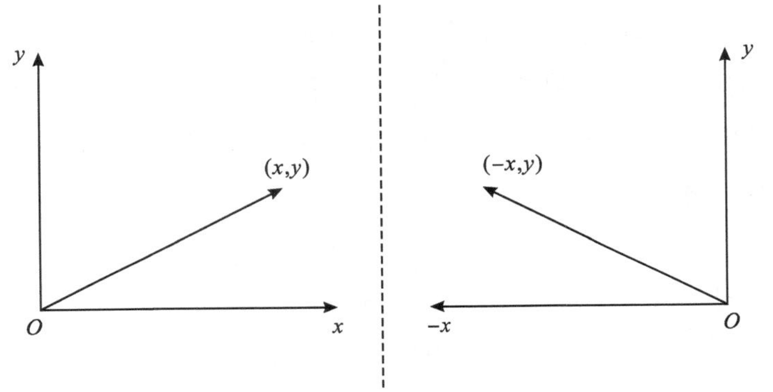

图 1.1

2. 仿射变换群

设 $\boldsymbol{A}\in GL(2)$,$\boldsymbol{\xi}\in\mathbb{R}^2$. 我们记

$$(\boldsymbol{\xi},\boldsymbol{A}):\mathbb{R}^2\mapsto\mathbb{R}^2,$$
$$\boldsymbol{x}\mapsto\boldsymbol{A}\boldsymbol{x}+\boldsymbol{\xi}.$$

我们记 $\mathcal{A}(2):=\{(\boldsymbol{\xi},\boldsymbol{A})\mid\boldsymbol{\xi}\in\mathbb{R}^2,\boldsymbol{A}\in GL(2)\}$为平面上的**仿射变换群**. 类似于等距变换群,可以证明 $\mathcal{A}(2)$也构成一个群,其运算法则也由式(1.1)描述. 同时我们注意到$\mathcal{S}(2)\subsetneq\mathcal{A}(2)$.

我们观察到群 $\mathcal{A}(2)$由非退化的线性映射和平移生成. 向量(直线)的平行关系,一条直线上两个线段的长度之比等在这个群之下保持不变. 研究这些性质的几何学被称为**仿射几何学**. 由于 $\mathcal{A}(2)$严格包含 $\mathcal{S}(2)$,所以凡是仿射几何学研究的性质都是欧几里得几何学研究的性质,但是反之不成立.

3. * 射影变换群

考虑矩阵

$$\boldsymbol{M}=\begin{pmatrix}0&1&0\\0&0&1\\1&0&0\end{pmatrix}.$$

将 $\boldsymbol{M}$ 做如下划分：

$$\boldsymbol{M}=\left(\begin{array}{cc|c}\multicolumn{2}{c|}{\boldsymbol{A}}&\boldsymbol{B}\\\hline c&d&e\end{array}\right),$$

这里 $\boldsymbol{A}$ 为 2×2 矩阵，$\boldsymbol{B}$ 为 2×1 列向量，c、d、e 都是实数. 我们在平面①上引入下列变换：

$$\mathbb{R}^2\mapsto\mathbb{R}^2,$$

$$\begin{pmatrix}x^1\\x^2\end{pmatrix}\mapsto\left[\boldsymbol{A}\begin{pmatrix}x^1\\x^2\end{pmatrix}+\boldsymbol{B}\right]/(cx^1+dx^2+e)=\begin{pmatrix}x^2/x^1\\1/x^1\end{pmatrix}. \tag{1.2}$$

直观解释：考虑三维空间中一个右手直角坐标系$\{O;e_1,e_2,e_3\}$，如图 1.2 所示. 考虑平面 $\Pi_3:\{x^3=1\}$和 $\Pi_1:\{x^1=1\}$. 两个平面上自然继承了直角坐标系. 现在考虑三维空间中的一个点 $P=(y^1,y^2,y^3)$，方便起见假设 $y^1,y^3\neq0$. 那么 OP 直线同 Π_3 相交于

$$x^1=y^1/y^3,\quad x^2=y^2/y^3;$$

OP 同 Π_1 相交于

$$\bar{x}^2=y^2/y^1=x^2/x^1,\quad \bar{x}^3=y^3/y^1=1/x^1.$$

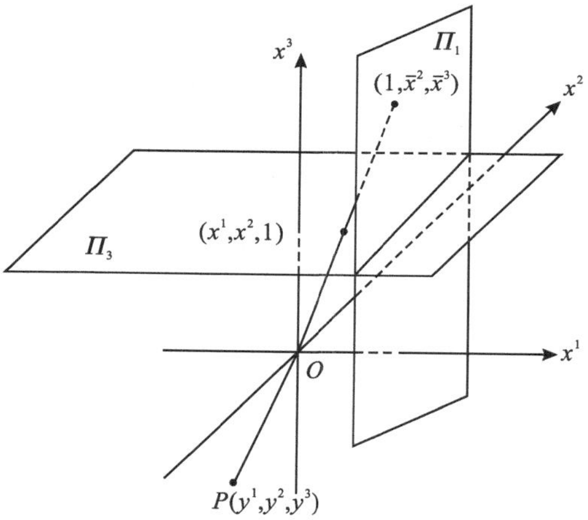

图 1.2

所以式(1.2)的意思是，如果知道 P 在 Π_3 的投影(以 O 为中心)，那么可以得

①这个定义并不严密，事实上这个变换并不保证一定映入平面，在分母为零时它将一个点映射到无穷远. 但是我们不打算严格引入射影平面的概念. 对射影几何感兴趣的读者可以参看参考文献[1].

到 P 在 Π_1 的投影. 对此一个直观的解释是,设想有两台照相机,它们的镜头的光心都放在原点. 只不过一个照相机镜头朝下,底片放在 $\{\Pi_3\}$,另一个照相机镜头朝左,底片放在 Π_1,都对 P 点拍照,那么在两个底片上 P 的像的位置由式(1.2)相联系. 同样一个物体从不同角度拍摄出来的照片会有形变,但是总有一些性质是保持不变的,以至于(绝大多数情况下)我们还是看出来这是同一个物体. 这些保持不变的性质就是射影几何学研究的对象. 例如,"若干点共线""若干线共点""交比"等. 本书并不涉及射影几何. 对此感兴趣的读者可以阅读参考文献[1]的附录.

4. 连续变换群

我们考虑 $\mathbb{R}^2$ 到 $\mathbb{R}^2$ 的所有连续变换构成的群. 在此变换群下保持不变的性质(点集的连通性、紧性、基本群等)是拓扑学研究的对象. 本书并不研究拓扑学,感兴趣的读者可以阅读参考文献[2].

1.3 几何学的研究任务

在了解过几何学的分类之后,一个自然而然的问题是:几何学究竟研究哪些性质? 它的惯用研究手段有哪些?

在回答这个问题之前,我们先引入几何对象的"分类"概念. 一个点集(图形)在某个变换群中的一个变换之下可以成为另一个图形,我们称这两个图形在此变换群意义下等价. 例如,在等距变换之下,两个具有对应相等的边长的三角形可以在旋转和平移/反射之后"完全重合". 我们称这两个三角形在**等距意义下等价**或者**全等**.

现代几何学虽然枝繁叶茂,但是其基本任务依然是描述几何对象(点集)的形状. 其描述的手段同**全等**其实没有本质区别. 只不过不同的几何学在不同的变换群之下研究,所以几何对象的**等价**在不同的几何学中有不同的含义. 而不同几何学研究的根本问题都是:满足一定条件的几何对象(点集/图形/向量场等)是否存在? 如存在是否在**等价**的意义下唯一? 如果不唯一,那么能否将不同的"标准形状"列举出来,使得任意一个如此的几何对象都同这些"标准形状"之一等价?

例如,从高中解析几何到大学线性代数中大家研究了平面二次曲线. 平面二次曲线对应一个二次型(实对称矩阵). 我们知道标准二次曲线(非退化情况)分为以下几种:圆、椭圆、双曲线和抛物线. 此外,还知道通过二次型的正交合同，任意一个非退化的二次曲线都可以经过一个正交变换变成上述四种标准图形之一. 这个结论就是在平面欧氏几何意义下对二次曲线的分类结果. 我们还可以在仿射意义下、射影意义下对二次曲线进行分类，这里不做详述. 我们发现在二次曲线分类（实对称矩阵合同意义下对角化）过程中，矩阵的两个特征值决定了其代表的曲线的类型和形状：两个正特征值表征这是一个圆/椭圆，一正一负表明是双曲线，一正一零表明是抛物线. 而这些特征值在正交变换下是不变的. 于是我们找到了对二次曲线分类的依据：其对应二次型的特征值.

对于更加一般的几何对象，我们也希望能够找到这样的"标准形式"和分类依据. 几何学相当一部分精力就是为各类几何对象寻找（对应变换群下的）"标准形式"和分类依据. 几何学的最终研究目标之一就是确定一定范围内所有几何对象的"标准形式"，找到所有几何对象的分类依据. 当然很多情况下这个任务还远远看不到达成的希望.

1.4 本书的任务

本书的主要目的是向读者介绍欧氏空间的微分几何最基础的内容（以及一些仿射几何）. 我们将基于曲线和曲面的局部理论展开研究. 我们的目标是在局部意义下确定如何分类光滑曲线和光滑曲面. 也就是说，给定两条曲线上的两个点（两个曲面上的两个点），是否存在其中一个点的开邻域，使得我们把这个邻域内的曲线段（曲面片）裁剪下来之后，通过旋转和平移/反射（等距变换）可以同另一个点附近的曲线段（曲面片）重合. 我们将探究什么样的依据可以用来判断这种重合（对曲线是曲率、挠率；对曲面是第一、第二基本形式）. 对于曲面，我们还将探讨在允许将曲面"展平"的操作下，两个曲面片是否能够重合. 我们也将证明，给定这样的不变量，一定存在这样的曲线/曲面.

本书假定读者熟练掌握多元微积分和线性代数的知识，并且了解一点群论、拓扑学方面的术语. 读者可以在附录中找到一个简单介绍.

第 2 章　三维欧氏空间中的向量代数和曲线论

2.1　三维欧氏空间中的向量及向量值函数

我们假定读者熟悉$\mathbb{R}^3$上的线性空间结构，并且了解$\mathbb{R}^3$上欧氏内积的定义和基本性质．这里仅仅做一个简要回顾．对于 $\boldsymbol{v}=(v^1,v^2,v^3)^{\mathrm{T}}$，$\boldsymbol{w}=(w^1,w^2,w^3)^{\mathrm{T}}\in\mathbb{R}^3$，定义欧氏内积：

$$(\boldsymbol{v},\boldsymbol{w})=(\boldsymbol{v},\boldsymbol{w})_E:=\sum_{i=1}^{3}v^iw^i,$$

称为 $\boldsymbol{v}$ 内积 $\boldsymbol{w}$．不难验证

$$(\cdot,\cdot)_E:\mathbb{R}^3\times\mathbb{R}^3\mapsto\mathbb{R},$$

$$(\boldsymbol{v},\boldsymbol{w})\mapsto(\boldsymbol{v},\boldsymbol{w})_E=\sum_{i=1}^{3}v^iw^i$$

是一个双线性映射，并且正定．同时，不难验证由欧氏内积导出的距离

$$d(\boldsymbol{v},\boldsymbol{w}):=\|\boldsymbol{v}-\boldsymbol{w}\|_2:=\sqrt{(\boldsymbol{v}-\boldsymbol{w},\boldsymbol{v}-\boldsymbol{w})_E}$$

满足正定、对称和三角不等式性质．从而欧氏空间是一个度量(metric)空间．进一步，欧氏内积还满足 Cauchy(柯西)不等式：

$$|(\boldsymbol{v},\boldsymbol{w})_E|\leqslant(\boldsymbol{v},\boldsymbol{v})_E^{\frac{1}{2}}(\boldsymbol{w},\boldsymbol{w})_E^{\frac{1}{2}}$$

从几何意义上看，内积是一个数，这个数值是 $\|\boldsymbol{v}\|_2\|\boldsymbol{w}\|_2\cos\theta$．这里 θ 是两个向量之间的夹角，于是从几何学上可以看到：

当
$(\boldsymbol{v},\boldsymbol{w})_E>0\Leftrightarrow\boldsymbol{v}$、$\boldsymbol{w}$ 夹角为锐角；
$(\boldsymbol{v},\boldsymbol{w})_E<0\Leftrightarrow\boldsymbol{v}$、$\boldsymbol{w}$ 夹角为钝角；
$(\boldsymbol{v},\boldsymbol{w})_E=0\Leftrightarrow\boldsymbol{v}\perp\boldsymbol{w}$.

除此之外，三维欧氏空间中的向量还有一个重要运算称为外积：

$$\boldsymbol{v}\times\boldsymbol{w}:=\begin{vmatrix} v^1 & v^2 & v^3 \\ w^1 & w^2 & w^3 \\ \boldsymbol{e}_1 & \boldsymbol{e}_2 & \boldsymbol{e}_3 \end{vmatrix}=\begin{vmatrix} v^2 & v^3 \\ w^2 & w^3 \end{vmatrix}\boldsymbol{e}_1-\begin{vmatrix} v^1 & v^3 \\ w^1 & w^3 \end{vmatrix}\boldsymbol{e}_2+\begin{vmatrix} v^1 & v^2 \\ w^1 & w^2 \end{vmatrix}\boldsymbol{e}_3,$$

这里 $\boldsymbol{e}_1=(1,0,0)^{\mathrm{T}}, \boldsymbol{e}_2=(0,1,0)^{\mathrm{T}}, \boldsymbol{e}_3=(0,0,1)^{\mathrm{T}}$.

根据行列式的性质,以下等式是显然的(留作练习):

$$\boldsymbol{v}\times\boldsymbol{w}=-\boldsymbol{w}\times\boldsymbol{v};$$

$$\boldsymbol{v}\times(\alpha\boldsymbol{w}_1+\beta\boldsymbol{w}_2)=\alpha\boldsymbol{v}\times\boldsymbol{w}_1+\beta\boldsymbol{v}\times\boldsymbol{w}_2, \quad \forall\,\alpha,\beta\in\mathbb{R};$$

$$\boldsymbol{v}\times(\lambda\boldsymbol{v})=0, \quad \forall\,\lambda\in\mathbb{R}.$$

内积的物理意义,是力沿着某个方向做功. 外积的物理意义之一是以 $\boldsymbol{v}$ 为速度运动的单位点电荷在场强为 $\boldsymbol{w}$ 的匀强磁场中受到的洛伦兹力. 另外可以给 $\boldsymbol{v}\times\boldsymbol{w}$ 一个几何解释:它是 $\boldsymbol{v}$ 和 $\boldsymbol{w}$ 两个向量张成的平行四边形的有向面积(见图 2.1).

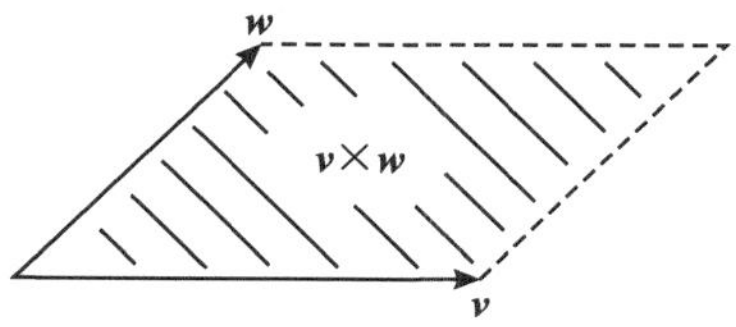

图 2.1

进一步,我们考虑内积和外积的混合运算,称为混合积,定义如下:

$$(\boldsymbol{u},\boldsymbol{v},\boldsymbol{w}):=(\boldsymbol{u}\times\boldsymbol{v},\boldsymbol{w})_E.$$

混合积的几何意义参见下面本节练习 2.

然后我们考虑向量值函数:

$$\boldsymbol{u}:(a,b)\mapsto\mathbb{R}^3,$$

$$t\mapsto\boldsymbol{u}(t)=(u^1(t),u^2(t),u^3(t))^{\mathrm{T}}.$$

这可以看成是三个实值函数. 当我们把 t 理解为时间的时候,$\boldsymbol{u}$ 的含义是每个时间点给出一个位置 $\boldsymbol{u}(t)$. 这便促使我们将 $\boldsymbol{u}$ 看成是一个质点的运动方程,同时点集 $\{\boldsymbol{u}(t)\in\mathbb{R}^3 \mid \in(a,b)\}$ 是质点运动的轨迹曲线.

当 u^i 都是 C^1 函数时

$$\boldsymbol{u}'(t)=\frac{\mathrm{d}\boldsymbol{u}}{\mathrm{d}t}(t)=\left(\frac{\mathrm{d}u^1}{\mathrm{d}t},\frac{\mathrm{d}u^2}{\mathrm{d}t},\frac{\mathrm{d}u^3}{\mathrm{d}t}\right)^{\mathrm{T}}$$

就是这个质点的瞬时速度. 可知这个速度方向也是质点运动轨迹的切方向.

根据导数的定义及内积和外积的运算法则,我们可以容易地证明以下关系(留作练习). 设 $\boldsymbol{u}$、$\boldsymbol{v}$ 为 (a,b) 到 $\mathbb{R}^3$ 的 C^1 映射.

$$
\begin{aligned}
&(\boldsymbol{u},\boldsymbol{v})'_E=(\boldsymbol{u}',\boldsymbol{v})_E+(\boldsymbol{u},\boldsymbol{v}')_E,\\
&(\boldsymbol{u}\times\boldsymbol{v})'=\boldsymbol{u}'\times\boldsymbol{v}+\boldsymbol{u}\times\boldsymbol{v}',\\
&(\boldsymbol{u},\boldsymbol{v},\boldsymbol{w})'=(\boldsymbol{u}',\boldsymbol{v},\boldsymbol{w})+(\boldsymbol{u},\boldsymbol{v}',\boldsymbol{w})+(\boldsymbol{u},\boldsymbol{v},\boldsymbol{w}').
\end{aligned}
\tag{2.1}
$$

本节练习

练习 1　证明

$$
(\boldsymbol{u},\boldsymbol{v},\boldsymbol{w})=\begin{vmatrix} u^1 & u^2 & u^3\\ v^1 & v^2 & v^3\\ w^1 & w^2 & w^3\end{vmatrix},
\tag{2.2}
$$

并证明

$$
(\boldsymbol{u},\boldsymbol{v},\boldsymbol{w})=(\boldsymbol{w},\boldsymbol{u},\boldsymbol{v})=(\boldsymbol{v},\boldsymbol{w},\boldsymbol{u})
$$

练习 2　证明 $|(\boldsymbol{u},\boldsymbol{v},\boldsymbol{w})|$ 是 $\boldsymbol{u},\boldsymbol{v},\boldsymbol{w}$ 张成的平行六面体的体积.

练习 3　证明 $\boldsymbol{u},\boldsymbol{v},\boldsymbol{w}$ 线性相关 $\Leftrightarrow \boldsymbol{u},\boldsymbol{v},\boldsymbol{w}$ 共面 $\Leftrightarrow (\boldsymbol{u},\boldsymbol{v},\boldsymbol{w})=0$.

练习 4　根据式(2.1)证明下列命题：

设 $\boldsymbol{v}:(a,b)\mapsto\mathbb{R}^3$ 为 C^1 函数，则：

(1) $\|\boldsymbol{v}\|_2=$ 常数 $\Leftrightarrow \boldsymbol{v}(t)\perp\boldsymbol{v}'(t)$；

(2) $\boldsymbol{v}(t)$ 处于一个平面内 $\Rightarrow (\boldsymbol{v}(t),\boldsymbol{v}'(t),\boldsymbol{v}''(t))=0$，而若 $\boldsymbol{v}\times\boldsymbol{v}'\neq 0$，则“$\Leftarrow$”成立.

练习 5　采用向量方法证明：

(1)平面上三角形的三条中线交于一点，这点分中线为 1 ∶ 2 两部分，这点称为三角形的重心.

(2)空间中四面体的顶点到对面三角形的重心的连线称为四面体的中线. 证明四条中线相交于同一个点，称为四面体的重心，并且重心分中线为 1 ∶ 3两个部分.

2.2　三维欧氏空间中的曲线——弧长

首先我们需要对“曲线”这个直观几何概念进行定义. 曲线应该是空间中的一个点集，从某种意义上来说，曲线是一个“一维”对象：只有“线度”，没有“宽度”和“深度”. 联想上节对有关向量值函数和质点运动方程的观察，我们做出如下定义：

定义 2.1　设 $a<b\in\mathbb{R}$，并且 $\boldsymbol{r}$ 为 (a,b) 到 $\mathbb{R}^3$ 的 C^k 映射：

$$\boldsymbol{r}:(a,b)\mapsto\mathbb{R}^3$$

满足 $\forall t\in(a,b),\boldsymbol{r}'(t)\neq 0$. 令 $C=\{\boldsymbol{r}(t)\in\mathbb{R}^3\mid t\in(a,b)\}$，称 C 为一段 C^k 正则曲线. 若 $k=\infty$，称 C 为光滑正则曲线，称映射 $\boldsymbol{r}$ 为 C 的一个正则参数化（见图 2.2）.

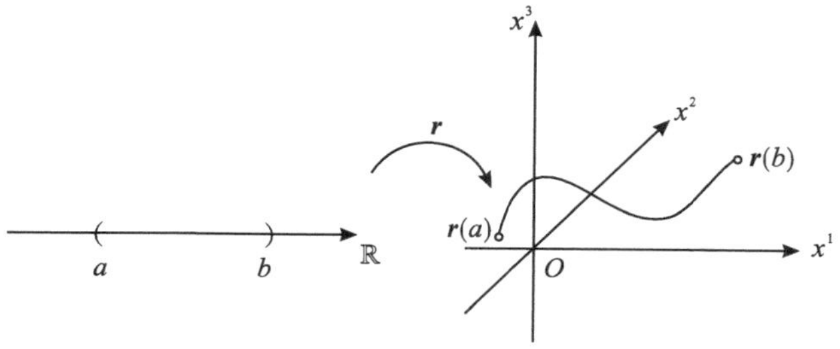

图 2.2

一条曲线可以有不止一个正则参数化. 比如平面上的一段圆弧：

$$\boldsymbol{r}_1:(0,\pi)\mapsto\mathbb{R}^3,\quad \boldsymbol{r}_2:(0,\pi/2)\mapsto\mathbb{R}^3,$$
$$\theta\mapsto(\cos\theta,\sin\theta,0),\quad \phi\mapsto(\cos 2\phi,\sin 2\phi,0)$$

有两个正则参数化. 事实上它有无数多个正则参数化.

然后我们考虑曲线的切线概念. 按照上节的讨论，设 $\boldsymbol{u}:(a,b)\mapsto\mathbb{R}^3$ 为一个 C^1 函数，将它看成质点的运动方程之后，$\boldsymbol{u}'(t)$ 自然代表质点瞬时速度，并且这个速度的方向当然就是曲线的切线方向. 如果我们需要计算曲线段的长度，一个最自然的想法是速率对时间积分. 于是我们引入以下定义.

定义 2.2 设 $\boldsymbol{u}:(t_0,t_1)\mapsto\mathbb{R}^3$ 为一个 C^1 正则曲线的正则参数化. 设 $[t_a,t_b]\subset(t_0,t_1)$，$\boldsymbol{u}(t_a)=a$，$\boldsymbol{u}(t_b)=b$. 定义曲线在 a、b 点间的**弧长**为

$$S=\int_{t_a}^{t_b}\|\boldsymbol{u}'(t)\|_2\mathrm{d}t=\int_{t_a}^{t_b}\sqrt{(\boldsymbol{u}'(t),\boldsymbol{u}'(t))_E}\,\mathrm{d}t.$$

这个定义有一个隐患：弧长按理说应该是曲线的性质，但是它的定义或者计算都依赖于曲线的正则参数化. 那么一个自然的问题就是：弧长到底是曲线的性质还是曲线的正则参数化的性质？或者换一种说法：同一段曲线，如果换一个正则参数化，弧长是不是就不一样了？为了更加精确地讨论这个问题，我们引入以下概念.

定义 2.3 设 $C\subset\mathbb{R}^3$ 为一段 C^1 曲线，$\boldsymbol{r}:(a,b)\mapsto C\subset\mathbb{R}^3$ 为其一个 C^1 正则参数化. 若存在 C^1 映射

$$\eta:(c,d)\mapsto(a,b),$$
$$s\mapsto t=\eta(s),$$

且满足 $\forall s\in(c,d)$，$\eta'(s)\neq 0$，则称 η 为曲线的一个 C^1 正则参数变换. 特别地，若 $\forall s\in(a,b)$，$\eta'(s)>0$，则称 η 为保持定向的. 称

$$\tilde{\boldsymbol{r}}:(c,d)\mapsto\mathbb{R}^3$$

$\tilde{\boldsymbol{r}}=\boldsymbol{r}\circ\eta$ 为曲线的一个正则再参数化(见图 2.3).

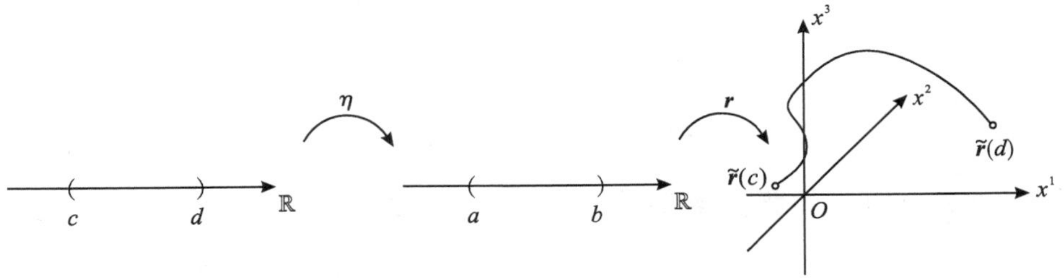

图 2.3

命题 2.1 设 $C\subset\mathbb{R}^3$ 为 C^1 正则曲线. 设

$$\begin{aligned}\boldsymbol{r}:(a,b)&\mapsto C\subset\mathbb{R}^3,\\ t&\mapsto\boldsymbol{r}(t)\end{aligned}$$

为其一个 C^1 正则参数化. 设

$$\begin{aligned}\eta:(c,d)&\mapsto(a,b),\\ s&\mapsto\eta(u).\end{aligned}$$

记 $\tilde{\boldsymbol{r}}=\boldsymbol{r}\circ\eta$，$\tilde{\boldsymbol{r}}$ 为一个 C^1 正则再参数化，则

$$\int_c^d\|\tilde{\boldsymbol{r}}'(s)\|_2\mathrm{d}s=\int_a^b\|\boldsymbol{r}'(t)\|_2\mathrm{d}t.$$

注 2.1 这个结论的含义可以简单地概括成“正则再参数化不改变弧长”.

证明:注意到

$$\tilde{\boldsymbol{r}}'(t)=\boldsymbol{r}'(\eta(s))\eta'(s).$$

于是

$$\int_c^d\|\tilde{\boldsymbol{r}}'(s)\|_2\mathrm{d}s=\int_c^d\|\boldsymbol{r}'(\eta(s))\|_2\,|\eta'(s)|\,\mathrm{d}s.$$

注意到 $\eta'(s)\neq 0$，得到在 (c,d) 上 $\eta'(u)$ 恒大于零或恒小于零. 不妨假设 $\eta'(s)>0$，则

$$\int_c^d\|\tilde{\boldsymbol{r}}'(s)\|_2\mathrm{d}s=\int_c^d\|\boldsymbol{r}'(\eta(s))\|_2\eta'(s)\mathrm{d}s=\int_a^b\|\boldsymbol{r}(t)\|_2\mathrm{d}t,$$

这里第二个等号使用了定积分换元公式. 于是命题得证. □

在引入了弧长之后，对 C^1 曲线我们将引入一个特殊的参数化，称为弧长

参数化.

定义 2.4 设

$$r:(a,b)\mapsto C\subset\mathbb{R}^3,$$
$$t\mapsto r(t)$$

为 C^1 曲线的一个正则参数化. 引入 C^1 正则参数变换

$$\eta:(c,d)\mapsto(a,b),$$
$$s\mapsto\eta(s),\quad 使得\int_a^{\eta(s)}\|\boldsymbol{r}'(\tau)\|_2\mathrm{d}\tau=s-c.$$

称 $\tilde{\boldsymbol{r}}=\boldsymbol{r}\circ\eta$ 为曲线的**弧长参数化**. 这个映射 η 的存在性见练习 1.

关于弧长的另一个令人担忧之处在于:弧长作为曲线的性质,应该同曲线与坐标系的相对位置没有关系. 也就是说,如果曲线被平移到一个新的位置再线性等距一下,得到的新的曲线,其对应的曲线段同原来的曲线段应该有相同的长度(见图 2.4). 接下来我们来证明这个结论.

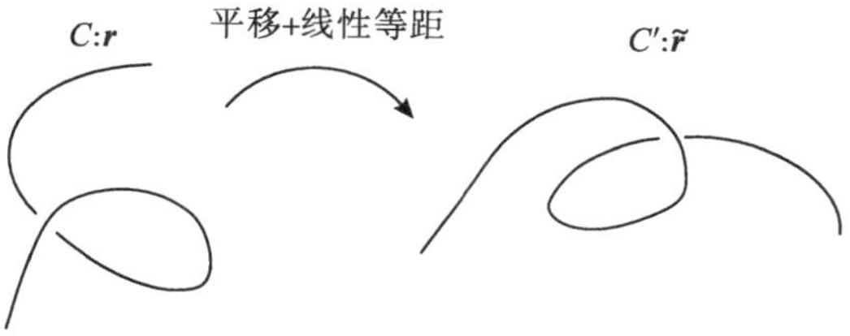

图 2.4

命题 2.2 设 C^1 正则曲线 C 有参数化

$$\boldsymbol{r}:(a,b)\mapsto C\subset\mathbb{R}^3.$$

设$(\boldsymbol{A},\boldsymbol{\xi})$为$\mathbb{R}^3$到自身的一个等距变换:

$$(\boldsymbol{A},\boldsymbol{\xi}):\mathbb{R}^3\mapsto\mathbb{R}^3,$$
$$\boldsymbol{x}\mapsto\boldsymbol{A}\boldsymbol{x}+\boldsymbol{\xi}.$$

则曲线 $C'=(\boldsymbol{A},\boldsymbol{\xi})C$ 有参数化

$$\tilde{\boldsymbol{r}}:(a,b)\mapsto\mathbb{R}^3,$$
$$t\mapsto\boldsymbol{A}\boldsymbol{r}(t)+\boldsymbol{\xi},$$

并且 C' 的弧长和 C 弧长相等.

证明: 直接计算:

$$\int_a^b\|\tilde{\boldsymbol{r}}'(t)\|_2\mathrm{d}t=\int_a^b\|\boldsymbol{A}\boldsymbol{r}'(t)\|_2\mathrm{d}t=\int_a^b\|\boldsymbol{r}'(t)\|_2\mathrm{d}t.$$

这里第一个等号是因为 $\boldsymbol{\xi}$ 是常向量求导为零;第二个等号是因为 $\boldsymbol{A}\in O(3)$,所以 $\boldsymbol{A}$ 不改变一个向量的长度. □

于是我们总结到：曲线段的弧长在曲线的正则再参数化下保持不变，并且在等距变换下保持不变. 借助这个例子，在本节的末尾我们谈谈几何量这个概念.

正如在前言中描述的那样，几何学是研究点集在某变换群作用下不变的性质的学问. 这些“不变”的性质通常由一些量来刻画. 例如在本节中，我们研究的曲线是三维欧氏空间中的一类点集. 针对这类点集我们要研究的性质是在等距变换下保持不变的性质. 上述弧长就是满足这样性质的一个量.

弧长还满足正则参数变换下不变的性质. 正则参数变换也构成一个变换群，但是这个变换群同空间上的等距变换具有不同属性. 我们在后续的章节将进一步阐述这两类变换群的区别.

重要约定：在下面的讨论中，如果曲线采用弧长参数化，对弧长参数求导，我们采用 $\dot{r}$ 的记号表示一阶导数，$\ddot{r}$ 表示二阶导数，$\dddot{r}$ 表示三阶导数.

本节练习

练习 1　求证本节映射 η 定义合理，即 $\forall s\in(c,d)$，$\exists$ 唯一 $t=\eta(s)\in(a,b)$ 使得

$$\int_a^{\eta(s)} \|\boldsymbol{r}'(\tau)\|_2 \mathrm{d}\tau = s-c.$$

该映射是 C^1 正则参数变换，并且 $\eta'(s)=\dfrac{1}{\|\boldsymbol{r}'(t)\|_2}$，从而 $\|\tilde{\boldsymbol{r}}'(s)\|_2\equiv 1$.

练习 2　证明本节定义的弧长概念和解析几何中曲线长度的概念吻合：也就是说如果将定义(2.2)应用于直线段和圆弧段，得到的弧长同解析几何学中线段的长度和圆弧的长度吻合.

练习 3　计算以下区间上的曲线弧长：

(1) $\boldsymbol{r}(t)=(t^2,t^3)$，　$t\in(0,2)$；

(2) $\boldsymbol{r}(t)=(\cos 3t,\sin 3t,4t)$，　$t\in(-1,1)$；

(3) $\boldsymbol{r}(t)=(\sqrt{2}\cos 2t,\sin 2t,\sin 2t)$，　$t\in(0,2\pi)$.

练习 4　设 $a,b,\omega>0$，求螺线

$$\boldsymbol{r}:(t_0,t_1)\mapsto\mathbb{R}^3,$$
$$t\mapsto(a\sin\omega t,a\cos\omega t,bt)$$

的切向量，并给出一个弧长参数化.

2.3 曲线形状的刻画——曲率和挠率

从本节开始我们专注于寻找一些几何量，使得我们可以刻画曲线的形状. 我们要寻找的这些量应该是在等距变换群和正则参数变换群下不变的量. 为了先“排除”正则参数变换带来的麻烦，首先对所有曲线固定一个典范(canonical)的参数化. 这个参数化应该仅仅由曲线本身的几何性质来决定. 2.2 节引入的弧长参数恰好可以扮演这样一个角色.

从另一个角度来理解：曲线的正则参数化表示一个沿着曲线运动的质点的运动方程. 同一条曲线上可以有不同的运动. 我们自然希望选择一个“特殊的”运动加以研究，并用这个特殊的运动的运动学性质来反映这条曲线本身的几何性质. 为此最自然的选择就是速率恒为 1 的那个运动，它恰恰表征着弧长参数化(见图 2.5).

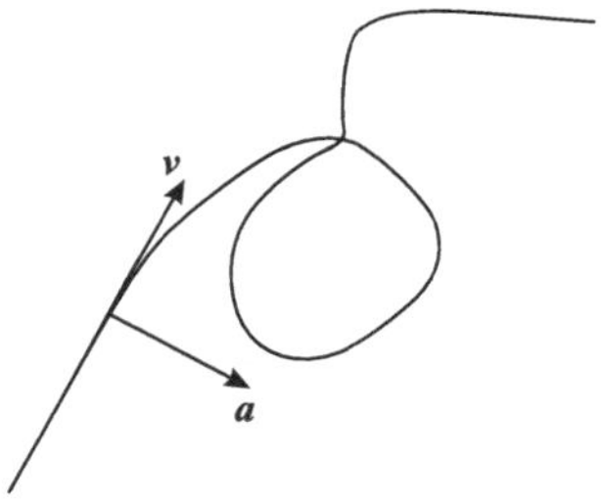

图 2.5

想象这样一个场景，如何刻画曲线转弯的“缓急”. 我们都有这样的体验：坐在汽车里，即便闭上眼睛我们也能感觉到汽车到底是不是在转弯. 在行驶速率一定的情况下，我们闭着眼睛也能“感受”到道路是否转弯甚至转弯的大小，这是因为我们的内耳感受器可以测量身体的加速度的大小. 而速率一定的情况下，(向心)加速度越大，就可以推知转弯越“急”. 将这种生活经验数学化，我们得出一个结论：在弧长参数化的情况下，通过观察“加速度”的大小，便可以知道曲线转弯的缓急，进而对曲线的形状进行刻画. 为此我们引入以下概念和记号.

定义 2.5 假设 $\boldsymbol{r}:(a,b)\mapsto\mathbb{R}^3$ 为一条弧长参数 C^3 曲线，也就是说 $\|\dot{\boldsymbol{r}}(s)\|_2\equiv1$. 定义

$$\boldsymbol{\alpha}(s):=\dot{\boldsymbol{r}}(s),\quad \boldsymbol{\beta}(s):=\ddot{\boldsymbol{r}}(s)/\|\ddot{\boldsymbol{r}}(s)\|_2.$$

因为 $\|\boldsymbol{\alpha}(s)\|_2\equiv1$，$\boldsymbol{\alpha}(s)\perp\boldsymbol{\beta}(s)$. 记 $\kappa(s):=\|\ddot{\boldsymbol{r}}(s)\|_2$，称为曲线在 $\boldsymbol{r}(t)$ 点的

曲率.

显然,上述 $\boldsymbol{\alpha}(s)$是曲线的切线方向. 将 $\boldsymbol{\beta}(s)$称为曲线的**主法向**. 注意,如果 $\ddot{\boldsymbol{r}}(s)=0$,则在这个点主法向无定义. 进一步,

$$\boldsymbol{\gamma}(s):=\boldsymbol{\alpha}(s)\times\boldsymbol{\beta}(s)$$

称为曲线在该点的**次法向**(见图 2.6).

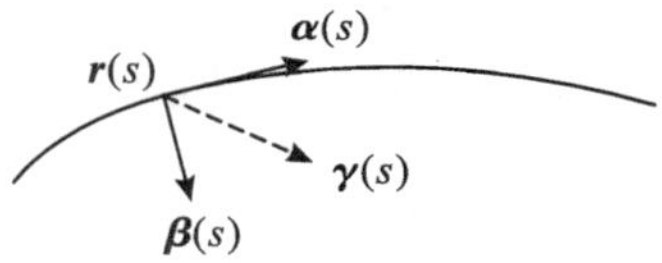

图 2.6

在上述定义中,$\boldsymbol{\alpha}$ 是质点的速度. 因为速率一定,所以 $\|\boldsymbol{\alpha}(s)\|_2\equiv 1$. 而 $\boldsymbol{\beta}(s)=\dot{\boldsymbol{\alpha}}(s)$就是加速度了,它的大小 κ 正是反映曲线转弯缓急的量.

让我们从另一个角度来考察为什么要在弧长参数化下考虑加速度,也就是说如果不在弧长参数化下会出现什么问题. 例如考虑曲线的一个**任意**参数化:

$$\boldsymbol{q}:(a,b)\mapsto\mathbb{R}^3,$$
$$t\mapsto\boldsymbol{q}(t).$$

将这个参数化看成质点运动方程. 我们知道质点的瞬时速度 $\boldsymbol{q}'(t)$和瞬时加速度$\boldsymbol{q}''(t)$,其中 $\boldsymbol{q}''(t)$可以分解为平行于切线的 $\boldsymbol{q}'(t)$方向和垂直于切线的方向. 将其计算出来:

$$\boldsymbol{q}''_{/\!/}(t)=(\boldsymbol{q}''(t),\boldsymbol{q}'(t)/\|\boldsymbol{q}'(t)\|_2)_E\,\frac{\boldsymbol{q}'(t)}{\|\boldsymbol{q}'(t)\|_2},$$

$$\boldsymbol{q}''_{\perp}(t)=\boldsymbol{q}''(t)-\boldsymbol{q}''_{/\!/}(t)=\boldsymbol{q}''(t)-(\boldsymbol{q}''(t),\boldsymbol{q}'(t)/\|\boldsymbol{q}'(t)\|_2)_E\,\frac{\boldsymbol{q}'(t)}{\|\boldsymbol{q}'(t)\|_2}.$$

进而发现速率的改变率

$$\begin{aligned}\frac{\mathrm{d}}{\mathrm{d}t}\|\boldsymbol{q}'(t)\|_2&=\frac{\mathrm{d}}{\mathrm{d}t}((\boldsymbol{q}'(t),\boldsymbol{q}'(t)))^{1/2}=((\boldsymbol{q}'(t),\boldsymbol{q}'(t)))^{-1/2}(\boldsymbol{q}'(t),\boldsymbol{q}''(t))\\&=\|\boldsymbol{q}''_{/\!/}(t)\|_2.\end{aligned}$$

也就是说切向的加速度描述的是速率的改变率. 而质点在曲线上运动,其速率的改变不能反映曲线的几何形状. 所以切向加速度可以看成是一个彻底的运动学量,而非几何学量. 那么法向加速度(加速度垂直于切向的分量)反映了什么呢? 我们可以通过一个极端的例子来考虑. 如果质点沿着直线运动,不论如何加速,其加速度始终与速度同方向,于是法向加速度为零. 如果质点

沿着圆周做匀速圆周运动，由于速率恒定，所以其切向加速度为零，其法向加速度(也就是向心加速度)指向圆心. 也就是说法向加速度反映的是质点的运动方向是否改变，以及改变得有多快. 直线上质点运动方向是不变的，所以没有法向加速度.

然而直接用法向加速度刻画曲线转弯的缓急并不合适. 因为这个量还跟速率大小有关系. 很显然，车开得越快，同样的弯道就越容易侧翻. 所以我们还得把速率对法向加速度的影响扣除. 为此做以下观察：考虑运动方程 $\boldsymbol{r}(t)$，我们将它逐点的速率都增加 λ 倍，得到的运动方程 $\tilde{\boldsymbol{r}}(t):=\boldsymbol{r}(\lambda t)$. 如此：

$$\tilde{\boldsymbol{r}}'(t)=\lambda\boldsymbol{r}'(\lambda t),\quad \tilde{\boldsymbol{r}}''(t)=\lambda^2\boldsymbol{r}''(\lambda t).$$

也就是同样的运动轨迹，加速度大小与速率的平方成正比(回忆匀速圆周运动的向心加速度公式 $|\boldsymbol{a}|=v^2/r$). 于是为了扣除速率对法向加速度的影响，我们应该考虑

$$\begin{aligned}\boldsymbol{q}''_{\perp}(t)/\|\boldsymbol{q}'(t)\|_2^2=&\boldsymbol{q}''(t)/\|\boldsymbol{q}'(t)\|_2^2-\\&\left(\boldsymbol{q}''(t)/\|\boldsymbol{q}'(t)\|_2^2,\boldsymbol{q}'(t)/\|\boldsymbol{q}'(t)\|_2\right)_E\boldsymbol{q}'(t)/\|\boldsymbol{q}'(t)\|_2.\end{aligned}\tag{2.3}$$

然后我们来证明上式定义的这个量正是前面定义的曲率.

引理 2.1 (曲率的物理意义). 设

$$\begin{aligned}\boldsymbol{r}:(a,b)&\mapsto\mathbb{R}^3,\\ s&\mapsto\boldsymbol{r}(s)\end{aligned}$$

为 C^3 曲线 C 的弧长参数化. 设

$$\begin{aligned}\boldsymbol{q}:(c,d)&\mapsto\mathbb{R}^3,\\ t&\mapsto\boldsymbol{q}(t)\end{aligned}$$

为其一个正则再参数化，则

$$\begin{aligned}\kappa(s)=&\|\boldsymbol{q}''_{\perp}(t)\|_2/\|\boldsymbol{q}'(t)\|_2^2\\=&\Big\|(\boldsymbol{q}''(t)/\|\boldsymbol{q}'(t)\|_2^2\\&-\left(\boldsymbol{q}''(t)/\|\boldsymbol{q}'(t)\|_2^2,\boldsymbol{q}'(t)/\|\boldsymbol{q}'(t)\|_2\right)_E\boldsymbol{q}'(t)/\|\boldsymbol{q}'(t)\|_2\Big\|_2.\end{aligned}$$

这里 s 和 t 满足关系 $\boldsymbol{r}(s)=\boldsymbol{q}(t)$.

证明：设 s 和 t 之间的参数变换为

$$\begin{aligned}s:(c,d)&\mapsto(a,b),\\ t&\mapsto s(t).\end{aligned}$$

所以 $\boldsymbol{q}(t)=\boldsymbol{r}(s(t))$.

$$\boldsymbol{q}'(t)=\dot{\boldsymbol{r}}(s(t))\frac{\mathrm{d}s}{\mathrm{d}t},\quad \boldsymbol{q}''(t)=\left(\frac{\mathrm{d}s}{\mathrm{d}t}\right)^2\ddot{\boldsymbol{r}}(s)+\dot{\boldsymbol{r}}(s)\frac{\mathrm{d}^2 s}{\mathrm{d}t^2}.$$

这里需要注意$\frac{\mathrm{d}s}{\mathrm{d}t}=\|\boldsymbol{q}'(t)\|_2$. 已知$\|\dot{\boldsymbol{r}}(s)\|_2\equiv 1$,从而$\ddot{\boldsymbol{r}}(s)\perp\dot{\boldsymbol{r}}(s)$. 于是分解加速度$\boldsymbol{q}''(t)$得到

$$\boldsymbol{q}''_{\perp}(t)=\left(\frac{\mathrm{d}s}{\mathrm{d}t}\right)^2\ddot{\boldsymbol{r}}(s),$$

从而

$$\boldsymbol{q}''_{\perp}(t)/\|\boldsymbol{q}'(t)\|_2^2=\ddot{\boldsymbol{r}}(s).$$

于是

$$\|\boldsymbol{q}''_{\perp}(t)\|_2/\|\boldsymbol{q}'(t)\|_2^2=\|\ddot{\boldsymbol{r}}(s(t))\|_2=\kappa(t).$$ □

结论 2.1　曲率度量曲线同直线的差距. 直线的曲率为零.

定义 2.6　将过 $\boldsymbol{r}(s)$点、以 $\boldsymbol{\alpha}(s)$为法向的平面称为曲线在该点的**法平面**. 称过$\boldsymbol{r}(s)$点以 $\boldsymbol{\beta}(s)$为法向的平面为曲线在该点的**从切平面**,称过 $\boldsymbol{r}(s)$点以 $\boldsymbol{\gamma}(s)$为法向的平面为曲线的**密切平面**(见图 2.7).

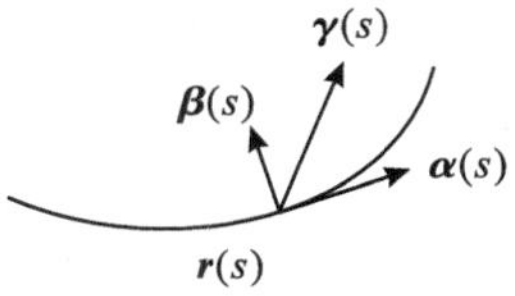

图 2.7

练习:写出这三个平面的方程,并画图.

我们通过下面的结果来说明密切平面的几何意义:

引理 2.2　(密切平面的几何意义).

设

$$\boldsymbol{r}:(a,b)\mapsto\mathbb{R}^3,$$
$$s\mapsto\boldsymbol{r}(s)$$

为 C^3 正则曲线 C 的弧长参数化. 设在 $\boldsymbol{r}(s_0)\in C$ 点曲线的曲率 $\kappa(s_0)\neq 0$. 则

$$\boldsymbol{\gamma}(s_0)\mathbin{/\!/}\lim_{\Delta s\mapsto 0^+}\frac{(\boldsymbol{r}(s_0)-\boldsymbol{r}(s_0-\Delta s))\times(\boldsymbol{r}(s_0+\Delta s)-\boldsymbol{r}(s_0))}{(\Delta s)^3}.$$

结论 2.2　命题 2.3 的意思是说,在曲线曲率不为零的点前后各找两个点,这三个点构成一个三角形并张成一个平面. 当前后两个点趋向于这个点时,它们张成的平面的极限位置就是其密切平面(见图 2.8).

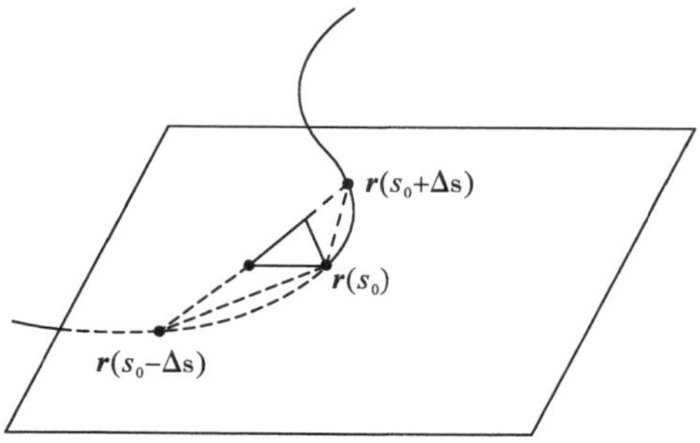

图 2.8

证明:只需要把曲线在 s_0 点做 Taylor(泰勒)展开:

$$\boldsymbol{r}(s_0-\Delta s)-\boldsymbol{r}(s_0)=-\dot{\boldsymbol{r}}(s_0)\Delta s+\frac{1}{2}\ddot{\boldsymbol{r}}(s_0)(\Delta s)^2+O(\Delta s)(\Delta s)^2,$$

$$\boldsymbol{r}(s_0+\Delta s)-\boldsymbol{r}(s_0)=\dot{\boldsymbol{r}}(s_0)\Delta s+\frac{1}{2}\ddot{\boldsymbol{r}}(s_0)(\Delta s)^2+O(\Delta s)(\Delta s)^2.$$

两者做外积:

$$\begin{aligned}&(\boldsymbol{r}(s_0)-\boldsymbol{r}(s_0-\Delta s))\times(\boldsymbol{r}(s_0+\Delta s)-\boldsymbol{r}(s_0))\\=&-\frac{(\Delta s)^3}{2}\dot{\boldsymbol{r}}(s_0)\times\ddot{\boldsymbol{r}}(s_0)+(\Delta s)^3\dot{\boldsymbol{r}}(s_0)\times O(\Delta s)+\frac{(\Delta s)^3}{2}\ddot{\boldsymbol{r}}(s_0)\times\dot{\boldsymbol{r}}(s_0)\\&+(\Delta s)^4\ddot{\boldsymbol{r}}(s_0)\times O(\Delta s)+(\Delta s)^3O(\Delta s)\times(\dot{\boldsymbol{r}}(s_0)+(\Delta s/2)\ddot{\boldsymbol{r}}(s_0)+O(\Delta s)(\Delta s))\end{aligned}$$

注意到 $\dot{\boldsymbol{r}}(s_0)\times\ddot{\boldsymbol{r}}(s_0)=-\ddot{\boldsymbol{r}}(s_0)\times\dot{\boldsymbol{r}}(s_0)$,我们得到

$$\begin{aligned}&\lim_{\Delta s\to 0^+}\frac{(\boldsymbol{r}(s_0)-\boldsymbol{r}(s_0-\Delta s))\times(\boldsymbol{r}(s_0+\Delta s)-\boldsymbol{r}(s_0))}{(\Delta s)^3}\\=&\lim_{\Delta s\to 0^+}(-\dot{\boldsymbol{r}}(s_0)\times\ddot{\boldsymbol{r}}(s_0)+O(\Delta s))\\=&-\dot{\boldsymbol{r}}(s_0)\times\ddot{\boldsymbol{r}}(s_0).\end{aligned}$$

对比定义 2.5,问题得到证明. □

然后我们做以下观察. 如果质点在平面内运动,也就是说其运动轨迹是平面曲线,那么容易看出其密切平面是固定的:这个平面正是曲线所在的平面. 如果曲线并不在一个平面内,它在每个点的密切平面的法方向(也就是 $\boldsymbol{\gamma}$)将会发生变化. 这个向量的变化率直观地反映了曲线离开自己的密切平面的速度,或者说,曲线偏离平面曲线的程度. 于是我们将这个量也单独拿出来. 首先回顾

$$\boldsymbol{\gamma}(s)=\boldsymbol{\alpha}(s)\times\boldsymbol{\beta}(s)=\dot{\boldsymbol{r}}(s)\times\frac{\ddot{\boldsymbol{r}}(s)}{\|\ddot{\boldsymbol{r}}(s)\|_2}.$$

然后注意这几个关系:

$\dot{\boldsymbol{\alpha}}(s)=\kappa(s)\boldsymbol{\beta}(s)$，根据 κ 和 $\boldsymbol{\beta}$ 的定义，

$\boldsymbol{\alpha}(s)\perp\boldsymbol{\beta}(s)$，因为 $\boldsymbol{\alpha}$ 是单位向量，$\boldsymbol{\beta}$ 与 $\dot{\boldsymbol{\alpha}}(s)$ 共线，

$\dot{\boldsymbol{\beta}}(s)\perp\boldsymbol{\beta}(s)$，因为 $\boldsymbol{\beta}$ 是单位向量，

$\|\boldsymbol{\gamma}(s)\|_2\equiv 1$，因为 $\boldsymbol{\gamma}=\boldsymbol{\alpha}\times\boldsymbol{\beta}$，$\boldsymbol{\alpha}\perp\boldsymbol{\beta}$ 并且 $\boldsymbol{\alpha}$、$\boldsymbol{\beta}$ 都是单位向量，

$\dot{\boldsymbol{\gamma}}(s)\perp\boldsymbol{\gamma}(s)$，因为上一条.

所以

$$\frac{\mathrm{d}}{\mathrm{d}s}\boldsymbol{\gamma}(s)=\dot{\boldsymbol{\alpha}}(s)\times\boldsymbol{\beta}(s)+\boldsymbol{\alpha}(s)\times\dot{\boldsymbol{\beta}}(s)=\boldsymbol{\alpha}(s)\times\dot{\boldsymbol{\beta}}(s),$$

这里第二个等号是因为 $\dot{\boldsymbol{\alpha}}(s)=\kappa(s)\boldsymbol{\beta}(s)$ 与 $\boldsymbol{\beta}(s)$ 共线，所以外积为零. 然后关注最右边这个外积. 注意它说明了

$$\dot{\boldsymbol{\gamma}}(s)\perp\boldsymbol{\alpha}(s)$$

从而 $\dot{\boldsymbol{\gamma}}(s)$ 在 $\boldsymbol{\beta}(s)$ 与 $\boldsymbol{\gamma}(s)$ 张成的 $\mathbb{R}^3$ 子空间之中. 然而又知道 $\dot{\boldsymbol{\gamma}}(s)\perp\boldsymbol{\gamma}(s)$，所以 $\dot{\boldsymbol{\gamma}}(s)$ 与 $\boldsymbol{\beta}(s)$ 共线. 记

$$\dot{\boldsymbol{\gamma}}(s)=-\tau(s)\boldsymbol{\beta}(s).$$

定义 2.7　设

$$\boldsymbol{r}:(a,b)\mapsto\mathbb{R}^3,\quad s\mapsto\boldsymbol{r}(s)$$

为 C^3 正则曲线 C 的正则参数化，则定义 $\boldsymbol{\gamma}(s)=\dot{\boldsymbol{r}}(s)\times\dfrac{\ddot{\boldsymbol{r}}(s)}{\|\ddot{\boldsymbol{r}}(s)\|_2}$. 记

$$\dot{\boldsymbol{\gamma}}(s)=-\tau(s)\boldsymbol{\beta}(s).$$

这个 $\tau(s)$ 被称为曲线在 $r(s)$ 点的**挠率**.

如果已知曲线的弧长参数化，其曲率和挠率可以根据定义直接计算. 如果不是弧长参数化，可以通过化成弧长参数的方法来计算，然而这种方法一般非常复杂且不一定行得通：因为给定参数和弧长参数之间可能根本不存在简单的变换关系（严格说，是这个变换关系不能表示成初等函数）. 那么在一般参数化下如何计算挠率？设

$$\boldsymbol{r}:(a,b)\mapsto\mathbb{R}^3,\quad t\mapsto\boldsymbol{r}(t)$$

为某一 C^3 曲线 C 的正则参数化. 我们假设 $t=t(s)$ 是一个正则参数变换，并且 $\boldsymbol{r}(t(s))$ 是弧长参数化（也就是说，$\|\boldsymbol{r}'(t(s))t'(s)\|_2\equiv 1$）. 注意以下关系

$$\boldsymbol{r}'(t)=\|\boldsymbol{r}'(t)\|_2\boldsymbol{\alpha}(t),\quad \boldsymbol{r}''(t)=\frac{\mathrm{d}\|\boldsymbol{r}'\|_2}{\mathrm{d}t}(t)\boldsymbol{\alpha}(t)+\|\boldsymbol{r}'(t)\|_2\frac{\mathrm{d}}{\mathrm{d}t}\boldsymbol{\alpha}(t)$$

这两个等式的物理意义是：$\|\boldsymbol{r}'(t)\|_2$ 是速率，$\frac{\mathrm{d}}{\mathrm{d}t}\|\boldsymbol{r}'\|_2(t)$是速率的变化率，也就是切向加速度的大小. 第二个恒等式其实就是加速度在切向和法向的分解. 我们注意到$t=t(s)$，

$$\frac{\mathrm{d}}{\mathrm{d}s}\boldsymbol{\alpha}\circ t(s)=\frac{\mathrm{d}\boldsymbol{\alpha}}{\mathrm{d}t}\bigg|_{t(s)}\frac{\mathrm{d}t}{\mathrm{d}s}$$

而 $\kappa(t(s))\boldsymbol{\beta}(t(s))=\frac{\mathrm{d}\boldsymbol{\alpha}}{\mathrm{d}s}$，并且$\frac{\mathrm{d}s}{\mathrm{d}t}$是弧长对时间的变化率，也就是速率，所以$\frac{\mathrm{d}s}{\mathrm{d}t}=\|\boldsymbol{r}'(t)\|_2$. 将这些关系代入上面 $\boldsymbol{r}''(t)$的表达式

$$\boldsymbol{r}''(t)=\frac{\mathrm{d}\|\boldsymbol{r}'\|_2}{\mathrm{d}t}(t)\boldsymbol{\alpha}(t)+\|\boldsymbol{r}'(t)\|_2^2\kappa(t)\boldsymbol{\beta}(t). \tag{2.4}$$

回忆 $\boldsymbol{\gamma}=\boldsymbol{\alpha}\times\boldsymbol{\beta}$，上式两边从左边外积 $\boldsymbol{\alpha}(t)=\frac{\boldsymbol{r}'(t)}{\|\boldsymbol{r}'(t)\|_2}$并整理，得到

$$\frac{\boldsymbol{r}'(t)\times\boldsymbol{r}''(t)}{\|\boldsymbol{r}'(t)\|_2^3}=\kappa(t(s))\boldsymbol{\gamma}(t), \tag{2.5}$$

于是

$$\kappa(t)=\frac{\|\boldsymbol{r}'(t)\times\boldsymbol{r}''(t)\|_2}{\|\boldsymbol{r}'(t)\|_2^3}, \tag{2.6}$$

以及

$$\boldsymbol{\gamma}(t)=\frac{\boldsymbol{r}'(t)\times\boldsymbol{r}''(t)}{\|\boldsymbol{r}'(t)\times\boldsymbol{r}''(t)\|_2}. \tag{2.7}$$

在这里当然可以直接对 $\boldsymbol{\gamma}$ 求导来得到挠率，但是有一个更简便的办法. 注意到

$$(\boldsymbol{\beta}(t),\boldsymbol{\gamma}(t))_E=0$$

上式两边对 s 求导：

$$\left(\frac{\mathrm{d}}{\mathrm{d}s}\boldsymbol{\beta}(t(s)),\boldsymbol{\gamma}(t)\right)_E=-\left(\boldsymbol{\beta}(t(s)),\frac{\mathrm{d}}{\mathrm{d}s}\boldsymbol{\gamma}(t(s))\right)_E=\tau(t(s)).$$

而为了计算左边，我们将式(2.4)两边对 t 求导：

$$\boldsymbol{r}'''(t)=\left(\frac{\mathrm{d}}{\mathrm{d}t}\right)^2\|\boldsymbol{r}'\|_2(t)\boldsymbol{\alpha}(t)+\frac{\mathrm{d}\|\boldsymbol{r}'\|_2}{\mathrm{d}t}(t)\frac{\mathrm{d}}{\mathrm{d}t}\boldsymbol{\alpha}(t)+$$
$$\frac{\mathrm{d}}{\mathrm{d}t}(\|\boldsymbol{r}'\|_2^2\kappa)(t)\boldsymbol{\beta}(t)+\|\boldsymbol{r}'(t)\|_2^2\kappa(t)\frac{\mathrm{d}}{\mathrm{d}t}\boldsymbol{\beta}(t).$$

注意，$\frac{\mathrm{d}}{\mathrm{d}t}\boldsymbol{\alpha}(t)$与 $\boldsymbol{\beta}$ 共线. 所以上式右边除最后一项之外都在 $\boldsymbol{\alpha}$、$\boldsymbol{\beta}$ 张成的子空间中.

于是上式两边同时与 $\boldsymbol{\gamma}$ 内积并用式(2.7)，得到

$$\frac{1}{\|\boldsymbol{r}'(t)\times\boldsymbol{r}''(t)\|_2}(\boldsymbol{r}'''(t),\boldsymbol{r}'(t)\times\boldsymbol{r}''(t))_E=\|\boldsymbol{r}'(t)\|_2^2\kappa(t)\left(\frac{\mathrm{d}}{\mathrm{d}t}\boldsymbol{\beta}(t),\boldsymbol{\gamma}(t)\right)_E.$$

注意到

$$\left(\frac{\mathrm{d}}{\mathrm{d}t}\boldsymbol{\beta}(t),\boldsymbol{\gamma}(t)\right)_E=\left(\frac{\mathrm{d}s}{\mathrm{d}t}\frac{\mathrm{d}\boldsymbol{\beta}(t(s))}{\mathrm{d}s},\boldsymbol{\gamma}(t(s))\right)_E=\|\boldsymbol{r}'(t)\|_2\tau(t),$$

最终得到

$$\tau(t)=\frac{(\boldsymbol{r}'(t),\boldsymbol{r}''(t),\boldsymbol{r}'''(t))}{\|\boldsymbol{r}'(t)\times\boldsymbol{r}''(t)\|_2^2}. \tag{2.8}$$

在本节的最后，我们从数学上明确挠率的意义.

引理 2.3 （挠率的几何意义）. 若一段 C^3 曲线满足逐点曲率不等于零，但逐点挠率等于零，则该曲线段是平面曲线段.

证明：设

$$\boldsymbol{r}:(a,b)\mapsto\mathbb{R}^3,$$
$$s\mapsto\boldsymbol{r}(s)$$

为曲线段的一个弧长参数化，满足 $\kappa(s)\neq 0$，$\tau(s)=0$. 设 $s_0\in(a,b)$，$r(s_0)$ 为曲线上一个点. 我们将证明：

$$\boldsymbol{r}(s)-\boldsymbol{r}(s_0)\perp\boldsymbol{\gamma}(s_0). \tag{2.9}$$

上式含义是曲线上任何一个点 $r(s)$ 到定点的向量在过该定点的密切平面内. 于是就得出了该曲线段是平面曲线段，所有点位于该定点的密切平面内. 为了证明上式，我们令

$$u(s):=(\boldsymbol{r}(s)-\boldsymbol{r}(s_0),\boldsymbol{\gamma}(s_0))_E$$

并且发现 $u(s_0)=0$. 同时：

$$\dot{u}(s)=(\dot{\boldsymbol{r}}(s),\boldsymbol{\gamma}(s_0))_E.$$

另一方面，注意到 $\dot{\boldsymbol{\gamma}}(s)=-\tau(s)\boldsymbol{\beta}(s)=0$. 从而 $\boldsymbol{\gamma}(s)$ 是一个常向量. 从而

$$\dot{u}(s)=(\dot{\boldsymbol{r}}(s),\boldsymbol{\gamma}(s_0))_E=(\dot{\boldsymbol{r}}(s),\boldsymbol{\gamma}(s))_E=(\boldsymbol{\alpha}(s),\boldsymbol{\alpha}(s)\times\boldsymbol{\beta}(s))=0.$$

于是 $u(s)$ 是一个常函数. 而 $u(s_0)=0$，于是 $u(s)\equiv 0$. □

本节练习

练习 1　计算半径为 r 的平面圆周的曲率.

练习 2　计算螺线 $\boldsymbol{r}(t)=(a\cos\omega t,a\sin\omega t,bt)$ 的曲率和挠率 $(a,\omega,b>0)$. 注意这是一个曲率和挠率都为常数的曲线.

练习 3　证明：如果一条平面曲线的挠率恒为零，且曲率为常数（$\neq 0$），则该曲线是一段圆弧.

练习 4　这是引理 2.3 中条件“逐点曲率不为零”的必要性的说明. 事实上我们可以找到一条 C^3 曲线，除去一个点外逐点曲率不为零，逐点挠率都为零，但是它不是平面曲线. 事实上，考虑：

$$\boldsymbol{r}(t)=\begin{cases}(z,0,z^5), & -\infty<z\leqslant 0;\\ (z,z^5,0), & 0\leqslant z<+\infty.\end{cases}$$

计算该曲线的曲率和挠率（$z\neq 0$ 处），并说明引理 2.3 中条件“逐点曲率不为零”的必要性（见图 2.9）.

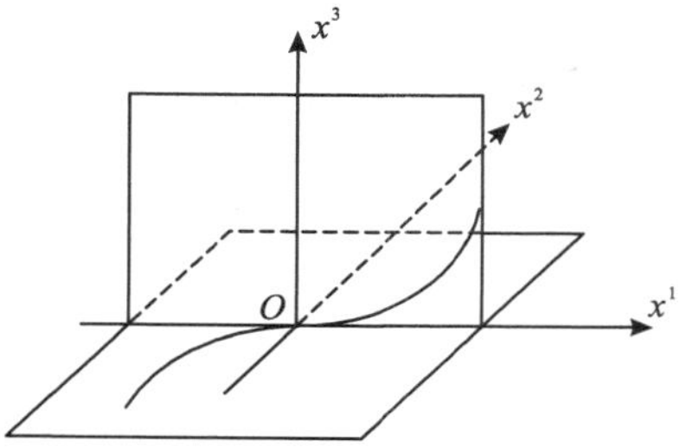

图 2.9

练习 5　计算练习 2 中的螺线的密切平面方程.

练习 6　求

$$\begin{cases}x^2+y^2+z^2=1\\ x^2+y^2=x\end{cases}$$

在(0,0,1)点的曲率和挠率.

2.4　弗雷内(Frenet)标架及其运动公式，曲线的存在性和唯一性

定义 2.8　设 $\boldsymbol{r}:(a,b)\mapsto\mathbb{R}^3$ 为一条正则 C^3 曲线 C 的弧长参数化. $\boldsymbol{\alpha}(s)=\dot{\boldsymbol{r}}(s)$，$\boldsymbol{\beta}(s)=\dot{\boldsymbol{\alpha}}(s)/\|\dot{\boldsymbol{\alpha}}(s)\|_2$，$\boldsymbol{\gamma}(s)=\boldsymbol{\alpha}(s)\times\boldsymbol{\beta}(s)$，称以 $\boldsymbol{r}(s)$ 为原点以 $\boldsymbol{\alpha}(s)$、$\boldsymbol{\beta}(s)$、$\boldsymbol{\gamma}(s)$ 为基的坐标系为曲线在 $\boldsymbol{r}(s)$ 的 Frenet 标架(frame)（见图 2.10）.
自然，当 $\dot{\boldsymbol{\alpha}}(s)=0$ 时，$\boldsymbol{\beta}(s)$ 无定义. 所以 Frenet 标架仅仅在曲线曲率不为零的点有定义.

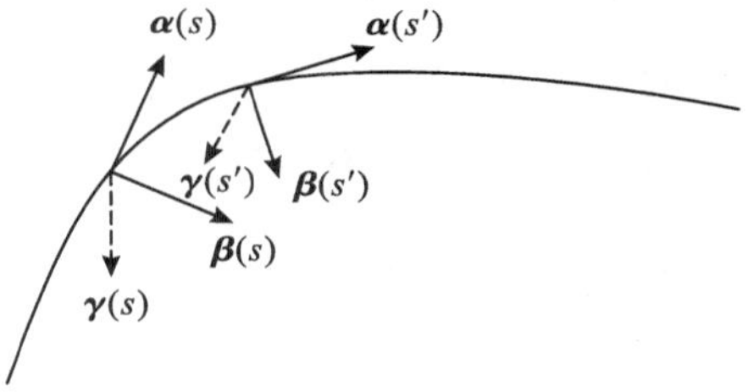

图 2.10

Frenet 标架的意义是由曲线自身在一个点决定的三个右手正交方向，而不是我们人为选取的方向. 所以 Frenet 标架的性质在一定程度上体现了曲线本身的性质(实际上经过本节的学习，大家会看到 Frenet 标架刻画了曲线的所有性质：两个具有相同 Frenet 标架的曲线事实上是重合的). 本节我们将研究 Frenet 标架沿着曲线弧长参数增加的方向怎样变化. 更确切地说，我们将研究 $\dot{\boldsymbol{\alpha}}(s)$，$\dot{\boldsymbol{\beta}}(s)$，$\dot{\boldsymbol{\gamma}}(s)$.

已知的结果是：$\dot{\boldsymbol{\alpha}}(s)=\kappa(s)\boldsymbol{\beta}(s)$，$\dot{\boldsymbol{\gamma}}(s)=-\tau(s)\boldsymbol{\beta}(s)$. 现在仅仅需要计算 $\dot{\boldsymbol{\beta}}(s)$. 所谓“计算”指的是将 $\dot{\boldsymbol{\beta}}(s)$ 表示成 $\boldsymbol{\alpha}$、$\boldsymbol{\beta}$、$\boldsymbol{\gamma}$ 的线性组合. 已经知道 $\boldsymbol{\beta}$ 是单位向量，所以 $\dot{\boldsymbol{\beta}}(s)\perp\boldsymbol{\beta}(s)$. 于是

$$\dot{\boldsymbol{\beta}}(s)=b_1(s)\boldsymbol{\alpha}(s)+b_3(s)\boldsymbol{\gamma}(s)$$

为了求系数，对上式两边分别与 $\boldsymbol{\alpha}$ 和 $\boldsymbol{\gamma}$ 求内积，并注意 $\boldsymbol{\alpha}\perp\boldsymbol{\gamma}$

$$\begin{aligned}b_1(s)&=(\boldsymbol{\alpha}(s),\dot{\boldsymbol{\beta}}(s))_E=\frac{\mathrm{d}}{\mathrm{d}s}(\boldsymbol{\alpha},\boldsymbol{\beta})_E(s)-(\dot{\boldsymbol{\alpha}}(s),\boldsymbol{\beta}(s))_E\\&=-(\dot{\boldsymbol{\alpha}}(s),\boldsymbol{\beta}(s))_E=-\kappa(s);\\b_3(s)&=(\boldsymbol{\gamma}(s),\dot{\boldsymbol{\beta}}(s))_E=-(\dot{\boldsymbol{\gamma}}(s),\boldsymbol{\beta}(s))_E=\tau(s).\end{aligned}$$

于是我们得到

$$\frac{\mathrm{d}}{\mathrm{d}s}\begin{pmatrix}\boldsymbol{\alpha}(s)\\\boldsymbol{\beta}(s)\\\boldsymbol{\gamma}(s)\end{pmatrix}=\begin{pmatrix}0&\kappa(s)&0\\-\kappa(s)&0&\tau(s)\\0&-\tau(s)&0\end{pmatrix}\begin{pmatrix}\boldsymbol{\alpha}(s)\\\boldsymbol{\beta}(s)\\\boldsymbol{\gamma}(s)\end{pmatrix}\tag{2.10}$$

这个公式称为曲线上的标架运动公式或者 Frenet 公式. 它说明了这样一个事实：曲线上的 Frenet 标架的运动方式完全由曲线逐点的曲率和挠率确定. 在这个基础之上，我们可以证明下列曲线的唯一性定理.

定理 2.1 **(曲线的唯一性定理)**. 设 $\boldsymbol{r}:(a,b)\mapsto\mathbb{R}^3$ 和 $\tilde{\boldsymbol{r}}:(a,b)\mapsto\mathbb{R}^3$ 分别是 C^3 正则曲线 C 和 $\tilde{C}$ 的弧长参数化. 若 $\forall s\in(a,b)$，$\kappa(s)\neq0$，并且

$$\kappa(s)=\tilde{\kappa}(s)\neq0,\quad \tau(s)=\tilde{\tau}(s).$$

那么存在一个等距变换 $(\boldsymbol{A},\boldsymbol{\xi})$ 使得

$$\boldsymbol{A}\boldsymbol{r}(s)+\boldsymbol{\xi}=\tilde{\boldsymbol{r}}(s), \quad \forall s\in(a,b).$$

证明:证明的重点在于构造这样的 $\boldsymbol{A}$ 与 $\boldsymbol{\xi}$.

$\forall s_0\in(a,b)$,考虑 $\boldsymbol{\alpha}(s_0)=\dot{\boldsymbol{r}}(s_0)$,$\boldsymbol{\beta}(s_0)=\kappa(s_0)^{-1}\ddot{\boldsymbol{r}}(s_0)$,$\boldsymbol{\gamma}(s_0)=\boldsymbol{\alpha}(s_0)\times\boldsymbol{\beta}(s_0)$以及$\tilde{\boldsymbol{\alpha}}(s_0)=\dot{\tilde{\boldsymbol{r}}}(s_0)$,$\tilde{\boldsymbol{\beta}}(s_0)=\tilde{\kappa}(s_0)^{-1}\ddot{\tilde{\boldsymbol{r}}}(s_0)$,$\tilde{\boldsymbol{\gamma}}(s_0)=\tilde{\boldsymbol{\alpha}}(s_0)\times\tilde{\boldsymbol{\beta}}(s_0)$. 我们寻找一个$\mathbb{R}^3\mapsto\mathbb{R}^3$的正交变换 $\boldsymbol{A}$ 满足:

$$\boldsymbol{A}\boldsymbol{\alpha}(s_0)=\tilde{\boldsymbol{\alpha}}(s_0), \quad \boldsymbol{A}\boldsymbol{\beta}(s_0)=\tilde{\boldsymbol{\beta}}(s_0), \quad \boldsymbol{A}\boldsymbol{\gamma}(s_0)=\tilde{\boldsymbol{\gamma}}(s_0).$$

由于$(\boldsymbol{\alpha}(s_0),\boldsymbol{\beta}(s_0),\boldsymbol{\gamma}(s_0))$与$(\tilde{\boldsymbol{\alpha}}(s_0),\tilde{\boldsymbol{\beta}}(s_0),\tilde{\boldsymbol{\gamma}}(s_0))$都是单位右手正交向量组,由线性代数知识知道存在唯一这样的正交变换 $\boldsymbol{A}$.

令

$$-\boldsymbol{\xi}=\boldsymbol{A}\boldsymbol{r}(s_0)-\tilde{\boldsymbol{r}}(s_0),$$

从而

$$\boldsymbol{A}\boldsymbol{r}(s_0)+\boldsymbol{\xi}=\tilde{\boldsymbol{r}}(s_0)$$

然后我们证明上式不仅在 s_0 成立,而且在 $s\in(a,b)$都成立. 为此我们将证明

$$\boldsymbol{A}\boldsymbol{r}(s)-\tilde{\boldsymbol{r}}(s)$$

是一个常向量(恒等于$-\boldsymbol{\xi}$). 为此我们希望证明其一阶导数恒为零,对 $\boldsymbol{A}\boldsymbol{r}(s)-\tilde{\boldsymbol{r}}(s)$求一阶和二阶导数,得到

$$\frac{\mathrm{d}}{\mathrm{d}s}(\boldsymbol{A}\boldsymbol{r}-\tilde{\boldsymbol{r}})(s)=\boldsymbol{A}\boldsymbol{\alpha}(s)-\tilde{\boldsymbol{\alpha}}(s).$$

如果我们能证明 $\forall s\in(a,b)$,

$$\frac{\mathrm{d}}{\mathrm{d}s}(\boldsymbol{A}\boldsymbol{\alpha}-\tilde{\boldsymbol{\alpha}})(s)=0, \tag{2.11}$$

则问题得证. 计算得到:

$$\frac{\mathrm{d}}{\mathrm{d}s}(\boldsymbol{A}\boldsymbol{\alpha}-\tilde{\boldsymbol{\alpha}})(s)=\boldsymbol{A}\,\dot{\boldsymbol{\alpha}}(s)-\dot{\tilde{\boldsymbol{\alpha}}}=\kappa(s)\boldsymbol{A}\boldsymbol{\beta}(s)-\tilde{\kappa}(s)\tilde{\boldsymbol{\beta}}(s)=\kappa(s)(\boldsymbol{A}\boldsymbol{\beta}-\tilde{\boldsymbol{\beta}})(s)$$

这里我们使用了式(2.10)和条件 $\kappa(s)=\tilde{\kappa}(s)$. 同时也要求 $\kappa(s)\neq0$,否则 $\boldsymbol{\beta}(s)$无法定义. 到这里我们并没有取得一个封闭系统(右端依然有左端不含有的新量 $\boldsymbol{\beta}$). 为此再求导:

$$\frac{\mathrm{d}}{\mathrm{d}s}(\boldsymbol{A}\boldsymbol{\beta}-\tilde{\boldsymbol{\beta}})(s)=\boldsymbol{A}\,\dot{\boldsymbol{\beta}}(s)-\dot{\tilde{\boldsymbol{\beta}}}(s)=-\kappa(s)(\boldsymbol{A}\boldsymbol{\alpha}-\tilde{\boldsymbol{\alpha}})(s)+\tau(s)(\boldsymbol{A}\boldsymbol{\gamma}-\tilde{\boldsymbol{\gamma}})(s).$$

还是没有封闭(出现了新的向量 $\boldsymbol{\gamma}$),于是继续求导(并用式(2.10)):

$$\frac{\mathrm{d}}{\mathrm{d}s}(\boldsymbol{A}\boldsymbol{\gamma}-\tilde{\boldsymbol{\gamma}})(s)=-\tau(s)(\boldsymbol{A}\boldsymbol{\beta}-\tilde{\boldsymbol{\beta}})(s)$$

这就封闭了. 把上面三个求导的式子写成矩阵形式:

$$\frac{\mathrm{d}}{\mathrm{d}s}\begin{pmatrix}\boldsymbol{A\alpha}-\tilde{\boldsymbol{\alpha}}\\ \boldsymbol{A\beta}-\tilde{\boldsymbol{\beta}}\\ \boldsymbol{A\gamma}-\tilde{\boldsymbol{\gamma}}\end{pmatrix}-\begin{pmatrix}0&\kappa&0\\-\kappa&0&\tau\\0&-\tau&0\end{pmatrix}\begin{pmatrix}\boldsymbol{A\alpha}-\tilde{\boldsymbol{\alpha}}\\ \boldsymbol{A\beta}-\tilde{\boldsymbol{\beta}}\\ \boldsymbol{A\gamma}-\tilde{\boldsymbol{\gamma}}\end{pmatrix}=0 \tag{2.12}$$

而且我们还知道，$(\boldsymbol{A\alpha}-\tilde{\boldsymbol{\alpha}},\boldsymbol{A\beta}-\tilde{\boldsymbol{\beta}},\boldsymbol{A\gamma}-\tilde{\boldsymbol{\gamma}})^{\mathrm{T}}(s_0)=0$. 于是，由线性常微分方程组解的唯一性，得到 $\forall s\in(a,b)$，$\boldsymbol{A\alpha}-\tilde{\boldsymbol{\alpha}}=0$. □

注 2.2　注意该定理中 $\kappa(s)\neq 0$ 的条件. 如果没有这个条件（哪怕只在一个点上），2.3 节的习题 4 便是一个反例.

然后我们考虑一个反过来的问题. 在参数空间 (a,b) 上给定两个函数 $\kappa(\cdot)$ 和 $\tau(\cdot)$，是否存在以 κ 和 τ 为曲率和挠率的曲线？这个结果表述在下面的定理中.

定理 2.2　**（曲线的局部存在性）**. 设 $(a,b)\subset\mathbb{R}$，κ、τ 为 (a,b) 上定义的 C^1 实函数，并且 $\kappa>0$. 则存在着 $\mathbb{R}^3$ 中的弧长参数化曲线 $\boldsymbol{r}:(a,b)\mapsto\mathbb{R}^3$ 使得 κ、τ 为该曲线的曲率和挠率.

证明：考虑线性常微分方程组：

$$\frac{\mathrm{d}}{\mathrm{d}s}\begin{pmatrix}\boldsymbol{r}\\ \boldsymbol{\alpha}\\ \boldsymbol{\beta}\\ \boldsymbol{\gamma}\end{pmatrix}=\begin{pmatrix}0&1&0&0\\0&0&\kappa&0\\0&-\kappa&0&\tau\\0&0&-\tau&0\end{pmatrix}\begin{pmatrix}\boldsymbol{r}\\ \boldsymbol{\alpha}\\ \boldsymbol{\beta}\\ \boldsymbol{\gamma}\end{pmatrix}, \tag{2.13}$$

这里 $\boldsymbol{r}$、$\boldsymbol{\alpha}$、$\boldsymbol{\beta}$、$\boldsymbol{\gamma}$ 都是 $(a,b)\mapsto\mathbb{R}^3$ 中的函数. 我们可以给一组初值，例如 $\boldsymbol{r}(s_0)=(0,0,0)^{\mathrm{T}}$，$\boldsymbol{\alpha}(s_0)=(1,0,0)^{\mathrm{T}}$，$\boldsymbol{\beta}(s_0)=(0,1,0)^{\mathrm{T}}$，$\boldsymbol{\gamma}(s_0)=(0,0,1)^{\mathrm{T}}$，这里 $s_0\in(a,b)$.

根据线性常微分方程的理论，上述方程在 (a,b) 区间上存在唯一的 C^1 解. 我们声称解的第一个分量 $\boldsymbol{r}$ 就是我们要寻找的曲线的弧长参数化，并且 $(\boldsymbol{\alpha},\boldsymbol{\beta},\boldsymbol{\gamma})$ 就是该曲线的 Frenet 标架. 为此我们首先证明 $(\boldsymbol{\alpha}(s),\boldsymbol{\beta}(s),\boldsymbol{\gamma}(s))$ 是单位正交向量组. 下面考虑

$$\boldsymbol{M}(s):=\begin{pmatrix}\boldsymbol{\alpha}^{\mathrm{T}}(s)\\ \boldsymbol{\beta}^{\mathrm{T}}(s)\\ \boldsymbol{\gamma}^{\mathrm{T}}(s)\end{pmatrix}(\boldsymbol{\alpha}(s),\boldsymbol{\beta}(s),\boldsymbol{\gamma}(s))=\begin{pmatrix}(\boldsymbol{\alpha},\boldsymbol{\alpha})_E&(\boldsymbol{\alpha},\boldsymbol{\beta})_E&(\boldsymbol{\alpha},\boldsymbol{\gamma})_E\\(\boldsymbol{\beta},\boldsymbol{\alpha})_E&(\boldsymbol{\beta},\boldsymbol{\beta})_E&(\boldsymbol{\beta},\boldsymbol{\gamma})_E\\(\boldsymbol{\gamma},\boldsymbol{\alpha})_E&(\boldsymbol{\gamma},\boldsymbol{\beta})_E&(\boldsymbol{\gamma},\boldsymbol{\gamma})_E\end{pmatrix}(s).$$

由初值条件

$$\boldsymbol{M}(s_0)=Id_{3\times 3},$$

而我们希望证明 $\boldsymbol{M}(s)\equiv Id_{3\times 3}$. 为此，将 $\boldsymbol{M}$ 对 s 求导

$$\frac{\mathrm{d}}{\mathrm{d}s}\boldsymbol{M}(s)=\begin{pmatrix}\boldsymbol{\alpha}^{\mathrm{T}}\\\boldsymbol{\beta}^{\mathrm{T}}\\\boldsymbol{\gamma}^{\mathrm{T}}\end{pmatrix}'(s)(\boldsymbol{\alpha}(s),\boldsymbol{\beta}(s),\boldsymbol{\gamma}(s))+\begin{pmatrix}\boldsymbol{\alpha}^{\mathrm{T}}(s)\\\boldsymbol{\beta}^{\mathrm{T}}(s)\\\boldsymbol{\gamma}^{\mathrm{T}}(s)\end{pmatrix}(\boldsymbol{\alpha},\boldsymbol{\beta},\boldsymbol{\gamma})'(s)$$

$$=\begin{pmatrix}0&\kappa(s)&0\\-\kappa(s)&0&\tau(s)\\0&-\tau(s)&0\end{pmatrix}\begin{pmatrix}\boldsymbol{\alpha}^{\mathrm{T}}(s)\\\boldsymbol{\beta}^{\mathrm{T}}(s)\\\boldsymbol{\gamma}^{\mathrm{T}}(s)\end{pmatrix}(\boldsymbol{\alpha}(s),\boldsymbol{\beta}(s),\boldsymbol{\gamma}(s))$$

$$+\begin{pmatrix}\boldsymbol{\alpha}^{\mathrm{T}}(s)\\\boldsymbol{\beta}^{\mathrm{T}}(s)\\\boldsymbol{\gamma}^{\mathrm{T}}(s)\end{pmatrix}(\boldsymbol{\alpha}(s),\boldsymbol{\beta}(s),\boldsymbol{\gamma}(s))\begin{pmatrix}0&-\kappa(s)&0\\\kappa(s)&0&-\tau(s)\\0&\tau(s)&0\end{pmatrix}.$$

令

$$\boldsymbol{A}(s)=\begin{pmatrix}0&\kappa(s)&0\\-\kappa(s)&0&\tau(s)\\0&-\tau(s)&0\end{pmatrix},$$

上式写作

$$\boldsymbol{M}'(s)=\boldsymbol{A}(s)\boldsymbol{M}(s)+\boldsymbol{M}(s)\boldsymbol{A}^{\mathrm{T}}(s).$$

注意到 $\boldsymbol{M}(s)\equiv Id_{3\times3}$ 是这个方程的解. 由常微分方程解的唯一性,得到 $\boldsymbol{M}(s)\equiv Id_{3\times3}$. 也就是说$(\boldsymbol{\alpha},\boldsymbol{\beta},\boldsymbol{\gamma})(s)$是单位正交向量组.

于是 $\boldsymbol{\alpha}(s)=\dot{\boldsymbol{r}}(s)$说明

$$\begin{aligned}\boldsymbol{r}:(a,b)&\mapsto\mathbb{R}^3,\\ s&\mapsto\boldsymbol{r}(s)\end{aligned}$$

是弧长参数曲线. 进一步,$\boldsymbol{\alpha}(s)$为其切向量. $\dot{\boldsymbol{\alpha}}(s)=\kappa(s)\boldsymbol{\beta}(s)\Rightarrow\|\dot{\boldsymbol{\alpha}}(s)\|_2=\kappa(s)$说明曲线 $\boldsymbol{r}$ 的曲率是 κ. 进而由方程(2.13)得

$$\boldsymbol{\beta}(s)=\frac{\dot{\boldsymbol{\alpha}}(s)}{\|\dot{\boldsymbol{\alpha}}(s)\|_2}=\frac{\ddot{\boldsymbol{r}}(s)}{\|\ddot{\boldsymbol{r}}(s)\|_2},$$

也就是说 $\boldsymbol{\beta}$ 是 $\boldsymbol{r}$ 的主法向. 因为$(\boldsymbol{\alpha},\boldsymbol{\beta},\boldsymbol{\gamma})$是单位正交向量组,所以 $\boldsymbol{\gamma}\perp\mathrm{span}\{\boldsymbol{\alpha},\boldsymbol{\beta}\}$. 我们记

$$\boldsymbol{\gamma}(s)=\delta(s)\boldsymbol{\alpha}(s)\times\boldsymbol{\beta}(s).$$

这里 $\delta(s)$是标量函数. 由于 $\|\boldsymbol{\gamma}\|_2\equiv1$,所以 $\delta(s)\equiv1$ 或者-1(因为 $\boldsymbol{\gamma}$ 是 C^1 向量,所以 δ 的值不能改变). 而在 s_0,$\boldsymbol{\gamma}=\boldsymbol{\alpha}\times\boldsymbol{\beta}$,所以

$$\boldsymbol{\gamma}(s)\equiv\boldsymbol{\alpha}(s)\times\boldsymbol{\beta}(s).$$

根据定义,$\boldsymbol{\gamma}$ 是 $\boldsymbol{r}$ 的次法方向. 又由方程(2.13)得

$$\dot{\boldsymbol{\gamma}}(s)=-\tau(s)\boldsymbol{\beta}(s).$$

根据挠率的定义，$\boldsymbol{r}$ 以 τ 为挠率. □

本节练习

练习 1　举例说明：如果已知两曲线段对应逐点曲率或挠率相等，则两曲线段不一定能够经过一个等距变换之后合同.

练习 2　设 $a,b\in\mathbb{R}$，$a>0$. 求所有以 a 为曲率、b 为挠率的曲线（提示：使用 2.3 节练习 2 的结论和 2.4 节曲线唯一性定理）.

练习 3　证明：若曲线段曲率 κ 处处不等于 0，每个点的密切平面都过一个固定点，则这个曲线段在一个平面内.

练习 4　设 $\{\boldsymbol{r}(s),\boldsymbol{\alpha}_1(s),\boldsymbol{\alpha}_2(s),\boldsymbol{\alpha}_3(s)\}$ 是定义在弧长参数曲线 $\boldsymbol{r}(s)$ 上的单位正交标架. 令

$$\dot{\boldsymbol{\alpha}}_i(s)=\sum_{j=1}^{3}\lambda_i^j(s)\boldsymbol{\alpha}_j(s).$$

求证：

$$\lambda_i^j+\lambda_j^i=0.$$

第 3 章　仿射空间中的几何学

上一章我们在三维欧氏空间中研究了曲线的性质. 从这一章开始我们将抛开欧氏空间中的“角度”和“长度”概念,而将注意力集中于切平面和维数这类只依赖于线性空间结构的概念. 为此我们将引入(回顾)仿射空间的概念,并引入一套语言. 这套语言在现代几何学中是通用语言. 熟悉微分流形的读者将可以看到本章的内容和微分流形的基本知识之间的紧密联系.

3.1　仿射空间中的直线和平面、仿射坐标和仿射坐标变换

几何学是研究点集的学科. 我们首先要构造一个由“点”构成的空间. 为什么向量空间不能直接作为一个几何学意义下的点集呢? 因为向量空间中有一个特殊的元素 0. 它具有许多别的元素不具备的性质(关键它是加法单位元). 而联想我们通常意义下空间的概念,不应该有任何一个点比别的点具有特殊的“地位”. 另一个重要的区别是:向量空间中的向量都是可以求和,可以做数乘的. 而空间中的点和点如何做加法运算? 似乎并没有一个很明确的解释.

然而,向量空间的确具有很多与我们日常经验中的空间相同的性质. 例如,在向量空间中我们可以谈论子空间:一维子空间对应几何上的直线,二维子空间对应平面. 同时向量空间的内积确定了角度和长度的概念. 我们需要做的是给向量空间“去中心化”.

为了达到这个目的,我们首先仔细分析一下“向量”这个概念的几何和物理意义. 向量最初的引入是物理学上为了表达“既有大小又有方向的量”:位置矢量[①]、位移、速度、加速度、力……虽然上面这些量都是“既有大小又有方

---

①质点力学中位置矢量指的是质点相对于一个参考点(原点)的位置. 例如,质点是 A,$\overrightarrow{OA}$称为质点的位置矢量.

向的”，但是位置矢量这个量和其它量有一个本质不同. 我们可以说一个质点（在某个参照系中）的位移是零，速度是零，加速度是零，受力是零等，这都是有物理意义的. 也就是这些量的零点都不是人为规定的，而是由质点运动状态或场的状态来决定的（见图 3.1）.

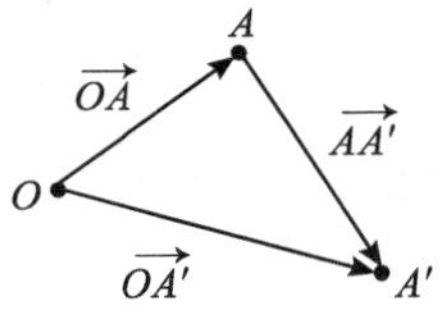

图 3.1

相反，位置矢量为零这个概念完全是人为的. 它只取决于一件事情，那就是这个质点相对于哪个参考点的位置. 如果这个参考点被选择在这个质点所在的点，那它的位置矢量自动就是零，与这个质点此刻所处的运动状态、受力情况等完全无关. 也就是说，位置矢量的零点是一个人为概念，由人的选择来决定.

同时我们发现位置矢量虽然是有大小和方向的量，但是两个点的位置矢量求和似乎并没有什么明确的物理意义. 因为这个和的结果依赖于零点的选择. 同时一个位置矢量的若干倍似乎也不具有明确的物理意义. 所以位置矢量仅仅是一个“有方向有大小的量”，但不是数学意义下的向量.

虽然位置矢量的零点是人为规定的，但是位置矢量的差（叫作位移）却是有意义的. 一个质点在一段时间内位置的改变量不依赖于位置矢量的零点的选择，因而不是一个人为决定的量，具有物理意义（衡量了质点到底有没有净运动）. 位移为零的确是一个特殊的状态①，所以将位移看成是数学意义上的向量是合适的：其加法可以解释为质点两段运动的总位移效果.

结论：位置矢量不是向量，但是位置矢量的差却是向量. 位置矢量为零不具有特殊地位. 物理学中位置矢量的这个特点促使我们引入仿射空间的概念.

定义 3.1　设 $\mathscr{A}^n$ 为一个非空集合. 若存在映射

$$\mathscr{A}^n \times \mathscr{A}^n \mapsto \mathbb{R}^n,$$
$$(A,B) \mapsto \overrightarrow{AB}$$

满足：

(1) $\forall \boldsymbol{v} \in \mathbb{R}^n, A \in \mathscr{A}^n$，存在唯一的 $B \in \mathscr{A}^n$ 使得 $\overrightarrow{AB} = \boldsymbol{v}$，

(2) $\overrightarrow{AB} + \overrightarrow{BC} = \overrightarrow{AC}$.

则称 $\mathscr{A}^n$ 为 n 维仿射空间.

这个定义完全仿照位置矢量来引入. $\overrightarrow{AC}$ 就是 C 点相对于 A 点的位置矢

---

①类似的情况比如虽然摄氏度的零点是人为的，但是一个物理的温度上升或者下降了几摄氏度却同零点的选择无关，具有物理意义.

量.我们可以得到以下结果:$\overrightarrow{AA}=0,\overrightarrow{AB}=-\overrightarrow{BA}$.

定义 3.2　(直线,平面).三维仿射空间 $\mathscr{A}^3$ 的非空子集 l,含有点 $A\in l$,若满足:$\exists\, \boldsymbol{v}\in\mathbb{R}^3,\boldsymbol{v}\neq 0$,使得

$$l=\{B\in\mathscr{A}^3\mid\overrightarrow{AB}=k\boldsymbol{v},k\in\mathbb{R}\},$$

则称 l 为过 A 以 $\boldsymbol{v}$ 为方向的直线,$\boldsymbol{v}$ 称为 l 的方向向量.

三维仿射空间 $\mathscr{A}^3$ 的非空子集 π,含有 $A\in\pi$,满足:$\exists\,\boldsymbol{v},\boldsymbol{w}\in\mathbb{R}^3$,线性无关,使得

$$\pi=\{B\in\mathscr{A}^3\mid\overrightarrow{AB}=k\boldsymbol{v}+p\boldsymbol{w},(k,p)\in\mathbb{R}^2\},$$

则称 π 为一个由 $\boldsymbol{v}$、$\boldsymbol{w}$ 张成的过 A 的平面,$(\boldsymbol{v},\boldsymbol{w})$ 称为 π 的方向向量对.

有了直线和平面的概念,我们可以定义类似“点在直线上”“点在平面上”“直线在平面上”“平面上的平行线”等概念.这里不做赘述.而后我们可以证明例如“两点决定一条直线”“平面上过直线外一点有且只有一条直线平行于原直线”“过平面外一点有且只有一个平面平行于原平面”之类经典的平面几何和立体几何中的不涉及角度和长度概念的命题(仿射性质).

为了定量刻画质点的运动,我们必须引入坐标的概念.其目的是能够用 n 个实数来描述一个点的位置,或者换一种说法:在点和若干个实数之间建立起一一对应关系.如果实数(组)的代数运算在这个对应关系下具有明显的几何意义那就更好了.

为此我们要引入一个参考点(称为原点),然后考虑每个点对原点的位置矢量.这个位置矢量看成是$\mathbb{R}^n$上的一个向量,在给定了 n 个基时,可以用 n 个实数刻画.

定义 3.3　(仿射坐标系).在 $\mathscr{A}^n$ 上选定一个点 O(称为原点),在$\mathbb{R}^n$上选定一组基$\{\boldsymbol{e}_i\}_{\{i=1,2,\cdots,n\}}$.我们记 $\mathcal{A}=\{O,\boldsymbol{e}_i\}$为 $\mathscr{A}^n$ 上的一个仿射坐标系,并有以下双射:

$$\varphi_{\mathcal{A}}:\mathscr{A}^n\mapsto\mathbb{R}^n,$$
$$A\mapsto(x^1,x^2,\cdots,x^n),$$

这里$\overrightarrow{OA}=\sum\limits_{i=1}^{n}x^i\boldsymbol{e}_i$.

我们来考虑两个仿射坐标系之间的关系.现在假设两个仿射坐标系$\{O,\boldsymbol{e}_i\}$与$\{O',\boldsymbol{f}_i\}$.它们之间的关系是:

$$\overrightarrow{OO'}=\sum_{i=1}^{n}a^i\boldsymbol{e}_i,\quad \boldsymbol{e}_i=\sum_{j=1}^{n}T_i^j\boldsymbol{f}_j$$

或者用矩阵形式写出来：

$$(\boldsymbol{e}_1 \quad \boldsymbol{e}_2 \quad \cdots \quad \boldsymbol{e}_n)=(\boldsymbol{f}_1 \quad \boldsymbol{f}_2 \quad \cdots \quad \boldsymbol{f}_n)\begin{pmatrix} T_1^1 & T_2^1 & \cdots & T_n^1 \\ T_1^2 & T_2^2 & \cdots & T_n^2 \\ \vdots & \vdots & & \vdots \\ T_1^n & T_2^n & \cdots & T_n^n \end{pmatrix}. \tag{3.1}$$

那么一个点 B，在第一个坐标系中坐标是$(x^1,\cdots,x^n)$，在第二个坐标系中坐标为$(y^1,\cdots,y^n)$，两者关系是什么？

命题 3.1　(仿射坐标变换). 记号如上文，点 A 在坐标系$\{O',\boldsymbol{f}_i\}$中的坐标为

$$y^i=\sum_{j=1}^n T_j^i(x^j-a^j). \tag{3.2}$$

证明：我们观察到如下事实：$\overrightarrow{OA}=\overrightarrow{OO'}+\overrightarrow{O'A}$，从而$\overrightarrow{O'A}=\overrightarrow{OA}-\overrightarrow{OO'}$，

$$\sum_{i=1}^n y^i\boldsymbol{f}_i=\sum_{i=1}^n x^i\boldsymbol{e}_i-\sum_{i=1}^n a^i\boldsymbol{e}_i,$$

从而

$$\sum_{i=1}^n y^i\boldsymbol{f}_i=\sum_{i=1}^n (x^i-a^i)\boldsymbol{e}_i. \tag{3.3}$$

而右边：$\boldsymbol{e}_i=\sum_{j=1}^n T_i^j\boldsymbol{f}_j$. 从而

$$\sum_{i=1}^n (x^i-a^i)\cdot\sum_{j=1}^n T_i^j\boldsymbol{f}_j=\sum_{j=1}^n\sum_{i=1}^n T_i^j(x^i-a^i)\boldsymbol{f}_j.$$

将上式代入式(3.3)，我们得到

$$y^j=\sum_{i=1}^n T_i^j(x^i-a^i). \qquad \square \tag{3.4}$$

在上面证明过程，我们反复使用求和符号，这显得相当不便. 为了简化，在求和参数(i)的范围是从 1 到 n 的情况下(n 是维数)，我们记

$$a^i\boldsymbol{e}_i=\sum_{i=1}^n a^i\boldsymbol{e}_i$$

这种写法叫作**爱因斯坦求和约定**. 这里的 a^i 是数，$\boldsymbol{e}_i$ 是向量(将来还有更多种的情况).

在本节最后我们引入仿射坐标系定向的概念. 注意到在仿射坐标变换中的矩阵 T_i^j 是实可逆矩阵. 从而 $\det(\boldsymbol{T})\neq 0$. 当 $\det(\boldsymbol{T})>0$ 时，我们称相应的两个仿射坐标系具有相同的定向. 如果 $\det(\boldsymbol{T})<0$，则称两者具有相反的定向.

最后我们回顾一下直线和平面的方程. 如果 l 为 $\mathscr{A}^3$ 中的一条过 A 点、方向为 $\boldsymbol{v}$ 的直线. 设 $\mathscr{A}^3$ 上建立了坐标系 $\{O,\boldsymbol{e}_1,\boldsymbol{e}_2,\boldsymbol{e}_3\}$. 设 A 在此坐标系中的坐标为 (a^1,a^2,a^3),也就是说

$$\overrightarrow{OA}=a^1\boldsymbol{e}_1+a^2\boldsymbol{e}_2+a^3\boldsymbol{e}_3=a^i\boldsymbol{e}_i$$

而 $\boldsymbol{v}$ 分解在 $\{\boldsymbol{e}_1,\boldsymbol{e}_2,\boldsymbol{e}_3\}$ 之中为 $\boldsymbol{v}=v^1\boldsymbol{e}_1+v^2\boldsymbol{e}_2+v^3\boldsymbol{e}_3=v^i\boldsymbol{e}_i$. 那么,设 X 为 l 上任意一个点,坐标设为 (x^1,x^2,x^3). 则

$$\overrightarrow{OX}=\overrightarrow{OA}+\overrightarrow{AX}$$

于是

$$x^i\boldsymbol{e}_i=a^i\boldsymbol{e}_i+kv^i\boldsymbol{e}_i \quad\Rightarrow\quad x^i=a^i+kv^i,\quad k\in\mathbb{R},$$

得到了直线的参数方程.

对于平面,设 π 为过 A 点、方向向量对为 $(\boldsymbol{v},\boldsymbol{w})$ 的平面. 在仿射坐标系 $\{O,\boldsymbol{e}_1,\boldsymbol{e}_2,\boldsymbol{e}_3\}$ 中,设 A 的坐标 (a^1,a^2,a^3), $\boldsymbol{v}=v^i\boldsymbol{e}_i$, $\boldsymbol{w}=w^i\boldsymbol{e}_i$. 设 $X\in\pi$,坐标为 (x^1,x^2,x^3),那么

$$\overrightarrow{OX}=\overrightarrow{OA}+\overrightarrow{AX}$$

于是

$$x^i\boldsymbol{e}_i=a^i\boldsymbol{e}_i+kv^i\boldsymbol{e}_i+pw^i\boldsymbol{e}_i \quad\Rightarrow\quad x^i=a^i+kv^i+pw^i,\quad k,p\in\mathbb{R}.$$

本节练习

练习 1 从仿射空间的定义出发,证明仿射空间中过不同的两点有且只有一条直线.

练习 2* 我们引入如下定义:仿射空间中两条不同的直线称为**平行**,如果它们的方向向量线性相关. 根据这个定义,证明欧几里得第五公设:仿射空间中,过给定直线外一点有且只有一条直线平行于原来的直线.

练习 3 为什么我们没有在仿射空间中定义两条直线相互垂直的概念?

练习 4 设三维仿射空间中有仿射坐标系 $A=\{O,\boldsymbol{e}_1,\boldsymbol{e}_2,\boldsymbol{e}_3\}$. 设某两点 P 的坐标为 $(1,2,1)$, O' 的坐标为 $(2,1,-1)$. 计算 O 在坐标系 $\{P,\boldsymbol{e}_1+\boldsymbol{e}_2,\boldsymbol{e}_2,\boldsymbol{e}_3\}$ 中的坐标和 P 在坐标系 $\{O',\boldsymbol{e}_1-\boldsymbol{e}_2,\boldsymbol{e}_2,\boldsymbol{e}_3\}$ 中的坐标.

练习 5* 求证:两个平面如果相交(在集合意义下),则其交线是一条直线.

3.2 几何量

在展开更加一般的数学讨论之前,我们先从直观的角度讨论一下几何量

的概念.

几何学中的量(几何量)都应该是仅仅依赖点或者几何对象,否则这些量就不能成为几何学研究的对象.然而在具体定义或者计算这些量的时候,我们又不可避免地通过点在某个具体坐标系内的坐标值来进行.那么就产生了一个问题:具体给定一个由坐标定义的量,如何确定它是不是一个几何量.或者,一个量要成为几何量,需要满足什么条件.

当我们讨论"量"这个概念的时候,我们指的不仅仅有通常意义下的数量(也就是标量),向量、张量、拓扑、函数等数学对象都是我们要讨论的"量".为简单起见,在本节中我们只讨论标量.

例如,考虑一个三维仿射空间 $\mathscr{A}^3$,带有坐标系 $\mathcal{A}=\{O,\boldsymbol{e}_1,\boldsymbol{e}_2,\boldsymbol{e}_3\}$.在其中我们引入一条直线,方程写作

$$(x^1,x^2,x^3)=(x_0^1,x_0^2,x_0^3)+t(v^1,v^2,v^3),$$

这里(v^1,v^2,v^3)是一组给定的数(对应一个给定向量).同时记

$$(x_1^1,x_1^2,x_1^3)=(x_0^1,x_0^2,x_0^3)+t_1(v^1,v^2,v^3),$$

$$(x_2^1,x_2^2,x_2^3)=(x_0^1,x_0^2,x_0^3)+t_2(v^1,v^2,v^3);$$

这里 $0<t_1<t_2$.我们现在考虑两个由坐标定义的实数:

$$\eta:=\sqrt{\sum_{i=1}^{3}|x_1^i-x_0^i|^2}=t_1\|v\|=t_1\sqrt{\sum_{i=1}^{3}|v^i|^2} \tag{3.5}$$

和

$$\lambda:=\sqrt{\frac{\sum_{i=1}^{3}|x_2^i-x_1^i|^2}{\sum_{i=1}^{3}|x_1^i-x_0^i|^2}}=\frac{t_2-t_1}{t_1}. \tag{3.6}$$

我们来说明 η 不是仿射几何意义下的几何量,而 λ 是.也就是说,如果在另一个仿射坐标系中套用式(3.5)计算,会得到不一样的结果.

设 $\mathscr{A}^3$ 上另有一个仿射坐标系$\{O',\boldsymbol{f}_1,\boldsymbol{f}_2,\boldsymbol{f}_3\}$.设点 $\boldsymbol{X}_0$、$\boldsymbol{X}_1$、$\boldsymbol{X}_2$ 在这个坐标系中的坐标分别为(y_0^1,y_0^2,y_0^3),(y_1^1,y_1^2,y_1^3),(y_2^1,y_2^2,y_2^3).设$(\boldsymbol{e}_i)$和$(\boldsymbol{f}_i)$之间的过渡矩阵为 T_i^j.根据坐标变换公式(3.4),得

$$y_0^i=T_j^i(x_0^j-a^j),\quad y_1^i=T_j^i(x_1^j-a^j),\quad y_2^i=T_j^i(x_2^j-a^j).$$

按照 η 的计算公式在新坐标下计算:

$$\eta'=\sqrt{\sum_{i=1}^{3}|y_1^i-y_0^i|^2}=\sqrt{\sum_{i=1}^{3}|T_j^i(x_1^j-x_0^j)|^2}=t_1\sqrt{\sum_{i=1}^{3}|T_j^iv^j|^2}.$$

可以看到在一般情况下 $\eta'\neq\eta$. 而

$$\lambda'=\frac{\sqrt{\sum_{i=1}^{3}|T_j^i(x_2^j-x_1^j)|^2}}{\sqrt{\sum_{i=1}^{3}|T_j^i(x_1^j-x_0^j)|^2}}=\frac{|t_2-t_1|\sqrt{\sum_{i=1}^{3}|T_j^iv^j|^2}}{|t_1|\sqrt{\sum_{i=1}^{3}|T_j^iv^j|^2}}=\frac{t_2-t_1}{t_1}=\lambda,$$

也就是式(3.6)定义的量虽然用到了一个特定仿射坐标系中的坐标，但是其结果却对于所有仿射坐标系都一样. 于是 λ 是一个仿射几何意义下的几何量，它不依赖于坐标系的选取.

本节练习

练习 1 设 $\mathscr{A}^3$ 上有四个点 A_1、A_2、A_3、A_4，其坐标分别为 (x_i^1,x_i^2,x_i^3)，$i=1,2,3,4$.

定义

$$\lambda=\frac{\sqrt{\sum_{j=1}^{3}|x_1^j-x_2^j|^2}}{\sqrt{\sum_{j=1}^{3}|x_3^j-x_4^j|^2}}$$

问：在什么条件下，λ 是个仿射几何量？

练习 2 设 A_1、A_2、A_3、A_4 为 $\mathscr{A}^3$ 上四个不共线点. 在一个给定仿射坐标系 $\{O,\boldsymbol{e}_1,\boldsymbol{e}_2,\boldsymbol{e}_3\}$ 中如果单个点的坐标是 (a_i^1,a_i^2,a_i^3)，$i=1,2,3,4$. 定义 $\mathbb{R}^3$ 中的向量：

$$\boldsymbol{v}_1:=(a_1^1-a_2^1,a_1^2-a_2^2,a_1^3-a_2^3),$$
$$\boldsymbol{v}_2:=(a_1^1-a_3^1,a_1^2-a_3^2,a_1^3-a_3^3),$$
$$\boldsymbol{v}_3:=(a_1^1-a_4^1,a_1^2-a_4^2,a_1^3-a_4^3),$$

并由此定义四面体 $A_1A_2A_3A_4$ 在此坐标系下的体积：

$$V_{A_1A_2A_3A_4}:=\frac{1}{6}(\boldsymbol{v}_1,\boldsymbol{v}_2,\boldsymbol{v}_3),$$

这里 $(\boldsymbol{v}_1,\boldsymbol{v}_2,\boldsymbol{v}_3)$ 是 $\mathbb{R}^3$ 上的混合积. 举例说明：这个“体积”并不是仿射几何量. 但是若考虑两个给定的四面体的体积比：

$$\lambda=\frac{V_{A_1A_2A_3A_4}}{V_{B_1B_2B_3B_4}}$$

这里 B_1、B_2、B_3、B_4 是 $\mathscr{A}^3$ 中的四个不共线点. 证明这个比值却是仿射几何量.

3.3　仿射空间中的拓扑与实标量场

在本节中我们进一步给出一个常见几何/物理对象，称为实标量场. 这类量有丰富的物理背景：温度场、电势场、密度场……它们的特点是，空间中的每一个点都给定一个实数值. 这种“点到实数”的映射称为实标量场或者函数. 以后我们将会研究更加复杂的“点到向量空间”“点到张量空间”的映射，它们对应更加复杂的向量场、张量场.

为了精确地描述实标量场的正则性（连续、可微和光滑），我们将首先讨论仿射空间中的拓扑. 我们将看到仿射空间上的拓扑虽然是通过仿射坐标系定义的，但是各个坐标系导出的拓扑是相同的. 所以这个拓扑并不依赖于具体仿射坐标系的选择，因而是仿射几何对象.

为了理清几个容易混淆的概念，我们不计划如通常那般将 $\mathscr{A}^n$ 同 $\mathbb{R}^n$ 等同. 这可能会带来书写上的一点麻烦. 但是我们这么做是为了强调：几何学中研究的概念都必须是不依赖于坐标系选取的. 但是很多概念却是通过坐标系来定义的. 区分 $\mathscr{A}^n$ 和 $\mathbb{R}^n$ 是为了区分“几何量”和“几何量在坐标系下的计算公式”这两个概念.

3.3.1　仿射空间中的拓扑

我们将在仿射空间（及其子集上）引入拓扑的概念. 本节要求读者熟悉点集拓扑的基础内容. 可以参看附录 A.

定义 3.4　（仿射空间中的拓扑）. 设 $\mathcal{A}=\{O,\boldsymbol{e}_i\}$ 为 n 维仿射空间 $\mathscr{A}^n$ 的一个仿射坐标系. 一个集合 $U\subset\mathscr{A}^n$ 称为开集，如果它在坐标映射 $\varphi_{\mathcal{A}}$ 下的像是 $\mathbb{R}^n$ 上的开集.

以上这个定义其实并不“合理”，因为一个集合是否是开集，不应当依赖于某一个具体坐标系. 我们今后会遇到很多这样的几何量：它们的定义需要用到具体的坐标系. 但是为了说明它们是几何量，又必须得证明这个定义同具体的坐标选择无关. 于是我们需要证明以下命题.

引理 3.1　一个子集 B 在某个仿射坐标系下是开集，则它在任意一个仿射坐标系下都是开集.

证明：设 $B\subset\mathscr{A}^n$. 我们考虑两个仿射坐标系 $\mathcal{A}=\{O,\boldsymbol{e}_i\}$ 与 $\mathcal{A}'=\{O',\boldsymbol{f}_i\}$. 假设 B 在第一个坐标系中为开集. 进一步考虑 $\mathbb{R}^n$ 到自身的映射 $\varphi_{\mathcal{A}'}\circ\varphi_{\mathcal{A}}^{-1}$. 更

详细的解释：

$$\mathbb{R}^n \xrightarrow{\varphi_{\mathcal{A}}^{-1}} \mathscr{A}^n \xrightarrow{\varphi_{\mathcal{A}'}} \mathbb{R}^n,$$

$$\varphi_{\mathcal{A}}(A)=(x^1,x^2,\cdots,x^n) \longmapsto A \longmapsto (y^1,y^2,\cdots,y^n)=\varphi_{\mathcal{A}'}(A),$$

这里$\overrightarrow{OA}=x^i\boldsymbol{e}_i$，$y^i\boldsymbol{f}_i=\overrightarrow{O'A}$. 这就是坐标变换，由式(3.2)给出. 从矩阵 T_i^j 的可逆性可知，这是一个同胚. 于是如果 $\varphi_{\mathcal{A}}(B)$为开集，那么

$$\varphi_{\mathcal{A}'}(B)=\varphi_{\mathcal{A}'}\circ\varphi_{\mathcal{A}}^{-1}(\varphi_{\mathcal{A}}(B))$$

作为开集的同胚像，还是$\mathbb{R}^n$中的开集. □

我们还需要证明如此规定的开集满足拓扑空间的公理(见本节练习).

3.3.2 仿射空间中的函数/标量场

在引入了拓扑之后，我们便可以讨论 $\mathscr{A}^n$上的开集和闭集了. 我们称 $\mathscr{A}^n$上的连通开集为开区域. 设 U 为 $\mathscr{A}^n$的开区域. 一个从 U 到$\mathbb{R}$ 的映射称为 U 上定义的一个函数/实标量场. 但是如果我们需要写出这个函数，就需要使用坐标，于是产生了下面的概念.

定义 3.5 (从仿射坐标系看函数). 设 U 是 $\mathscr{A}^n$的一个开区域. 考虑 U 上的函数 f，称下面定义在$\mathbb{R}^n$开区域上的 n 元函数 $f\circ\varphi_{\mathcal{A}}^{-1}$ 为**从坐标系 $\mathcal{A}=\{O,\boldsymbol{e}_i\}$ 中读取** f.

详细解释(见图 3.2)：

$$V \xrightarrow{\varphi_{\mathcal{A}}^{-1}} U \xrightarrow{f} \mathbb{R},$$

$$(x^1,x^2,\cdots,x^n) \longmapsto A \longmapsto f(A).$$

这里$\mathbb{R}^n\supset V=\varphi_{\mathcal{A}}(U)$.

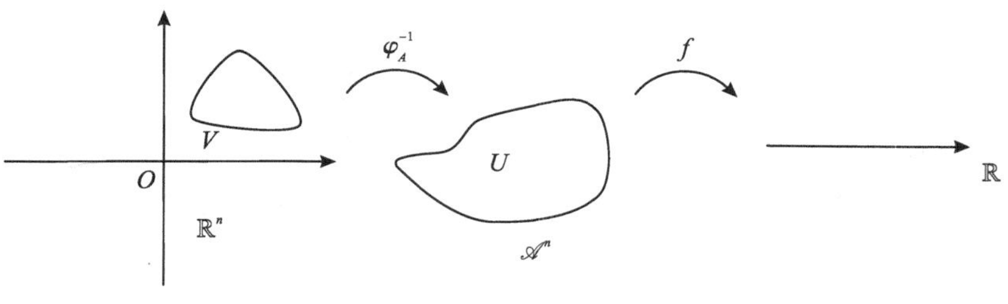

图 3.2

U 上带有一个天然的从 $\mathscr{A}^n$上继承来的拓扑. 从这个拓扑出发我们可以谈论连续函数. 一般地我们有下面的结果.

引理 3.2　(连续函数的判定). 设 U 是 $\mathscr{A}^n$ 上的开区域, f 为 U 上的函数, 则以下三点相互等价:

(1) f 连续;

(2) 在某一个仿射坐标系 $\mathcal{A}=\{O,\boldsymbol{e}_i\}$ 中读取 f 得到一个 n 元连续函数;

(3) 在任意一个仿射坐标系中读取 f 都得到一个 n 元连续函数.

证明:((1)⇒(2)). 考虑 U 在仿射坐标系 $\mathcal{A}=\{O,\boldsymbol{e}_i\}$ 下的像 V. 考虑函数 $f\circ\varphi_{\mathcal{A}}^{-1}$ 是从 V 到 $\mathbb{R}$, 考虑 $\mathbb{R}$ 上的一个开集 W, 则有以下关系:

$$(f\circ\varphi_{\mathcal{A}}^{-1})^{-1}(W)=\varphi_{\mathcal{A}}(f^{-1}(W)).$$

而 f 连续意味着 $f^{-1}(W)$ 开. 根据 U 上拓扑的定义, $\varphi_{\mathcal{A}}(f^{-1}(W))$ 是 V 中开集, 从而是 $\mathbb{R}^n$ 中的开集, 所以 $(f\circ\varphi_{\mathcal{A}}^{-1})^{-1}(W)$ 是 V 中的开集, 从而(2)得证.

((2)⇒(3)). 我们记 $V'=\varphi_{\mathcal{A}'}(U)$, 也就是 U 在坐标系 $\mathcal{A}'=\{O',\boldsymbol{f}_i\}$ 下的像, 这是个 $\mathbb{R}^n$ 中的开集. 我们考虑坐标变换 $\varphi_{\mathcal{A}}\circ\varphi_{\mathcal{A}'}^{-1}$, 这是一个 $\mathbb{R}^n$ 到 $\mathbb{R}^n$ 的仿射变换. 我们将它限制在开集 V' 上, 从而这个限制是 V' 到 V 的同胚. 现在考虑 $\mathbb{R}$ 中的开集 W

$$\begin{aligned}(f\circ\varphi_{\mathcal{A}'}^{-1})^{-1}(W)&=(f\circ\varphi_{\mathcal{A}}^{-1}\circ\varphi_{\mathcal{A}}\circ\varphi_{\mathcal{A}'}^{-1})^{-1}(W)\\&=(\varphi_{\mathcal{A}}\circ\varphi_{\mathcal{A}'}^{-1})^{-1}((f\circ\varphi_{\mathcal{A}}^{-1})^{-1}(W))\end{aligned}$$

由(2), $(f\circ\varphi_{\mathcal{A}}^{-1})^{-1}(W)$ 是 V 上的开集, 而 $(\varphi_{\mathcal{A}}\circ\varphi_{\mathcal{A}'}^{-1})$ 是同胚, 从而右端是 V' 中开集, 所以 $f\circ\varphi_{\mathcal{A}'}^{-1}$ 连续.

((3)⇒(1)). 任取一个仿射坐标系 $\mathcal{A}=\{O,\boldsymbol{e}_i\}$, 考虑 $\mathbb{R}$ 中的开集 W, 以及 $f^{-1}(W)$. 我们注意到

$$(f\circ\varphi_{\mathcal{A}}^{-1})^{-1}(W)=\varphi_{\mathcal{A}}(f^{-1}(W)),$$

左边是 V 中的开集, 因为 f 在 $\mathcal{A}=\{O,\boldsymbol{e}_i\}$ 上读取是连续的, 则右边也是 V 上的开集. 而根据 U 上拓扑的定义, $f^{-1}(W)$ 是 U 上的开集, 所以 f 连续. □

下面我们讨论函数可微性.

定义 3.6　设 U 是 $\mathscr{A}^n$ 上的开区域, f 为 U 上的函数. f 称为可微的, 若存在某个仿射坐标系 $\mathcal{A}=\{O,\boldsymbol{e}_i\}$, 使得从该坐标系中读取 f 是一个 n 元可微函数.

这里同样有一个"合理性问题". 事实上我们可以证明:

引理 3.3　设 U 是 $\mathscr{A}^n$ 上的开区域, f 为 U 上的函数. 若 f 在某个仿射坐标系中读取是可微的, 则它在所有坐标系中的读取都可微.

证明: 设两个仿射坐标系 $\mathcal{A}=\{O,\boldsymbol{e}_i\}$ 和 $\mathcal{A}'=\{O',\boldsymbol{f}_i\}$ 中 U 的像分别是 V、V', 坐标变换 $\varphi_{\mathcal{A}}\circ\varphi_{\mathcal{A}'}^{-1}$ 是 $\mathbb{R}^n$ 到 $\mathbb{R}^n$ 的仿射变换限制在 V' 上(到 V). 记这个仿射

变换是

$$V' \mapsto V,$$

$$(x^1, x^2, \cdots, x^n) \mapsto (y^1, y^2, \cdots, y^n) = (a^1 + \widetilde{T}^1_j x^j, \cdots, a^n + \widetilde{T}^n_j x^j).$$

现在假设 f 在 $\mathcal{A}=\{O, \boldsymbol{e}_i\}$ 上读取是可微的. 也就是 $f \circ \varphi_{\mathcal{A}}^{-1}$ 是 V 到$\mathbb{R}$ 的可微函数. 我们注意到

$$f \circ \varphi_{\mathcal{A}'}^{-1} = f \circ \varphi_{\mathcal{A}}^{-1} \circ \varphi_{\mathcal{A}} \circ \varphi_{\mathcal{A}'}^{-1}.$$

这是一个从 V'到$\mathbb{R}$ 的函数,看成$(f \circ \varphi_{\mathcal{A}}^{-1}) \circ (\varphi_{\mathcal{A}} \circ \varphi_{\mathcal{A}'}^{-1})$. 这是一个 $V' \mapsto V$ 的仿射变换复合一个可微函数,所以还是一个可微函数. □

同理,我们还可以定义 C^k 函数和 C^∞(光滑)函数.

根据以上讨论,我们发现 n 维仿射空间中,只要在一个仿射坐标系 $\mathcal{A}=\{O, \boldsymbol{e}_i\}$下讨论清楚了一个函数/标量场的性质(连续性、可微性……),那么在任何其他坐标系下,这个函数/实标量场的性质都是相同的.

本节练习

练习 1 设 X, Y 为两个集合,$f: X \mapsto Y$ 为一个映射. 证明下列性质:

(1)设 Λ 为一个指标集,$A_\alpha \subset Y$. 则

$$f^{-1}\left(\bigcap_{\alpha \in \Lambda} A_\alpha\right) = \bigcap_{\alpha \in \Lambda} f^{-1}(A_\alpha),$$

(2)

$$f^{-1}\left(\bigcup_{\alpha \in \Lambda} A_\alpha\right) = \bigcup_{\alpha \in \Lambda} f^{-1}(A_\alpha).$$

练习 2 根据上述性质证明在定义 3.4 中引入的开集族构成一个拓扑.

3.4 广义坐标系、广义坐标变换

下面我们讨论"广义坐标"的概念. 这个概念起源于分析力学. 我们首先分析"坐标"这一概念的实质.

所谓坐标,就是给空间区域中的点起名字,而名字的取值范围是$\mathbb{R}^n$中的某个子集. 这个起名的过程最好能不重不漏:每个点都有名字,但是没有同名同姓的点,也没有一个点具有多个名字.

例 3.1 我们考虑二维仿射空间$\mathbb{R}^2$,可以在$\{O\}^C$ 上引入**极坐标系**,如图 3.3 所示.

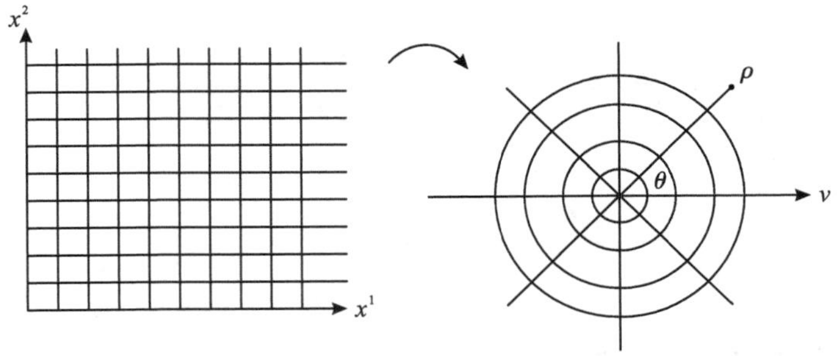

图 3.3

我们发现极坐标系和直角坐标系之间的变换不是仿射坐标变换.

$$x^1=\rho\cos\theta,\quad x^2=\rho\sin\theta.$$

但是,这不能否认极坐标系是“坐标系”,并且极坐标在应用上有很多方便之处. 这意味着我们有必要扩充坐标系的概念,并且明确很多几何量在这种扩充之后的坐标系中如何计算.

首先对上述极坐标系进行分析:

(1)极坐标系也建立了“点”到“实数对”的一一对应.

(2)极坐标系的两个坐标(ρ,θ)可以看作是定义在$\{O\}^C$ 上的两个函数. 它们在$\{O,\boldsymbol{e}_i\}$这个直角坐标系下可以写出“表达式”:

$$\rho=\sqrt{|x^1|^2+|x^2|^2},\quad \theta:\sin\theta=\frac{x^2}{\sqrt{|x^1|^2+|x^2|^2}},\quad \cos\theta=\frac{x^1}{\sqrt{|x^1|^2+|x^2|^2}}.$$

(3)极坐标和直角坐标系之间的坐标变换是“非奇异的”:其雅可比矩阵在任何一点都不是零.

$$\frac{\partial(x^1,x^2)}{\partial(\rho,\theta)}=\rho\neq 0.$$

综上分析,我们提出下面“广义坐标系”的概念.

定义 3.7　设 U 是 $\mathscr{A}^n$ 上的开区域. $\{y^i\}_{i=1,2,\cdots,n}$是定义在 U 上的一族 C^∞ 函数,满足:

$$\varphi_U:U\mapsto\mathbb{R}^n,$$
$$A\mapsto(y^1(A),y^2(A),\cdots,y^n(A)).$$

设 $\mathscr{A}^n$ 上带有仿射坐标系$\{O,\boldsymbol{e}_i\}$,自变量记为$\{x^i\}_{i=1,2,\cdots,n}$,坐标映射

$$\varphi_A:\mathscr{A}^n\mapsto\mathbb{R}^n,$$
$$A\mapsto(x^1(A),x^2(A),\cdots,x^n(A)).$$

若:

(1)$\varphi_U:U\mapsto\varphi_U(U)$为双射.

(2)$\varphi_U\circ\varphi_{\mathcal{A}}^{-1}:\varphi_{\mathcal{A}}(U)\mapsto\varphi_U(U)$与$\varphi_{\mathcal{A}}\circ\varphi_U^{-1}:\varphi_U(U)\mapsto\varphi_{\mathcal{A}}(U)$都是$C^\infty$映射，那么$\{U,\varphi_U\}$称为定义在$U$上的一个广义坐标系.

注 3.1 注意到

$$\varphi_U\circ\varphi_{\mathcal{A}}^{-1}:\varphi_{\mathcal{A}}(U)\mapsto\varphi_U(U)$$

$$x\mapsto y,\quad \varphi_{\mathcal{A}}(x)=\varphi_U(y).$$

于是$\{y^i\}$可以看成是$\{x^j\}$的函数，同时由上述定义中的条件(1)，$y=y(x)$是光滑函数. 同理，

$$\varphi_{\mathcal{A}}\circ\varphi_U^{-1}:\varphi_U(U)\mapsto\varphi_{\mathcal{A}}(U)$$

$$y\mapsto x,\quad \varphi_{\mathcal{A}}(x)=\varphi_U(y).$$

于是$x=x(y)$也是光滑函数，且是$y=y(x)$的逆.

由多元微分知识可知：

$$[\partial_i y^j(x^1,x^2\cdots,x^n)]_{ij}\text{与}[\partial_j x^i(y^1,y^2,\cdots,y^n)]_{ij}$$

在$x=x(y)$时为互逆矩阵.

注 3.2 定义 3.7 中的条件(2)可以被替换为$\forall A\in U$，矩阵

$$(2)'\quad \left[\frac{\partial y^j}{\partial x^i}\bigg|_{\varphi_{\mathcal{A}}(A)}\right]_{ij}\text{可逆，或}\left[\frac{\partial x^j}{\partial y^i}\bigg|_{\varphi_U(A)}\right]_{ij}\text{可逆.}$$

由注(3.1)，(2)⇒(2)′，而由反函数定理(见附录 B)，(2)′也可以保证(2).

例如，上面举例的极坐标. 我们取$V=\{x^1>0,x^2>0\}$，那么

$$y^1\circ\varphi_{\mathcal{A}}^{-1}=\sqrt{|x^1|^2+|x^2|^2},\quad y^2\circ\varphi_{\mathcal{A}}^{-1}=\arctan(x^2/x^1).$$

自然，以上定义也有一个“合理性”问题：我们仅仅要求条件(1)在某一个仿射坐标系中被满足. 那么它是否自动地在其他仿射坐标系中被满足？答案是肯定的. 我们把这个工作留给读者(见练习 1).

一般地，定义在坐标区域U上的标量场也可以从一个广义坐标系读取：$f\circ\varphi_U^{-1}$是一个$\varphi_U(U)$到$\mathbb{R}$的函数. 我们首先要明确以下几个性质.

命题 3.2(证明留作习题) 设U为$\mathscr{A}^n$中一个开区域，带有广义坐标系$\{U,\varphi_U\}$. 则：

(1)U中的开子集在φ_U之下的像是$\mathbb{R}^n$中开子集. 反之，$\mathbb{R}^n$中开子集在φ_U下的原像是U中开子集.

(2)设f为U上定义的标量场，则f连续等价于$f\circ\varphi_U^{-1}$是$\varphi_U(U)$上的连续函数.

随后我们要引入标量场的可微和微分的概念. 为此我们先建立以下性质：

命题 3.3　设 U 是 $\mathscr{A}^n$ 上的开区域，f 为 U 上的函数，则下列命题等价：

(1) f 是可微的(在某个仿射坐标系中)；

(2) f 在某个广义坐标下读取得到可微函数；

(3) f 在任意广义坐标下读取得到可微函数.

证明：((1)⇒(2))

设在仿射坐标系 $\mathcal{A}=\{O,\boldsymbol{e}_i\}$ 中读取 f 为一个可微函数，设 $A\in U$，$\varphi_{\mathcal{A}}(A)=x_0\in\mathbb{R}^n$，则 f 在 A 可微意味着函数 $f\circ\varphi_{\mathcal{A}}^{-1}$ 在 x_0 点可微(作为 $\varphi_{\mathcal{A}}(U)\subset\mathbb{R}^n$ 上的函数).

现在考虑广义坐标系 $\{U,\varphi_U\}$，则 f 在 $\{U,\varphi_U\}$ 上读取为

$$f\circ\varphi_U^{-1}=f\circ\varphi_{\mathcal{A}}^{-1}\circ\varphi_{\mathcal{A}}\circ\varphi_U^{-1}=(f\circ\varphi_{\mathcal{A}}^{-1})\circ(\varphi_{\mathcal{A}}\circ\varphi_U^{-1})$$

注意，$\varphi_{\mathcal{A}}\circ\varphi_U^{-1}$ 作为 $\varphi_U\circ\varphi_{\mathcal{A}}^{-1}$ 的逆映射，是可微的(根据广义坐标定义)，所以上述映射是两个可微映射的复合，还是可微映射.

((2)⇒(3)) 设 U 上有两个广义坐标系 $\{U,\varphi_U\}$ 与 $\{U,\psi_U\}$，若 f 在 $\{U,\varphi\}$ 中读取是可微的，则

$$f\circ\psi_U^{-1}=(f\circ\varphi_U^{-1})\circ(\varphi_U\circ\varphi_{\mathcal{A}}^{-1})\circ(\varphi_{\mathcal{A}}\circ\psi_U^{-1})$$

根据广义坐标的定义，后两个映射是可微的. 根据假设，第一个是可微的，从而复合起来是可微的.

((3)⇒(1)). 我们假设 f 在广义坐标系 $\{U,\varphi_U\}$ 上读取是可微的. 现在假设一个仿射坐标 $\mathcal{A}=\{O,\boldsymbol{e}_i\}$，坐标映射记为 $\varphi_{\mathcal{A}}$. 则

$$f\circ\varphi_{\mathcal{A}}^{-1}=(f\circ\varphi_U^{-1})\circ(\varphi_U\circ\varphi_{\mathcal{A}}^{-1})$$

根据广义坐标的定义，$\varphi_U\circ\varphi_{\mathcal{A}}^{-1}$ 是可微的. 根据假设 $f\circ\varphi_U^{-1}$ 可微，从而其复合可微. □

本节练习

练习 1　证明定义 3.7 中雅可比矩阵可逆这个条件不依赖于仿射坐标系的选取，也就是说如果 $\varphi_U\circ\varphi_{\mathcal{A}}^{-1}$ 在 $\varphi_{\mathcal{A}}(U)$ 上逐点可逆，那么在另一个仿射坐标系 $\mathcal{A}'$ 中，$\varphi_U\circ\varphi_{\mathcal{A}'}^{-1}$ 在 $\varphi_{\mathcal{A}'}(U)$ 上也逐点可逆.

练习 2　在三维仿射空间 $\mathcal{A}^3$ 上考虑柱面坐标：

$$x^1=r\cos\theta,\quad x^2=r\sin\theta,\quad x^3=z,$$

这里 $\theta\in[0,2\pi)$，$r>0$，$z\in\mathbb{R}$. 证明在 $\mathbb{R}^3$ 去掉 $\{x^2=0,x^3\leqslant 0\}$ 半平面的区域上，上式定义了一个广义坐标系.

练习 3 (接上题)设 $f:\mathbb{R}^3\mapsto\mathbb{R}$ 为仿射空间$\mathbb{R}^3$上的函数.在$\mathbb{R}^3$的自然坐标系($\mathcal{A}=\{O=(0,0,0),\boldsymbol{e}_1=(1,0,0),\boldsymbol{e}_2=(0,1,0),\boldsymbol{e}_3=(0,0,1)\}$上读取为

$$f=|x^1|^2+|x^2|^2+x^1+x^2+x^3.$$

写出 f 在柱面坐标系中的读取.

练习 4 给出命题 3.2 的证明.

3.5 仿射空间中的向量值函数和向量场:作为有向线段的向量

3.5.1 点上的向量空间

定义 3.8 设 $\mathscr{A}^n$为一个 n 维仿射空间,$A\in\mathscr{A}^n$为其上一个点.定义

$$T_A=\{(A,B)\mid B\in\mathscr{A}^n\}$$

在 T_A 上定义加法:

$$(A,B)+(A,C)=(A,D),\quad 使得\quad \overrightarrow{AD}=\overrightarrow{AB}+\overrightarrow{AC}$$

和数乘:

$$\lambda(A,B)=(A,C),\quad 使得\quad \overrightarrow{AC}=\lambda\overrightarrow{AB}.$$

将如上定义的线性空间(T_A,+,·)称为 A 点的向量空间.

直观来看,上述定义就是描述了"以 A 为起点的有向线段集合"及这些线段上定义的加法(平行四边形法则)和数乘(同方向延长若干倍).

从另一个角度看,上述定义在仿射空间的每一个点上定义了一个向量空间,其维数为 n.然而不同点的向量空间中的向量一般不能看成是相同的向量(它们是起点不同的有向线段,自然不同).

当然,在仿射空间中,由于全局仿射坐标系的存在,不同点的向量空间之间可以定义一个叫做**平移**的关系.设 $A,B\in\mathscr{A}^n$,$A\neq B$.设 $\boldsymbol{u}=(A,C)$、$\boldsymbol{v}=(B,D)$分别为 T_A、T_B 中的向量.若

$$\overrightarrow{AC}=\overrightarrow{BD}$$

我们称 $\boldsymbol{u}$、$\boldsymbol{v}$ 互为对方的**平行移动**,简称**平移**.

当 $\mathscr{A}^n$上给定了一个仿射坐标系的时候,每个点上的向量都可以写成分量形式.设 $\mathcal{A}=\{O,\boldsymbol{e}_i\}$为 $\mathscr{A}^n$的一个仿射坐标系,若 $\boldsymbol{v}=(A,B)\in T_A$,且

$$\overrightarrow{AB}=v^i\boldsymbol{e}_i$$

我们称($v^1,v^2,\cdots,v^n$)为 $\boldsymbol{v}$ 在仿射坐标系 $\mathcal{A}$ 之下的分量形式.

3.5.2 仿射坐标系下的向量场

本节我们引入一个非常重要的概念，叫做向量场. 也许大家对向量场已经有了一个直观的认识：空间上每个点指定一个向量. 然而这个朴素的定义需要严格化.

定义 3.9 设 $U\subset\mathscr{A}^n$ 为仿射空间上的区域，U 上定义的向量场是一个映射：

$$X:U\mapsto\mathscr{A}^n,$$
$$A\mapsto B.$$

我们需要对这个定义进行解释. 这个定义的意思是说，在 U 的每一个点 A 指定一个 T_A 上的向量，也就是指定一个以 A 为起点的有向线段. 然而指定一个有向线段只需指定它的终点(因为起点已经指定了，就是 A). 于是向量场就是对区域上的每一个点指定一个 $\mathscr{A}^n$ 中的点作为有向线段的终点.

在 $\mathscr{A}^n$ 中给定了仿射坐标系 $\mathcal{A}=\{O,\boldsymbol{e}_i\}$ 的情况下，向量场 X 在每个点的向量都可以以分量形式写出. 我们稍微混用一点记号：设 B 为 X 在 A 点指定的有向线段终点. 我们记：

$$X(A):=\overrightarrow{AB}\in\mathbb{R}^n$$

在严格的符号系统之下，$X(A)$ 其实应该是 B. 但是鉴于 B 这个点我们几乎用不到，而 $X(A)$ 这个记号又比较方便直观，所以也就"鸠占鹊巢"了. 若 $\overrightarrow{AB}=X^i(A)\boldsymbol{e}_i$，则称 $(X^1,X^2,\cdots,X^n)$ 为向量场 X 在 $\mathcal{A}$ 下的分量形式. 注意，在 $\mathcal{A}$ 固定的时候，上述过程给出了以下映射：

$$U\mapsto\mathbb{R}^n,$$
$$A\mapsto(X^i(A))_{i=1,2,\cdots,n}.$$

这是一个区域到 $\mathbb{R}^n$ 的映射，其每一个分量都是一个实值函数(向量场).

可以想象在不同的仿射坐标系下，一个向量场的分量形式一般是不同的，为此我们需要建立分量形式在坐标变换之下的变换公式. 首先，假设 $\mathscr{A}^n$ 上定义了两个仿射坐标系 $\mathcal{A}=\{O,\boldsymbol{e}_i\}$，$\mathcal{A}'=\{O',\boldsymbol{e}'_i\}$，如果

$$\overrightarrow{OO'}=a^i\boldsymbol{e}_i,\ \boldsymbol{e}_i=T_i^j\boldsymbol{e}'_j$$

设向量场 X 在 $\mathcal{A}$ 之下的分量形式为 $(X^i(A))_{i=1,\cdots,n}$，在 $\mathcal{A}'$ 下的分量形式为 $(X'^i(A))_{i=1,\cdots,n}$，则

$$X'^i(A)\boldsymbol{e}'_i=X=X^j(A)\boldsymbol{e}_j=X^j(A)T_j^k\boldsymbol{e}'_k.$$

于是得到：

$$X'^i = T^i_j X^j(A). \tag{3.7}$$

接下来讨论向量场的正则性. 我们引入以下定义.

定义 3.10　设 $X: U \mapsto \mathscr{A}^n$ 为一个向量场. 若在某个仿射坐标系 $\mathcal{A}=\{O, \boldsymbol{e}_i\}$之下，映射

$$X^i: U \mapsto R,$$

$$A \mapsto X^i(A), \quad \text{使得} \quad X^i(A)\boldsymbol{e}_i = X(A)$$

连续/可微/光滑，那么称 X 为连续/可微/光滑向量场.

实际上我们可以证明，如果向量场在某个仿射坐标系下连续/可微/光滑，那么它在所有仿射坐标系意义下都连续/可微/光滑. 其实只需要通过坐标变换公式就可以得到这个结论.

3.5.3　广义坐标下的向量场

1. 一个例子

我们考虑$\mathbb{E}^2\backslash\{O\}$为欧氏空间中的一个开区域. 假设一个质点 P 在这个区域中运动，那么 P 的运动方程可以在标准直角坐标系之下写出：

$$r(t) = (x^1(t), x^2(t)).$$

也可以在标准极坐标系下写出：

$$r(t) = (\rho(t), \theta(t)).$$

如果计算速度，会发现：

$$\dot{r}(t) = (\dot{x}^1(t), \dot{x}^2(t)),$$

以及

$$\dot{r}(t) = (\dot{\rho}(t), \dot{\theta}(t)).$$

这就给我们带来了困惑. 实际上上述两个表达式表示的 $\dot{r}$ 的分量并不是速度，而是速度在各个参考方向的投影. 例如，对于直角坐标系，我们约定 $\boldsymbol{e}_1$、$\boldsymbol{e}_2$ 为 x^1、x^2 两个轴的单位正方向，则

$$\frac{\mathrm{d}\boldsymbol{r}}{\mathrm{d}t} = \dot{x}^1(t)\boldsymbol{e}_1 + \dot{x}^2(t)\boldsymbol{e}_2.$$

而在极坐标系下，我们计算出的速度是针对哪两个参考方向的投影呢？为此我们进行以下计算：

$$\boldsymbol{r} = x^1\boldsymbol{e}_1 + x^2\boldsymbol{e}_2 = x^1(\rho,\theta)\boldsymbol{e}_1 + x^2(\rho,\theta)\boldsymbol{e}_2 = \rho\cos\theta\boldsymbol{e}_1 + \rho\sin\theta\boldsymbol{e}_2,$$

$$\begin{aligned}\frac{\mathrm{d}\boldsymbol{r}}{\mathrm{d}t}&=\left(\frac{\partial x^1}{\partial\rho}\frac{\mathrm{d}\rho}{\mathrm{d}t}+\frac{\partial x^1}{\partial\theta}\frac{\mathrm{d}\theta}{\mathrm{d}t}\right)\boldsymbol{e}_1+\left(\frac{\partial x^2}{\partial\rho}\frac{\mathrm{d}\rho}{\mathrm{d}t}+\frac{\partial x^2}{\partial\theta}\frac{\mathrm{d}\theta}{\mathrm{d}t}\right)\boldsymbol{e}_2\\&=\dot\rho(t)\left(\frac{\partial x^1}{\partial\rho}\boldsymbol{e}_1+\frac{\partial x^2}{\partial\rho}\boldsymbol{e}_2\right)+\dot\theta(t)\left(\frac{\partial x^1}{\partial\theta}\boldsymbol{e}_1+\frac{\partial x^2}{\partial\theta}\boldsymbol{e}_2\right)\\&=\dot\rho(t)(\cos\theta\cdot\boldsymbol{e}_1+\sin\theta\cdot\boldsymbol{e}_2)+\dot\theta(t)(-\rho\sin\theta\cdot\boldsymbol{e}_1+\rho\cos\theta\cdot\boldsymbol{e}_2).\end{aligned}$$

为此我们令

$$\boldsymbol{e}_\rho=\cos\theta\cdot\boldsymbol{e}_1+\sin\theta\cdot\boldsymbol{e}_2,$$
$$\boldsymbol{e}_\theta=-\rho\sin\theta\cdot\boldsymbol{e}_1+\rho\cos\theta\cdot\boldsymbol{e}_2.$$

从而

$$\frac{\mathrm{d}\boldsymbol{r}}{\mathrm{d}t}=\dot\rho(t)\boldsymbol{e}_\rho+\dot\theta(t)\boldsymbol{e}_\theta.$$

这相当于在$\mathbb{E}^2\backslash\{O\}$每个点上定义了两个“参考方向”$\{\boldsymbol{e}_\rho,\boldsymbol{e}_\theta\}$. 而我们用极坐标计算出来的速度分量是在这两个参考方向的投影(见图 3.4).

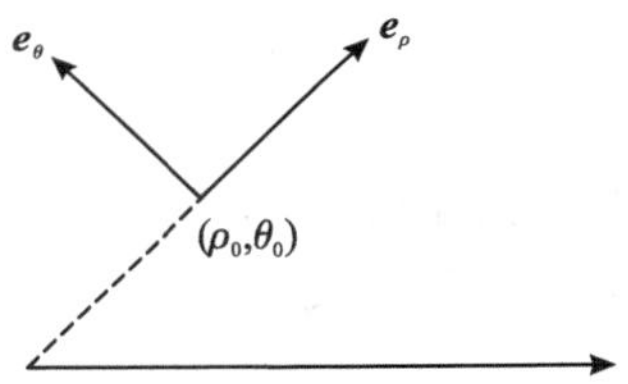

图 3.4

2. 自然标架场

上述的计算其实不仅仅针对极坐标系成立,对一般开区域上定义的广义坐标系都是对的,如图 3.5 所示. 更一般地,我们做下列计算:假设$U\subset\mathscr{A}^n$为一个开集,上面定义了广义坐标系$\{U,\varphi_U\}$,自变量记为$\{y^i\}_{i=1,\cdots,n}$. 那么对于一个U上运动的质点P,它的运动方程在x^i下写作$(x^i(t))_{i=1,\cdots,n}$,在y^i下写作$(y^i(t))_{i=1,\cdots,n}$. 那么:

$$\frac{\mathrm{d}\boldsymbol{r}}{\mathrm{d}t}(t)=\dot x^i(t)\boldsymbol{e}_i=\frac{\partial x^i}{\partial y^j}(y(t))\frac{\mathrm{d}y^j}{\mathrm{d}t}(t)\boldsymbol{e}_i=\dot y^i(t)\cdot\frac{\partial x^j}{\partial y^i}(y(t))\boldsymbol{e}_j.$$

于是对于P的轨迹上的一个点A,我们定义

$$\boldsymbol{\sigma}_i(A)=\left.\frac{\partial x^j}{\partial y^i}\right|_{\varphi_U(A)}\boldsymbol{e}_j,$$

称为广义坐标$\{y^i\}_{i=1,\cdots,n}$的**自然标架**. 从之前极坐标的例子已经看到,在广义坐标系下,自然标架在不同的点一般是不同的. 于是这就形成了“点到标架”的映射. 我们将这个映射称为**自然标架场**.

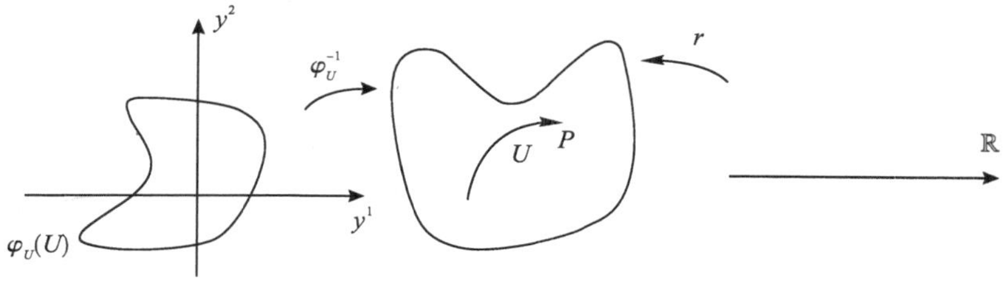

图 3.5

注意！在上述的定义中，我们借助了一个具体的仿射坐标系来定义自然标架. 那么这个定义是否不依赖于具体仿射坐标系的选取呢，也就是说只由广义坐标系本身决定？事实上我们有以下结果.

引理 3.4　设 $\mathcal{A}=\{O,\boldsymbol{e}_i\}$ 与 $\mathcal{A}'=\{O',\boldsymbol{e}_i'\}$ 是 $\mathscr{A}^n$ 上的两个仿射坐标系，其坐标自变量分别记为 $\{x^i\}$ 和 $\{x'^i\}_{i=1,\cdots,n}$. 设 $\{U,\varphi_U\}$ 是区域 U 上的广义坐标系，其坐标自变量记为 $\{y^i\}_{i=1,\cdots,n}$. 那么在 U 上：

$$\left.\frac{\partial x^j}{\partial y^i}\right|_{\varphi_U(A)}\boldsymbol{e}_j=\left.\frac{\partial x'^k}{\partial y^i}\right|_{\varphi_U(A)}\boldsymbol{e}_k'.$$

这就是说自然标架的定义虽然用到了特定的仿射坐标系，但是它并不依赖这个特定的仿射坐标系. 在所有仿射坐标系中，上面的定义给出的都是同样的标架.

证明：在 U 上进行以下计算. 设

$$\overrightarrow{OO'}=a^i\boldsymbol{e}_i,\quad \boldsymbol{e}_i=T_i^j\boldsymbol{e}_j'.$$

在 U 上，x^i 和 x'^i 都可以在 U 上写成 y^i 的函数. 注意到根据仿射坐标变换公式：

$$x'^i=T_j^i(x^j-a^j)$$

注意这里 T_j^i、a^j 都是常数. 于是

$$\frac{\partial x'^k}{\partial y^i}\boldsymbol{e}_k'=\frac{\partial x^j}{\partial y^i}T_j^k\boldsymbol{e}_k'=\frac{\partial x^j}{\partial y^i}\boldsymbol{e}_j.$$ □

接下来，我们需要证明上述过程定义的有序向量组真的是一个标架，也就是说，其中 n 个向量线性无关，并且可以看成是 T_A 的一组基.

引理 3.5　设 $\{U,\varphi_U\}$ 为 $\mathscr{A}^n$ 上的一个广义坐标系，则其自然标架场在 U 上逐点构成一个线性无关组.

证明：根据上述计算，自然标架在一个仿射坐标系 $\mathcal{A}=\{O,\boldsymbol{e}_i\}$ 中表出为

$$\boldsymbol{\sigma}_i=\frac{\partial x^j}{\partial y^i}\boldsymbol{e}_j.$$

我们只需证明矩阵 $\left(\dfrac{\partial x^j}{\partial y^i}\right)_{i,j=1,\cdots,n}$ 逐点是满秩的就可以了. 而这个矩阵是映射

$$\varphi_{\mathcal{A}} \circ \varphi_U^{-1}$$

的雅可比矩阵. 根据广义坐标的定义,这个矩阵是可逆的. □

随后我们设法将 $\{\boldsymbol{\sigma}_i\}$ 看成 T_A 的基. 到目前为止,$\{\boldsymbol{\sigma}_i\}_{i=i,\cdots,n}$ 仅仅是 n 个向量值函数,对于给定的点,它们是一组 $\mathbb{R}^n$ 上的向量. 我们可以将每个 $\boldsymbol{\sigma}_i(A)$ 等同于 T_A 上的向量 (A,B_i),使得

$$\overrightarrow{AB_i}=\boldsymbol{\sigma}_i(A)$$

根据仿射空间的公理,这样的 B_i 存在唯一. 为了方便起见,我们不再区分 $\boldsymbol{\sigma}_i(A)$ 和 (A,B_i),统一记做 $\boldsymbol{\sigma}_i(A)$. 也就是 $\boldsymbol{\sigma}_i(A)$ 不再看做 $\mathbb{R}^n$ 上的向量,而是通过上述过程看做 T_A 上的向量. 于是在每个点 A,$\{\boldsymbol{\sigma}_i(A)\}_{i=1,\cdots,n}$ 是 T_A 的一组基.

之后一个自然的问题是:如果有两个广义坐标系,在它们共同有定义的区域上,两者的自然标架之间有什么变换关系,如图 3.6 所示.

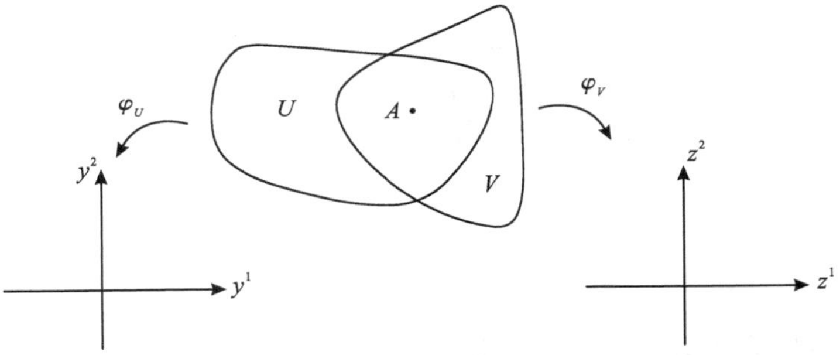

图 3.6

命题 3.4　(标架变换公式). 设 $\{U,\varphi_U\}$ 和 $\{V,\varphi_V\}$ 是仿射空间 $\mathscr{A}^n$ 中定义的两个广义坐标系,其坐标自变量分别记为 $\{y^i\}_{i=1,\cdots,n}$,$\{z^i\}_{i=1,\cdots,n}$,记 $\{\boldsymbol{\sigma}_i\}_{i=i,\cdots,n}$,$\{\boldsymbol{\tau}_i\}_{i=i,\cdots,n}$ 为其对应的自然标架. 设 $A\in U\cap V$,那么

$$\boldsymbol{\tau}_i(A)=\left.\frac{\partial y^k}{\partial z^i}\right|_{\varphi_V(A)}\boldsymbol{\sigma}_k(A).$$

证明: 该关系的证明需要在一个仿射坐标系下进行. 设 $\mathcal{A}=\{O,\boldsymbol{e}_i\}_{i=1,\cdots,n}$ 为一个仿射坐标系,其自变量记为 $\{x^i\}_{i=1,\cdots,n}$. 那么对于 $A\in U\cap V$

$$\boldsymbol{\sigma}_i(A)=\left.\frac{\partial x^j}{\partial y^i}\right|_{\varphi_U(A)}\boldsymbol{e}_j,\quad \boldsymbol{\tau}_i(A)=\left.\frac{\partial x^j}{\partial z^i}\right|_{\varphi_V(A)}\boldsymbol{e}_j.$$

这里注意到坐标变换映射:

$$\varphi_U(U) \xrightarrow{\varphi_U^{-1}} U \xrightarrow{\varphi_{\mathcal{A}}} \varphi_{\mathcal{A}}(U),$$

$$\varphi_U(A) = (y^i(A))_{i=1,\cdots,n} \longmapsto A \longmapsto (x^i(A))_{i=1,\cdots,n} = \varphi_{\mathcal{A}}(A).$$

注意到$\left(\dfrac{\partial x^j}{\partial y^i}\right)_{i,j=1,\cdots,n}$是上述坐标变换映射的雅可比矩阵. 由广义坐标系的定义,这是可逆矩阵,其逆是$\left(\dfrac{\partial y^i}{\partial x^j}\right)\Bigg|_{i,j=1,\cdots,n}$. 于是

$$\boldsymbol{e}_i = \frac{\partial y^j}{\partial x^i}\bigg|_{\varphi_{\mathcal{A}}(A)} \boldsymbol{\sigma}_j(A).$$

代入上面的关系:

$$\boldsymbol{\tau}_i(A) = \frac{\partial y^k}{\partial x^j}\bigg|_{\varphi_{\mathcal{A}}(A)} \frac{\partial x^j}{\partial z^i}\bigg|_{\varphi_V(A)} \boldsymbol{\sigma}_k(A).$$

另一方面,注意到:

$$y(A) = \underbrace{(\varphi_U \circ \varphi_{\mathcal{A}}^{-1})}_{y(x)} \circ \underbrace{(\varphi_{\mathcal{A}} \circ \varphi_V^{-1})}_{x(z)} (\varphi_V(A)).$$

由链导法则:

$$\frac{\partial y^j}{\partial z^i}\bigg|_{\varphi_V(A)} = \frac{\partial y^j}{\partial x^k}\bigg|_{\varphi_{\mathcal{A}}(A)} \frac{\partial x^k}{\partial z^i}\bigg|_{\varphi_V(A)}.$$

于是

$$\boldsymbol{\tau}_i(A) = \frac{\partial y^k}{\partial z^i}\bigg|_{\varphi_V(A)} \boldsymbol{\sigma}_k(A).$$ □

3. 向量场在自然标架下的分量形式

在定义了自然标架场之后,我们自然想到可以将一个向量场写在自然标架下.

定义 3.11　设 $\boldsymbol{X}: U \mapsto \mathscr{A}^n$ 为区域 U 上定义的向量场. 设$\{U, \varphi_U\}$为 U 上定义的一个广义坐标系,其坐标变量记为$\{y^i\}_{i=1,\cdots,n}$,其自然标架场记为 $\boldsymbol{\sigma}_i$. 那么如果

$$\boldsymbol{X}(A) = X^i(A)\boldsymbol{\sigma}_i,$$

我们称$(X^i(A))_{i=1,\cdots,n}$为 $\boldsymbol{X}$ 在$\{U, \varphi_U\}$之下的分量形式.

一个自然而然的问题产生了:一个连续/可微/光滑的向量场,在广义坐标系下写成分量形式,它的各个分量是否依然连续/可微/光滑?实际上我们可以通过如下计算来观察. 依然在区域 $U \subset \mathscr{A}^n$ 上考虑一个向量场 $\boldsymbol{X}$. 设其在仿射坐标系 $\mathcal{A} = \{O, \boldsymbol{e}_i\}$ 的分量形式为$(X^i(A))_{i=1,\cdots,n}$,在广义坐标系$\{U, \varphi_U\}$下的分量形式为$(Y^i(A))_{i=1,\cdots,n}$,那么

$$X^i(A)\boldsymbol{e}_i=Y^k(A)\boldsymbol{\sigma}_k=Y^k(A)\frac{\partial x^i}{\partial y^k}\boldsymbol{e}_i.$$

也就是说：

$$X^i(A)=\frac{\partial x^i}{\partial y^k}Y^k(A).$$

这里注意到$\left(\frac{\partial x^i}{\partial y^k}\right)_{i,j=1,\cdots,n}$是一个$C^\infty$可逆矩阵. 于是若$X^i(A)$是连续/可微/光滑函数，那么$Y^i(A)$也是. 反之亦然.

同样道理，如果一个向量场在某个广义坐标系下连续/可微/光滑，那么它在任何广义坐标系下的分量都是连续/可微/光滑函数.

最后我们来考虑坐标变换的问题. 如果在某区域上定义了两个广义坐标系，那么同一个向量场在两个坐标系下的分量形式满足什么关系？

引理 3.6　设$\{U,\varphi_U\}$和$\{V,\varphi_V\}$是仿射空间$\mathscr{A}^n$中定义的两个广义坐标系，其坐标自变量分别记为$\{y^i\}_{i=1,\cdots,n}$，$\{z^i\}_{i=1,\cdots,n}$，记$\{\boldsymbol{\sigma}_i\}_{i=1,\cdots,n}$，$\{\boldsymbol{\tau}_i\}_{i=1,\cdots,n}$为其对应的自然标架. 设$\boldsymbol{X}$为定义在$U\cap V$上的向量场，设$A\in U\cap V$. 如果记$(Y^i)_{i=1,\cdots,n}$为$\boldsymbol{X}$在$\{U,\varphi_U\}$下的分量形式，$(Z^i)_{i=1,\cdots,n}$为$\boldsymbol{X}$在$(V,\varphi_V)$下的分量形式. 那么

$$Y^i(A)=\left.\frac{\partial y^i}{\partial z^j}\right|_{\varphi_V(A)}Z^j(A).$$

证明：回顾：两个自然标架之间的变换关系：

$$\boldsymbol{\tau}_i(A)=\left.\frac{\partial y^j}{\partial z^i}\right|_{\varphi_V(A)}\boldsymbol{\sigma}_j(A).$$

于是

$$Y^i(A)\boldsymbol{\sigma}_i=X(A)=Z^j(A)\boldsymbol{\tau}_j=Z^j(A)\left.\frac{\partial y^k}{\partial z^j}\right|_{\varphi_V(A)}\boldsymbol{\sigma}_k(A).$$ □

本节练习

练习 1　仍然考虑$\mathbb{R}^3$上的柱面坐标系

$$x^1=r\cos\theta,\ x^2=r\sin\theta,\ x^3=z,$$

其中，$r>0$，$\theta\in(0,2\pi)$，$z\in\mathbb{R}$. 计算柱面坐标系的自然标架场（在$\mathbb{R}^3$的自然坐标系$\mathcal{A}=\{O=(0,0,0),\boldsymbol{e}_1=(1,0,0),\boldsymbol{e}_2=(0,1,0),\boldsymbol{e}_3=(0,0,1)\}$上表出）.

练习 2　考虑$\mathbb{R}^3$上的球面坐标系：

$$x^1=r\cos\theta\sin\phi,\ x^2=r\sin\theta\sin\phi,\ x^3=r\cos\phi,$$

计算该坐标系的自然标架（在$\mathbb{R}^3$的自然坐标系$\mathcal{A}=\{O=(0,0,0),\boldsymbol{e}_1=(1,0,$

0)，$\boldsymbol{e}_2=(0,1,0)$，$\boldsymbol{e}_3=(0,0,1)\}$上表出).

3.6 仿射空间中的向量值函数和向量场:作为方向导数的向量

我们可以从另一个观点来审视向量这个概念. 现在假设在 n 维仿射空间开区域 U 的一个固定点 A 上我们定义了一个向量 $\boldsymbol{v}=(A,B)$，$\overrightarrow{AB}=v^i\boldsymbol{e}_i$(在一个给定的仿射坐标系下). 我们考虑 U 上的可微函数 f(从仿射坐标系中读取，看成 $\mathbb{R}^n$开集上的函数，记为 $f_A=f\circ\varphi_A^{-1}$). 一般情况下我们可以对 f 求方向导数：

$$\partial_v f(A):=\frac{\partial f_A}{\partial x^i}\bigg|_{\varphi_A(A)}v^i=\frac{\partial(f\circ\varphi_A^{-1})}{\partial x^i}\bigg|_{\varphi_A(A)}v^i.$$

那么这个操作能不能在广义坐标系下进行呢？例如，如图 3.7 所示，我们取广义坐标$\{U,\varphi_U\}$，自变量记为$\{y^i\}_{i=1,\cdots,n}$. 那么

$$\boldsymbol{v}=w^i\boldsymbol{\sigma}_i,\ \boldsymbol{\sigma}_j=\frac{\partial x^i}{\partial y^j}\boldsymbol{e}_i.$$

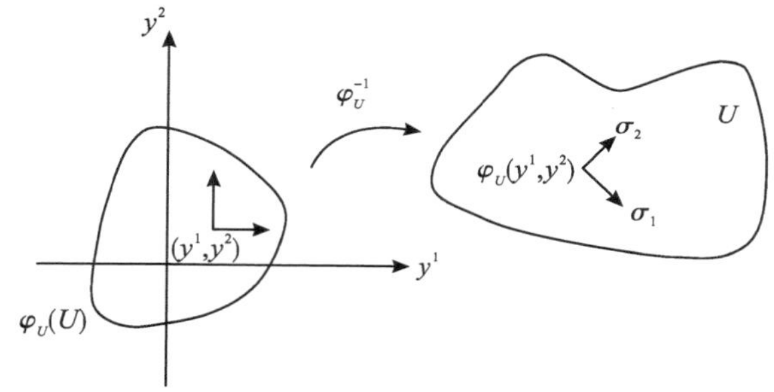

图 3.7

从而

$$v^i=\frac{\partial x^i}{\partial y^j}w^j.$$

同时，我们注意 f 在坐标系$\{U,\varphi_U\}$的读取，记为 f_U：

$$f_U:\varphi_U(U)\mapsto\mathbb{R},$$

$$(y^i)_{i=1,\cdots,n}\mapsto f\circ\varphi_U^{-1}(y^i)=(f\circ\varphi_A^{-1})\circ(\varphi_A\circ\varphi_U^{-1})(y^i).$$

我们有以下观察：

$$w^i\frac{\partial f_U}{\partial y^i}\bigg|_{\varphi_U(A)}=\frac{\partial f_A}{\partial x^j}\bigg|_{\varphi_A(A)}\frac{\partial x^j}{\partial y^i}\bigg|_{\varphi_U(A)}w^i=\frac{\partial f_A}{\partial x^i}\bigg|_{\varphi_A(A)}v^i=\partial_v f(A).$$

也就是说，f 在任何一个广义坐标系下的读取 f_U，在该广义坐标系下“形式地”求取方向导数(对广义坐标求导，偏导数乘上自然标架下的分量然后求

和),得到的结果是相同的. 这提示我们:如此定义的方向导数是一个点上向量本身的性质,与在哪个坐标系(仿射的、广义的)中实现并无关系.

进一步,如此定义的方向导数具有所谓的"局部性""线性性"和"莱布尼兹(Leibniz)公式"性质.

引理 3.7　设 f、g 为定义在 A 点附近的光滑函数,那么:

若存在一个 A 的邻域 V,$f|_V=g|_V$,那么 $\partial_v f(A)=\partial_v g(A)$,　局部性

$\partial_v(\alpha f+\beta g)(A)=\alpha\partial_v f(A)+\beta\partial_v g(A)$,　线性性

$\partial_v(fg)(A)=f(A)\partial_v g(A)+\partial_v f(A)g(A)$,　莱布尼兹公式

注意到 $\partial_v f(A)$ 是一个将 A 点附近定义的光滑函数变成实数的映射. 我们抽象上述描述,定义下面的概念.

定义 3.12　设 $A\in\mathscr{A}^n$ 为仿射空间中的一个点,设 $\mathcal{F}_A$ 为在 A 点附近有定义的光滑函数集合. 称 D 为 A 点的一个**导算子**,若 $D:\mathcal{F}_A\mapsto\mathbb{R}$ 满足:

(1)局部性. 对于 f、g 定义在 O 邻域上的两个光滑函数,满足:若存在 A 的邻域 U,在 U 上 $f=g$,则

$$\mathrm{D}f=\mathrm{D}g.$$

(2)线性性:$\forall\alpha,\beta\in\mathbb{R}$,

$$\mathrm{D}(\alpha f+\beta g)=\alpha\mathrm{D}f+\beta\mathrm{D}g.$$

(3)莱布尼兹公式:

$$\mathrm{D}(fg)=f(A)\mathrm{D}g+g(A)\mathrm{D}f.$$

我们可以证明:如果 f 在 A 点的一个开邻域内是常数,则 $\mathrm{D}f=0$.(本节练习 2)

关于导算子和向量的关系,我们有以下结论.

命题 3.5　设 $\mathscr{A}^n$ 上有一个仿射坐标系 $\mathcal{A}=\{O,\boldsymbol{e}_i\}$. 设 $A\in\mathscr{A}^n$,D 为 A 点一个导算子,则存在 T_A 上的唯一一个向量 (A,B),使得 $\overrightarrow{AB}=v^i\boldsymbol{e}_i$,并且

$$\mathrm{D}f=\partial_v f(A),\ \forall f\in\mathcal{F}_A.$$

证明:我们记 f^i 为如下借助 $\mathcal{A}$ 定义的函数:

$$f^i:\mathscr{A}^n\mapsto\mathbb{R},$$

$$P\mapsto\varphi^i_{\mathcal{A}}(P)-\varphi^i_{\mathcal{A}}(A).$$

注意 $f^i(A)=0$. 我们定义

$$\boldsymbol{v}=v^i\boldsymbol{e}_i,$$

$$v^i=\mathrm{D}(f^i).$$

然后验证 $\partial_v f(A)=\mathrm{D}f$. 设 f 在 $\mathcal{A}$ 上的读取为

$$f\circ\varphi_A^{-1}.$$

设 $\varphi_A(A)=x_0$. 我们记 $y_0=f(A)=f\circ\varphi_A^{-1}(x_0)$. f 在 A 可微 $\Rightarrow f\circ\varphi_A^{-1}$ 在 x_0 可微. 那么我们将 $g:=f\circ\varphi_A^{-1}$ 在 x_0 点二阶展开:

$$g(x)=g(x_0)+\frac{\partial g}{\partial x^i}(x_0)(x^i-x_0^i)+r_i(x)(x^i-x_0^i).$$

这说明

$$f=f(A)+\frac{\partial g}{\partial x^i}(x_0)f^i+R_if^i.$$

这里 R_i 是光滑函数,且 $R_i(A)=0$. 我们用 D 作用在 f 上,得到:

$$\begin{aligned}\mathrm{D}f&=\mathrm{D}(f(A))+\frac{\partial g}{\partial x^i}(x_0)\mathrm{D}(f^i)+\mathrm{D}(R_if^i)\\&=\mathrm{D}(f(A))+\frac{\partial g}{\partial x^i}(x_0)\mathrm{D}(f^i)+\mathrm{D}(R_i)f^i(A)+R_i(A)\mathrm{D}(f^i)\\&=\mathrm{D}(f(A))+\frac{\partial g}{\partial x^i}(x_0)\mathrm{D}(f^i).\end{aligned}$$

注意 $f(A)$是一个常函数,所以 $\mathrm{D}(f(A))=0$. 由此

$$\mathrm{D}f=\frac{\partial g}{\partial x^i}(x_0)v^i=\left.\frac{\partial(f\circ\varphi_A^{-1})}{\partial x^i}\right|_{\varphi_{A}(A)}v^i=\partial_vf(A).$$

现在证明满足如此条件的(A,B)的唯一性. 为此只需证明如果存在另一个向量(A,C)满足$\overrightarrow{AC}=w^i\boldsymbol{e}_i$ 并且

$$\mathrm{D}f=\partial_wf(A),\ \forall f\in\mathcal{F}_A,$$

那么 $w^i=v^i=D(f^i)$. 根据上述偏导数的定义

$$\left.\frac{\partial(f\circ\varphi_A^{-1})}{\partial x^i}\right|_{\varphi_A(A)}w^i=\left.\frac{\partial(f\circ\varphi_A^{-1})}{\partial x^i}\right|_{\varphi_A(A)}v^i,\ \forall f\in\mathcal{F}_A(S).$$

为了说明 $w^i=v^i$,取 f^j 代入上式并注意

$$\frac{\partial(f^j\circ\varphi_A^{-1})}{\partial x^i}=\frac{\partial x^j}{\partial x^i}=\delta_i^j.$$

于是得到 $v^i=w^i$,也就是$\overrightarrow{AB}=\overrightarrow{AC}$,于是$(A,B)=(A,C)$. □

在 A 点的导算子集合上,可以引入线性结构:

$$(\mathrm{D}_1+\mathrm{D}_2)(f)=\mathrm{D}_1(f)+\mathrm{D}_2(f),\quad(\alpha\mathrm{D}_1)(f)=\alpha\mathrm{D}_1(f),$$

使之成为一个线性空间.

现在命题 3.5 说明{A 点的向量空间}和{A 点的导算子}可以建立以下映射:

$\sigma: T_A :\mapsto A$ 点的导算子，

$(A,B)\mapsto\{\mathrm{D}:\mathrm{D}f=\partial_{\boldsymbol{v}}(f)(A),\ \forall f\in\mathcal{F}_A$，其中$\overrightarrow{AB}=\boldsymbol{v}\}$.

命题 3.5 还说明这是一个双射. 我们进一步证明这是一个线性同构. 首先，依然在仿射坐标系 $\mathcal{A}=\{O,\boldsymbol{e}_i\}$ 中讨论问题，坐标变量记为$\{x^i\}$，坐标映射记 $\varphi_{\mathcal{A}}$. 设$\overrightarrow{AB}=\boldsymbol{v}=v^i\boldsymbol{e}_i$，$\overrightarrow{AC}=\boldsymbol{w}=w^i\boldsymbol{e}_i$. 则 $\forall f\in\mathcal{F}_A$

$$\begin{aligned}\partial_{(\alpha\boldsymbol{v}+\beta\boldsymbol{w})}(f)&=\partial_{(\alpha v^i+\beta w^i)\boldsymbol{e}_i}(f)=(\alpha v^i+\beta w^i)\left.\frac{\partial(f\circ\varphi_{\mathcal{A}}^{-1})}{\partial x^i}\right|_{\varphi_{\mathcal{A}}(A)}\\&=\alpha v^i\left.\frac{\partial(f\circ\varphi_{\mathcal{A}}^{-1})}{\partial x^i}\right|_{\varphi_{\mathcal{A}}(A)}+\beta w^i\left.\frac{\partial(f\circ\varphi_{\mathcal{A}}^{-1})}{\partial x^i}\right|_{\varphi_{\mathcal{A}}(A)}\\&=\alpha\partial_{\boldsymbol{v}}(f)+\beta\partial_{\boldsymbol{w}}(f).\end{aligned}$$

这说明 σ 是线性映射.

上面的讨论说明，我们可以将定义在一个点上的导算子和定义在这个点上的向量等同起来. 但是导算子的优点在于其定义不需要依赖于具体的坐标系，所以向量场也可以不依赖于具体的坐标系(仿射的或是广义的). 于是我们也可以将 O 点的所有导算子构成的集合称为 O 点的向量空间. 这是一个点的向量空间的另一个定义. 这个定义虽然抽象，但是它可以直观解释一些计算法则：例如下面我们将要再次讨论的自然标架.

自然标架场与导算子　根据以上从方向导数看向量的观点，我们可以引入以下记号. 设$\{U,\varphi_U\}$是一个广义坐标系，$(y^i)_{i=1,\cdots,n}$为其自变量. 我们记$\{\partial_i\}_{i=1,\cdots,n}$为

$$\partial_i f:=\frac{\partial(f\circ\varphi_U^{-1})}{\partial y^i}.$$

可以验证在 U 的每个点上，这是一个导算子. 同时我们可以验证，设 $\mathcal{A}=\{O,\boldsymbol{e}_i\}$为一个仿射坐标系，自变量为$(x^i)_{i=1,\cdots,n}$. 将 f 在 $\mathcal{A}$ 上的读取记为 $f_{\mathcal{A}}$，则

$$f\circ\varphi_U^{-1}=f\circ\varphi_{\mathcal{A}}^{-1}\circ(\varphi_{\mathcal{A}}\circ\varphi_U^{-1}),$$

于是 $\partial_i f(A)=\left.\dfrac{\partial(f\circ\varphi_U^{-1})}{\partial y^i}\right|_{\varphi_U(A)}=\left.\dfrac{\partial f_{\mathcal{A}}}{\partial x^j}\right|_{\varphi_{\mathcal{A}}(A)}\left.\dfrac{\partial x^j}{\partial y^i}\right|_{\varphi_U(A)}$.

对照之前自然标架的定义：

$$\boldsymbol{\sigma}_i=\frac{\partial x^j}{\partial y^i}\boldsymbol{e}_j,$$

那么

$$\partial_{\sigma_i} f(A)=\frac{\partial f_{\mathcal{A}}}{\partial x^j}\bigg|_{\varphi_{\mathcal{A}}(A)}\frac{\partial x^j}{\partial y^i}\bigg|_{\varphi_U(A)}.$$

也就是说，$\partial_i=\partial_{\sigma_i}$. 从而 $\{\partial_i\}$ 是 T_A 的一组基. 也就是在同构意义下，$\{\partial_i\}$ 就是之前我们讨论过的自然标架.

本节练习

练习 1 证明引理 3.7.

练习 2 设 D 为 $A\in\mathscr{A}^n$ 上的一个导算子，f 为定义在 A 的一个邻域上的可微函数，并且在 A 的某个邻域 U 上为常数. 求证 $\mathrm{D}f=0$.

3.7 仿射空间中的正则曲线

仿照第 1 章的讨论，三维仿射空间中也可以引入正则曲线的概念. 但是因为仿射空间无法度量向量的长度，所以我们不能建立诸如曲线的弧长的概念. 进一步，曲率、挠率的概念都无从建立. 然而我们依然可以讨论曲线是否光滑，是否正则以及两条曲线在某一个点是否同方向.

定义 3.13 设 $\mathscr{A}^3$ 为一个仿射空间，$\gamma:(-\varepsilon,\varepsilon)\mapsto\mathscr{A}^3$ 为一个映射，设一个仿射坐标系 $\mathcal{A}=\{O,\boldsymbol{e}_i\}$，其坐标映射记为 $\varphi_{\mathcal{A}}$. 如果

$$(-\varepsilon,\varepsilon)\xrightarrow{\gamma}\mathscr{A}^3\xrightarrow{\varphi_{\mathcal{A}}}\mathbb{R}^3$$

是连续/可微/光滑映射，那么称 γ 为 $\mathscr{A}^3$ 上的连续/可微/光滑曲线. 进一步，如果 $\varphi_{\mathcal{A}}\circ\gamma$ 是 $\mathbb{R}^3$ 上的正则曲线，则称 γ 为 $\mathscr{A}^3$ 上的正则曲线.

这个定义同样需要验证合理性. 其实通过仿射坐标变换公式可以看到：如果曲线在一个仿射坐标系下连续/光滑/可微/正则，那么它在任何仿射坐标系中都连续/光滑/可微/正则.

如果曲线上一点附近有一个广义坐标系，那么曲线在广义坐标系下的像是什么呢？

命题 3.6 设 $\gamma:(-\varepsilon,\varepsilon)\mapsto\mathscr{A}^3$ 是一条连续/可微/光滑/正则曲线，$A\in\gamma((-\varepsilon,\varepsilon))$，$A=\gamma(t_0)$. $t_0\in(-\varepsilon,\varepsilon)$，$A$ 的邻域 U 上有一个广义坐标系 $\{U,\varphi_U\}$，坐标变量记为 y^i. 那么

$$(t_0-\varepsilon',t_0+\varepsilon')\xrightarrow{\gamma}U\xrightarrow{\varphi_U}\varphi_U(U)\subset\mathbb{R}^3$$

是一个连续/可微/光滑/正则曲线段. 这里 $\gamma((t_0-\varepsilon',\ t_0+\varepsilon'))\subset U$.

证明:需要引入一个仿射坐标系 $\mathcal{A}=\{O,\boldsymbol{e}_i\}$,其坐标映射记为 $\varphi_{\mathcal{A}}$,坐标自变量记为$\{x^i\}$. 然后

$$\varphi_U\circ\gamma=(\varphi_U\circ\varphi_{\mathcal{A}}^{-1})\circ(\varphi_{\mathcal{A}}\circ\gamma).$$

根据定义,$\varphi_{\mathcal{A}}\circ\gamma$ 是连续/可微/光滑/正则曲线,其分量是连续/可微/光滑函数. 当曲线正则时,$\varphi_{\mathcal{A}}\circ\gamma$ 的切向量非零. 注意 $\varphi_U\circ\varphi_{\mathcal{A}}^{-1}$ 是光滑映射,从而 $(\varphi_U\circ\varphi_{\mathcal{A}}^{-1})\circ(\varphi_{\mathcal{A}}\circ\gamma)$的分量连续/可微/光滑.

当曲线正则时,$\varphi_{\mathcal{A}}\circ\gamma$ 的切向量非零,也就是

$$\frac{\mathrm{d}(\varphi_{\mathcal{A}}\circ\gamma)}{\mathrm{d}t}(t)\neq 0,\quad \forall\, t\in(t_0-\varepsilon',t_0+\varepsilon').$$

回忆广义坐标的定义,$\varphi_U\circ\varphi_{\mathcal{A}}^{-1}$ 在 $\varphi_{\mathcal{A}}(U)$上逐点雅可比矩阵非退化. 于是

$$\frac{\mathrm{d}(\varphi_U^i\circ\gamma)}{\mathrm{d}t}(t)=\left.\frac{\partial y^i}{\partial x^j}\right|_{\varphi_{\mathcal{A}}(\gamma(t))}\frac{\mathrm{d}(\varphi_{\mathcal{A}}^j\circ\gamma)}{\mathrm{d}t}(t).$$

因为$\mathbb{R}^3$中向量$\frac{\mathrm{d}(\varphi_{\mathcal{A}}^j\circ\gamma)}{\mathrm{d}t}(t)e_j\neq 0$,而矩阵$\left.\frac{\partial y^i}{\partial x^j}\right|_{\varphi_{\mathcal{A}}(\gamma(t))}$非退化,于是

$$\frac{\mathrm{d}(\varphi_U\circ\gamma)}{\mathrm{d}t}(\tau)\neq 0,$$

也就是曲线 $\varphi_U\circ\gamma$ 正则. □

本节练习

练习 1　证明命题 3.6 的逆命题也成立. 也就是如果一条仿射空间中的曲线在其每一个点附近都可以被某一个广义坐标系的坐标映射映射为$\mathbb{R}^3$中的连续/可微/光滑/正则曲线段,那么该曲线本身也连续/可微/光滑/正则.

3.8　余向量场、函数的微分

3.8.1　余向量

在上节刻画向量的时候,我们用到了定义在一个点附近的光滑函数构成的集合 $\mathcal{F}_A$. 本节我们将关注这个集合. 首先注意 $\mathcal{F}_A$ 有线性空间结构:

$$(\alpha f+\beta g)(x):=\alpha f(x)+\beta g(x).$$

但是这个空间的维数太大(无穷维空间). 为了把这个空间看成是 T_A 的对偶

空间，我们须将 $\mathcal{F}_A$ 上在所有 $\boldsymbol{v}\in T_A$（看成导算子）作用下都得到一样值的函数看成同一个对象. 为此引入以下定义.

定义 3.14 设 A 为 $\mathscr{A}^n$ 中一个点，记 $\mathcal{F}_A$ 为定义在 A 附近的光滑函数全体. 若对于任意的定义在 A 的导算子 D，都有

$$Df=Dg,$$

我们称 $f\sim g$.

请读者证明上述关系是一个**等价关系**（练习 1）. 随后可以用 $\mathcal{F}_A$ 模去这个等价关系.

定义 3.15 记 $\overline{\mathcal{F}}_A=\mathcal{F}_A/\sim$，称为 A 点的**余向量空间**. 函数 f 所在的等价类记为 $\overline{f}$，则有线性运算：

$$\alpha\overline{f}+\beta\overline{g}:=\overline{\alpha f+\beta g}.$$

注意，这个定义其实具有合理性风险. 请读者证明：不论在 $\overline{f}$、$\overline{g}$ 中选择哪个代表元素，上面定义的 $\alpha\overline{f}+\beta\overline{g}$ 都给出相同的结果（练习 1）.

最后我们有莱布尼兹公式：

引理 3.8

$$\overline{fg}=g(A)\overline{f}+f(A)\overline{g}.$$

证明：作为练习（本节练习 2） □

为了搞清楚 $\overline{\mathcal{F}}_A$ 的结构，首先要搞清楚 $\mathcal{F}_A$ 哪些元素在零等价类中. 下面的结果回答这个问题.

命题 3.7 设 $A\in\mathscr{A}^n$，f 为定义在 A 附近的光滑函数. 设 $\{U,\varphi_U\}$ 为任意一个满足 $A\in U$ 的广义坐标系，自变量记为 $\{y^i\}_{i=1,\cdots,n}$. 记 $f_U=f\circ\varphi_U^{-1}$ 的读取，则

$$\overline{f}=0\quad\Leftrightarrow\quad\left.\frac{\partial f_U}{\partial y^i}\right|_{\varphi_U(A)}=0.$$

证明：我们以 A 为原点建立一个仿射坐标系 $\mathcal{A}=\{A,\boldsymbol{e}_i\}$，其自变量记为 $\{x^i\}_{i=1,\cdots,n}$，坐标映射记为 $\varphi_{\mathcal{A}}$.

必要性（$\Rightarrow$）

在 A 点 $\overline{f}=0$ 意味着对于任意的定义在 A 的导算子 D，$Df=0$. 由于方向导数都是导算子，所以在 A 点，f 的任意方向导数都是零. 也就是

$$\left.\frac{\partial(f\circ\varphi_{\mathcal{A}}^{-1})}{\partial x^i}\right|_{\varphi_{\mathcal{A}}(A)}=0,i=1,\cdots,n$$

现在考虑一个坐标区域包含着 A 点的广义坐标系 $\{U,\varphi_U\}$，其自变量记为

$\{y^i\}_{i=1,\cdots,n}$，则

$$f_U=f\circ\varphi_U^{-1}=(f\circ\varphi_{\mathcal{A}}^{-1})\circ(\varphi_{\mathcal{A}}\circ\varphi_U^{-1})=f\circ\varphi_{\mathcal{A}}^{-1}(x^i(y))$$

从而

$$\left.\frac{\partial f_U}{\partial y^i}\right|_{\varphi_U(A)}=\left.\frac{\partial(f\circ\varphi_{\mathcal{A}}^{-1})}{\partial x^j}\right|_{\varphi_{\mathcal{A}}(A)}\frac{\partial x^j}{\partial y^i}=0$$

充分性($\Leftarrow$)

由已知$\{U,\varphi_U\}$为坐标区域含有 A 的一个广义坐标系. 记$\{\partial_i\}$为其在 A 点的自然标架. 由上节讨论知道这是一组 T_A 的基. 回顾自然标架的定义

$$\partial_i f(A):=\left.\frac{\partial(f\circ\varphi_U^{-1})}{\partial y^i}\right|_{\varphi_U(A)}=0$$

于是对于任意 $\boldsymbol{v}\in T_A$，注意到 $\boldsymbol{v}=v^i\partial_i$，于是 $\boldsymbol{v}(f)(A)=v^i(A)\partial_i f(A)=0$. 也就是说任何方向导数作用在 f 上(在 A 点)都是零. 而回顾导算子都可以写成方向导数，所以任何导算子作用在 f 上都是零. 于是 $\bar{f}(A)=0$. □

在某一个广义坐标系之下，我们可以给坐标区域内每个点一个自然标架作为每个点向量空间的基，同理我们也可以给每个点一个自然余标架场作为每个点余向量空间的基. 它的定义如下.

定义 3.16　设$\{U,\varphi_U\}$是 $\mathscr{A}^n$的一个广义坐标系，自变量记为$\{y^i\}_{i=1,\cdots,n}$，$A\in U$，则函数：

$$y^i:U\mapsto\mathbb{R},$$
$$A\mapsto A \text{ 的第 } i \text{ 个坐标}$$

在 $\mathscr{F}_A$ 中代表的等价类记为 $\mathrm{d}y^i(A)$. 称$\{\mathrm{d}y^i\}_{i=1,\cdots,n}$为 U 上的自然余标架场.

类似于标架场，我们有以下结论.

命题 3.8　设$\{U,\varphi_U\}$为一个广义坐标系，其自变量记为$\{y^i\}_{i=1,\cdots,n}$，设 $A\in U$，f 为定义在 A 附近的光滑函数，则

$$\bar{f}=\left.\frac{\partial f_U}{\partial y^i}\right|_{\varphi_U(A)}\mathrm{d}y^i(A).\tag{3.8}$$

进一步，$\{\mathrm{d}y^i(A)\}$构成 A 点余向量空间的一组基.

证明：我们只需证明对于任意 A 点的方向导数 $\partial_{\boldsymbol{v}}$

$$\partial_{\boldsymbol{v}}f=\partial_{\boldsymbol{v}}\left(\left.\frac{\partial f_U}{\partial y^i}\right|_{\varphi_U(A)}y^i\right).$$

注意右端是函数 y^i 的线性组合(组合系数为常数). 为了证明上式，我们在广义坐标系$\{U,\varphi_U\}$上计算左右两端. 设 $\boldsymbol{v}$ 在 A 的自然标架场下的坐标为 v^i，则

上式左端：

$$\partial_v f = v^i \frac{\partial f_U}{\partial y^i}\bigg|_{\varphi_U(A)}.$$

右端，由线性性：

$$\partial_v \left(\frac{\partial f_U}{\partial y^i}\bigg|_{\varphi_U(A)} y^i \right) = \frac{\partial f_U}{\partial y^i}\bigg|_{\varphi_U(A)} \partial_v y^i = \frac{\partial f_U}{\partial y^i}\bigg|_{\varphi_U(A)} v^j \frac{\partial y^i}{\partial y^j} = \frac{\partial f_U}{\partial y^i}\bigg|_{\varphi_U(A)} \delta^i_j v^j$$

$$= v^i \frac{\partial f_U}{\partial y^i}\bigg|_{\varphi_U(A)}.$$

这说明$\{\mathrm{d}y^i(A)\}$张成 A 点的余向量空间.

我们再证明 $\mathrm{d}y^i(A)$线性无关. 设 n 个实数 α_i 使得

$$\alpha_i \mathrm{d}y^i(A) = 0.$$

这意味着函数 $\alpha_i y^i$ 在 A 点的所有方向导数都是零. 由命题 3.7

$$\frac{\partial(\alpha_i y^i)}{\partial y^j}\bigg|_{\varphi_U(A)} = 0 \Rightarrow \quad \alpha_i \delta^i_j = 0 \Rightarrow \quad \alpha_i = 0. \qquad \square$$

下一个问题，一个广义坐标系产生的自然标架场和自然余标架场是什么关系？其实在每个点，这两组基互为对偶. 我们首先定义在给定点上向量和余向量的对偶：

$$\langle \boldsymbol{v}, \overline{f} \rangle := \partial_v f$$

这里要验证合理性问题（留给读者）. 然后我们证明：

命题 3.9 设$\{U, \varphi_U\}$是 $\mathscr{A}^n$ 区域上的一个广义坐标系，则其自然标架场$\{\partial_i\}_{i=i,\cdots,n}$和自然余标架场$\{\mathrm{d}y^i\}$在每个点满足：

$$\langle \partial_i, \mathrm{d}y^j \rangle = \delta^j_i.$$

证明：在$\{U, \varphi_U\}$上做计算

$$\partial_i y^j = \frac{\partial y^j}{\partial y^i} = \delta^j_i. \qquad \square$$

3.8.2 函数的微分与余向量场

我们考虑仿射空间中一个开区域 U 上定义的光滑函数 f. 在 U 的每个点的余向量空间上，该函数都有所在的～等价类. 于是一个可微函数可以看成是在每个点指定了这个点余空间上的一个余向量. 我们将这样一个结构（通过 f 将每个点联系于其余向量空间上一个余向量$\overline{f}$）记为 $\mathrm{d}f$，称为 f 的**微分**.

问题：如何将一个函数 f 在一个给定的自然余标架场中写出分量形式？

命题 3.10 （计算函数的微分）. 假设$\{U, \varphi_U\}$是一个广义坐标系，

$\{\mathrm{d}y^i\}_{i=1,\cdots,n}$是其自然余标架场. 那么对于 U 上任意光滑函数 f

$$\mathrm{d}f=\frac{\partial(f\circ\varphi_U^{-1})}{\partial y^i}\mathrm{d}y^i.$$

证明：见式(3.8). □

同时，等同于向量场，对于仿射空间开区域 U 上的每个点我们也可以指定一个其余向量空间上的余向量(而不通过一个已知的函数). 如此得到的结构叫做一个**余向量场**. 同向量场相对应，在一个广义坐标系中一个余向量场在每个点都可以写出相对于自然余标架场的分量形式. 我们称一个余向量场 $\boldsymbol{\omega}=\omega_i\mathrm{d}y^i$ 是连续/可微/光滑的，如果其分量在每个点是连续/可微/光滑的函数.

向量场与余向量场的对偶

从余向量的定义我们就可以看出以下的向量场和余向量场之间的对偶关系. 设在一个广义坐标系中的分量式为 $\boldsymbol{v}=v^i\partial_i$，$\boldsymbol{\omega}=\omega_i\mathrm{d}y^i$，则

$$\langle\boldsymbol{v},\boldsymbol{\omega}\rangle:=v^i\omega_i.$$

这个对偶在每个点上给出了一个数值. 同理，如果我们在每个点上考虑向量场和余向量场的对偶，将会产生一个标量场.

本节练习

练习 1　证明定义 3.14 中引入的关系～是 $\mathcal{F}_A$ 上的一个等价关系，并证明定义 3.15 在 $\mathcal{F}_A/\sim$上定义的线性运算的合理性.

练习 2　证明引理 3.8.(**提示**：要证明这个等式，只需要验证 $fg\sim f(A)g+fg(A)$就可以. 所以只需要说明 $\forall D\in T_A$，$D(fg)=D(f(A)g+fg(A))$.)

练习 3　考虑$\mathbb{R}^3\backslash\{r=0\}$或 $x^1=x^2=0$ 上的标准柱面坐标系：

$$x^1=r\cos\theta,\quad x^2=r\sin\theta,\quad x^3=z.$$

在每个点写出自然余标架场(表出在$(\mathrm{d}x^1,\mathrm{d}x^2,\mathrm{d}x^3)$这组基之下).

3.9　张量场

3.9.1　代数准备：多重线性函数

我们考虑一个有限维实向量空间 V. V 上所有的实线性函数构成 V 的对偶空间，记为 V^*. V^* 上带有典则的线性结构：

$$f,g\in V^*,(\alpha f+\beta g)(\boldsymbol{v}):=\alpha f(\boldsymbol{v})+\beta g(\boldsymbol{v}),\forall \boldsymbol{v}\in V,\forall \alpha,\beta\in\mathbb{R},$$

以及 V 和 V^* 的典则对偶

$$\langle\cdot,\cdot\rangle:V\times V^*\mapsto\mathbb{R},$$
$$(\boldsymbol{v},f)\mapsto\langle\boldsymbol{v},f\rangle=f(\boldsymbol{v}).$$

基,对偶基

V 上可以选定一组基,记为$\{\boldsymbol{e}_i\}_{i=1,\cdots,n}$. $\dim V=n$. 随后可以在 V^* 上也固定一组基$\{e^{*i}\}$,满足:

$$e^{*i}(\boldsymbol{e}_j)=\delta^i_j=\begin{cases}0, & i\neq j,\\ 1, & i=j.\end{cases}$$

我们可以证明以下结论.

引理 3.9 有限维线性空间 V 上给定一组基$\{\boldsymbol{e}_i\}_{i=1,\cdots,n}$,则 V^* 上存在唯一的一组对偶基$\{e^{*i}\}_{i=1,\cdots,n}$.

证明:构造 e^{*i}如下:

$$e^{*i}:V\mapsto\mathbb{R},$$
$$\boldsymbol{v}\mapsto v^i,\boldsymbol{v}=v^i\boldsymbol{e}_i,$$

也就是说,对于任意一个 $\boldsymbol{v}$,把它在基$\{\boldsymbol{e}_i\}_{i=1,\cdots,n}$之下线性表出. 然后取其第 i 个坐标. 显然如此定义的 e^{*i}满足对偶性质$\langle e^{*i},\boldsymbol{e}_j\rangle=\delta^i_j$. 然后我们证明它确实是 V^* 的一组基.

首先证明线性无关性. 如果

$$\lambda_i e^{*i}=0,\quad \lambda_i\in\mathbb{R},$$

那么用该线性函数作用 $\boldsymbol{e}_j$,得到

$$0=0(\boldsymbol{e}_j)=\lambda_i e^{*i}(\boldsymbol{e}_j)=\lambda_i\delta^i_j=\lambda_j,$$

也就是说所有的组合系数都是零,于是线性无关.

再说任意一个 V^* 上的线性函数都可以写成$\{e^{*i}\}$的线性组合的形式. 这是因为如果 $f\in V^*$,我们可以验证:

$$f=f(\boldsymbol{e}_i)e^{*i}.$$

这是因为 $\forall \boldsymbol{v}\in V,\boldsymbol{v}=v^j\boldsymbol{e}_j$:

$$f(\boldsymbol{v})=f(v^j\boldsymbol{e}_j)=v^jf(\boldsymbol{e}_j)=f(\boldsymbol{e}_j)e^{*j}(\boldsymbol{v}).$$ □

除了线性函数之外,我们还可以考虑向量空间上的二重线性函数:

$$b:V\times V\mapsto\mathbb{R},$$
$$(\boldsymbol{v},\boldsymbol{w})\mapsto b(\boldsymbol{v},\boldsymbol{w}),$$

这里 b 满足**双线性**:

$$b(\alpha \boldsymbol{v}_1+\beta \boldsymbol{v}_2,\boldsymbol{w})=\alpha b(\boldsymbol{v}_1,\boldsymbol{w})+\beta b(\boldsymbol{v}_2,\boldsymbol{w}),$$
$$b(\boldsymbol{v},\alpha \boldsymbol{w}_1+\beta \boldsymbol{w}_2)=\alpha b(\boldsymbol{v},\boldsymbol{w}_1)+\beta b(\boldsymbol{v},\boldsymbol{w}_2).$$

我们将 V 上所有双线性函数构成的集合称为 $V^*\otimes V^*$. 这个集合上带有一个天然的线性结构：

$$(\alpha b_1+\beta b_2)(\boldsymbol{v},\boldsymbol{w})=\alpha b_1(\boldsymbol{v},\boldsymbol{w})+\beta b_2(\boldsymbol{v},\boldsymbol{w}).$$

然后我们在 $V^*\otimes V^*$ 上寻找一组基.

引理 3.10　设 V 为有限维实线性空间，$\{\boldsymbol{e}_i\}_{i=1,\cdots,n}$是其一组基，则 $V^*\otimes V^*$ 上有一组基$\{e^{*i}\otimes e^{*j}\}_{i,j=i,\cdots,n}$，这里将 $e^{*i}\otimes e^{*j}$定义为

$$e^{*i}\otimes e^{*j}:V\times V\mapsto\mathbb{R},$$
$$(\boldsymbol{v},\boldsymbol{w})\mapsto e^{*i}(\boldsymbol{v})e^{*j}(\boldsymbol{w}),$$

从而 $V^*\otimes V^*$ 的维数为 n^2.

证明：只需要验证 $e^{*i}\otimes e^{*j}$线性无关，并且可以线性表出所有双线性函数.

线性无关性：如果存在一组实数 λ_{ij} 使得

$$\lambda_{ij}e^{*i}\otimes e^{*j}=0.$$

那么用 $\lambda_{ij}e^{*i}\otimes e^{*j}$作用在向量对$(\boldsymbol{e}_m,\boldsymbol{e}_l)$上，得到

$$0=0(\boldsymbol{e}_m,\boldsymbol{e}_l)=\lambda_{ij}e^{*i}\otimes e^{*j}(\boldsymbol{e}_m,\boldsymbol{e}_l)=\lambda_{ij}e^{*i}(\boldsymbol{e}_m)e^{*j}(\boldsymbol{e}_l)=\lambda_{ij}\delta^i_m\delta^j_l=\lambda_{ml}$$

也就是说所有的组合系数都是零. 于是线性无关性得证.

线性表出任意双线性函数：设 f 为 V 上一个双线性函数. 我们验证

$$f=f(\boldsymbol{e}_i,\boldsymbol{e}_j)e^{*i}\otimes e^{*j}.$$

要验证这一点，只需要任取两个 V 中的向量 $\boldsymbol{v}=v^i\boldsymbol{e}_i$ 和 $\boldsymbol{w}=w^j\boldsymbol{e}_j$，用 f 去作用：

$$\begin{aligned}f(\boldsymbol{v},\boldsymbol{w})&=f(v^i\boldsymbol{e}_i,w^j\boldsymbol{e}_j)=v^if(\boldsymbol{e}_i,w^j\boldsymbol{e}_j)\\&=v^iw^jf(\boldsymbol{e}_i,\boldsymbol{e}_j)=f(\boldsymbol{e}_i,\boldsymbol{e}_j)e^{*i}\otimes e^{*j}(\boldsymbol{v},\boldsymbol{w}).\end{aligned}$$ □

有了这组基之后，一个双线性函数可以在基之下写成分量式：

$$b=b_{ij}e^{*i}\otimes e^{*j},$$

并且

$$b_{ij}=b(\boldsymbol{e}_i,\boldsymbol{e}_j)$$

类似于以上对于双线性函数的分析，我们也可以研究一般的多线性函数，这里从略.

如果一个双线性函数满足：

$$b(\boldsymbol{v},\boldsymbol{w})=b(\boldsymbol{w},\boldsymbol{v}),$$

则称 b 是**对称的**. 如果

$$b(\boldsymbol{v},\boldsymbol{w})=-b(\boldsymbol{w},\boldsymbol{v}),$$

则称 b 是**反对称的**.

设 V 为有限维实线性空间. 记 $\mathrm{Sym}_2(V^*)$ 为 V 上定义的所有对称双线性函数构成的集合. 显然这是 $V^*\otimes V^*$ 的线性子空间(因为满足加法和数乘封闭性:两个对称双线性型的和还是对称双线性型. 对称双线性型的常数倍还是对称双线性型). 我们来探求一下这个空间上的基. 首先设 $g\in\mathrm{Sym}_2(V^*)$, $\{\boldsymbol{e}_1,\cdots,\boldsymbol{e}_n\}$ 为 V 的一组基,那么 $\{e^{*i}\otimes e^{*j}\}$ 是 $V^*\otimes V^*$ 的一组基. 于是 g 可以写成

$$g=g_{ij}e^{*i}\otimes e^{*j},g_{ij}=g(\boldsymbol{e}_i,\boldsymbol{e}_j).$$

注意到 $g(\boldsymbol{e}_i,\boldsymbol{e}_j)=g(\boldsymbol{e}_j,\boldsymbol{e}_i)$,我们得到 $g_{ij}=g_{ji}$. 于是

$$g=\sum_{i=1}^{n}g_{ii}e^{*i}\otimes e^{*i}+\sum_{i<j}g_{ij}(e^{*i}\otimes e^{*j}+e^{*j}\otimes e^{*i}).$$

记

$$e^{*i}e^{*j}:=\frac{1}{2}(e^{*i}\otimes e^{*j}+e^{*j}\otimes e^{*i}),\quad i\leqslant j,$$

这样的一组向量 $e^{*i}e^{*j}$ 在 $V^*\otimes V^*$ 上线性无关(练习 1),并且它们能够线性表出所有 $\mathrm{Sym}_2(V^*)$ 上的向量(也就是对称双线性型). 于是得到

引理 3.11 设 V 为 n 维实线性空间,则 $\dim\mathrm{Sym}_2(V^*)=\dfrac{n(n+1)}{2}$. 如果 $\{\boldsymbol{e}_i\}$ 为 V 的一组基,那么

$$e^{*i}e^{*j}=\frac{1}{2}(e^{*i}\otimes e^{*j}+e^{*j}\otimes e^{*i}),\quad i\leqslant j,$$

为 $\mathrm{Sym}_2(V^*)$ 的一组基.

3.9.2 双线性函数场、度量

场的概念,是在空间区域内每个点指定一个对象. 标量场是在每个点指定一个数量,向量场是在每个点指定一个向量,余向量场是在每个点指定一个余向量.

注意,向量可以看成是作用在余向量上的线性函数. 反之余向量也可以看成是作用在向量上的线性函数.

于是,我们同样可以在每个点上指定一个作用在这个点的向量空间上的双线性函数. 我们引入以下定义.

定义 3.17 设 U 为 $\mathscr{A}^n$ 上的一个开区域. 对于任意的点 $A\in U$,我们指定

一个定义在 A 点的向量空间上的双线性函数 $b(A)$. 这样的 b 称为一个双线性函数场.

一个如此的双线性函数场，可以在一个合适的余标架场下写成分量形式. 为此我们首先回顾自然标架场和自然余标架场在每个点互为对偶基. 然后考虑 b 在自然余标架场 $\{\mathrm{d}y^i\}_{i=1,\cdots,n}$ 之下的分量式：

$$b=b_{ij}\,\mathrm{d}y^i\otimes\mathrm{d}y^j,\quad b_{ij}=b(\partial_i,\partial_j).$$

如果 b 是对称双线性函数，我们定义

$$\mathrm{d}y^i\mathrm{d}y^j=\frac{1}{2}(\mathrm{d}y^i\otimes\mathrm{d}y^j+\mathrm{d}y^j\otimes\mathrm{d}y^i),\quad i\leqslant j.$$

所以对称双线性函数可以写成

$$\begin{aligned}b &= \sum_{i=1}^{n} b_{ii}\,\mathrm{d}y^i\mathrm{d}y^i+2\sum_{i<j}b_{ij}\,\mathrm{d}y^i\mathrm{d}y^j\\ &= b_{ij}\,\mathrm{d}y^i\mathrm{d}y^j.\end{aligned}$$

定义 3.18　空间区域上定义的一个非退化对称的双线性型场，称为一个**伪Riemann(黎曼)度量**. 如果这个双线性型在每个点还是正定的，则这个度量称为 Riemann **度量**. 进一步，如果在一个广义坐标系的自然余标架场下其分量都连续/可微/光滑，称该伪 Riemann 度量为连续/可微/光滑.

注：一个双线性型 b 称为非退化的，若 $\forall\, x\in V$ 都有 $b(x,y)=0$，则 $y=0$.

为什么称之为“度量”？为了作出解释，考虑以下问题：设 $\{U,\varphi_U\}$ 为欧几里得空间 $\mathbb{E}^3$ 中开区域的一个广义坐标系. 设 $\gamma:[t_0,t_1]\mapsto U$ 为一正则曲线段. 我们在广义坐标系下计算曲线段的弧长. 设 $\mathcal{A}=\{O,\boldsymbol{e}_i\}$ 为单位正交坐标系，则弧长在 $\mathcal{A}$ 中计算：

$$\int_{t_0}^{t_1}|\dot{\boldsymbol{\gamma}}(t)|\,\mathrm{d}t.$$

而在广义坐标系之下，曲线向量的分量式如下计算：

$$\frac{\mathrm{d}x^i}{\mathrm{d}t}(t)\boldsymbol{e}_i=\dot{y}^j(t)\frac{\partial x^i}{\partial y^j}\boldsymbol{e}_i=\dot{y}^j\partial_j.$$

曲线切向量的长度为

$$|\dot{\boldsymbol{\gamma}}(t)|=\sqrt{\sum_{i=1}^{n}|\dot{\boldsymbol{\gamma}}^i(t)|^2}=\sqrt{\dot{y}^i(t)\dot{y}^j(t)g_{ij}},$$

这里

$$g_{ij}=\sum_{k=1}^{n}\frac{\partial x^k}{\partial y^i}\cdot\frac{\partial x^k}{\partial y^j}.$$

我们可以把切向量模计算的过程看成是

$$g=g_{ij}\,\mathrm{d}y^i\mathrm{d}y^j$$

作用在向量$(\dot{y}^i\partial_i,\dot{y}^j\partial_j)$上.

例 3.2 $\mathbb{R}^n$上的欧几里得度量在自然余标架场$(\mathrm{d}x^1,\mathrm{d}x^2,\cdots,\mathrm{d}x^n)$下写出来，就是

$$g=g_{ab}\,\mathrm{d}x^a\mathrm{d}x^b=(\mathrm{d}x^1)^2+(\mathrm{d}x^2)^2+\cdots+(\mathrm{d}x^n)^2,$$

这里$(\mathrm{d}x^1)^2=\mathrm{d}x^1\mathrm{d}x^1$. 它的意思是：如果在一个点 A 的向量空间 T_A 上有两个向量 $\boldsymbol{v}=v^i\boldsymbol{e}_i$，$\boldsymbol{w}=w^j\boldsymbol{e}_j$，那么

$$g(\boldsymbol{v},\boldsymbol{w})=\mathrm{d}x^1(\boldsymbol{v})\mathrm{d}x^1(\boldsymbol{w})+\mathrm{d}x^2(\boldsymbol{v})\mathrm{d}x^2(\boldsymbol{w})+\cdots+\mathrm{d}x^n(\boldsymbol{v})\mathrm{d}x^n(\boldsymbol{w})=\sum_{i=1}^n\boldsymbol{v}^i\boldsymbol{w}^i.$$

如果已知一伪 Riemann 度量在某个余标架场下的表达式，如何求其在另一个余标架场下的表达式呢？我们通过下面的例子来说明这一点：考虑$\mathbb{R}^2\setminus\{0\}$上定义的标准极坐标系：

$$x^1=r\cos\theta,\quad x^2=r\sin\theta.$$

标准欧几里得度量写在 $\mathrm{d}r$、$\mathrm{d}\theta$ 之下，是

$$g=(\mathrm{d}x^1)^2+(\mathrm{d}x^2)^2=g_{rr}\,\mathrm{d}r\mathrm{d}r+2g_{r\theta}\,\mathrm{d}r\mathrm{d}\theta+g_{\theta\theta}\,\mathrm{d}\theta\mathrm{d}\theta.$$

注意到$(\mathrm{d}r,\mathrm{d}\theta)$是$(\partial_r,\partial_\theta)$的对偶基，于是

$$g(\partial_r,\partial_r)=g_{rr}\,\mathrm{d}r(\partial_r)\mathrm{d}r(\partial_r)+2g_{r\theta}\,\mathrm{d}r(\partial_r)\mathrm{d}\theta(\partial_r)+g_{\theta\theta}\,\mathrm{d}\theta(\partial_r)\mathrm{d}\theta(\partial_r)=g_{rr}.$$

另一方面，$g(\partial_r,\partial_r)$可以在笛卡儿坐标系下计算：

$$\partial_r=\frac{\partial x^1}{\partial r}\partial_1+\frac{\partial x^2}{\partial r}\partial_2=\cos\theta\partial_1+\sin\theta\partial_2.$$

于是

$$g(\partial_r,\partial_r)=(\mathrm{d}x^1(\partial_r))^2+(\mathrm{d}x^2(\partial_r))^2=(\partial_r x^1)^2+(\partial_r x^2)^2=\cos^2\theta+\sin^2\theta=1.$$

用类似的办法，可以得到

$$g_{r\theta}=0,\ g_{\theta\theta}=r^2.$$

于是在极坐标的自然余标架场下：

$$g=(\mathrm{d}r)^2+r^2(\mathrm{d}\theta)^2.$$

本节练习

练习 1 严格证明引理 3.11.

练习 2 类似于对称双线性型，我们也可以考虑反对称双线性型. 设 V 为一个有限维实线性空间，$V^*\otimes V^*$ 上的反对称双线性函数全体记为 $\mathrm{Alt}_2(V^*)$.

仿照对于 $\mathrm{Sym}_2(V^*)$ 的讨论，证明 $\dim \mathrm{Alt}_2(V^*)$ 也构成一个 $V^* \otimes V^*$ 的子空间，并且证明 $\dim \mathrm{Alt}_2(V^*)=\dfrac{n(n-1)}{2}$.

练习 3　求 $\mathbb{R}^3\setminus\{0\}$ 上的球坐标系

$$x^1=r\sin\theta\cos\varphi,\ x^2=r\sin\theta\sin\varphi,\ x^3=r\cos\theta.$$

写出球面坐标系下的自然余标架场（表出在 $(\mathrm{d}x^1,\mathrm{d}x^2,\mathrm{d}x^3)$ 之下）.

练习 4　将 $\mathbb{R}^3$ 上的欧几里得度量表出在球坐标系的自然余标架场下.

第 4 章　仿射空间中的曲面

4.1　对曲面的直观刻画

本节我们研究三维仿射空间中的曲面. 我们将会看到曲面同曲线有着本质的不同.

首先在数学上描述曲面比描述曲线要更加复杂. 回忆我们描述曲线的方法是通过一个参数方程：

$$\boldsymbol{r}:(-\varepsilon,\varepsilon)\mapsto \mathscr{A}^3,\quad \boldsymbol{r}'(\tau)\neq 0.$$

它从物理上可以看成是质点运动方程，从数学上来说，一个参数自由变动很好地反映了曲线是"一维几何对象"的直观印象.

仿照曲线的描述方法，如果我们也试图用参数方程刻画曲面，那么必然要反映曲面是"二维几何对象"这个直观印象. 于是我们引入如下刻画方法：

$$\boldsymbol{r}:(-\varepsilon,\varepsilon)\times(-\varepsilon,\varepsilon)\mapsto\mathscr{A}^3,$$
$$(s,t)\mapsto\boldsymbol{r}(s,t). \tag{4.1}$$

这实际上可以看成是一个单参数曲线族：每固定一个 s，$r(s,\cdot)$都给出一条曲线. 然后通过变动 s 的方法将这些曲线"编织"在一起，构成一张曲面片，这符合直观上我们对曲面的认识. 这里需要注意，既然对每个固定的 s 要求 $\boldsymbol{r}(s,\cdot)$是正则曲线段，那么必然要求

$$\partial_t\boldsymbol{r}\neq 0.$$

然而这还不够. 因为同样也可以固定 t，将 $\boldsymbol{r}(\cdot,t)$看成是一族正则曲线，通过 t 的变动编织在一起. 于是同样也应该要求

$$\partial_s\boldsymbol{r}\neq 0.$$

然而这依然不够. 因为可能会出现下面这样一个退化情况：

$$\boldsymbol{r}:(-\varepsilon,\varepsilon)\times(-\varepsilon,\varepsilon)\mapsto\mathbb{R}^3,\quad (s,t)\mapsto(s+t,0,0)^{\mathrm{T}},$$

这里 $\partial_t\boldsymbol{r}=\partial_s\boldsymbol{r}\equiv(1,0,0)^{\mathrm{T}}$. 然而 r 在$\mathbb{R}^3$中的像是 x 轴上的一个直线段. 显然它

并不是我们印象中曲面该有的样子. 究其原因，是当固定 s 时，$\boldsymbol{r}(s+\cdot)$ 的确是一族曲线. 但是当 s 变动时，这族曲线的变动方向是沿着曲线的方向的. 如此它们就不能“编织”出一张曲面，而是所有的曲线的像依然在同一条曲线上. 换一种说法，这是因为

$$\partial_t\boldsymbol{r}\,/\!/\,\partial_s\boldsymbol{r}.$$

所以为了排除这种情况，我们在式(4.1)的基础上再要求 $\partial_t\boldsymbol{r}$ **同** $\partial_s\boldsymbol{r}$ **不共线**，如图 4.1 所示，于是得到下面的定义：

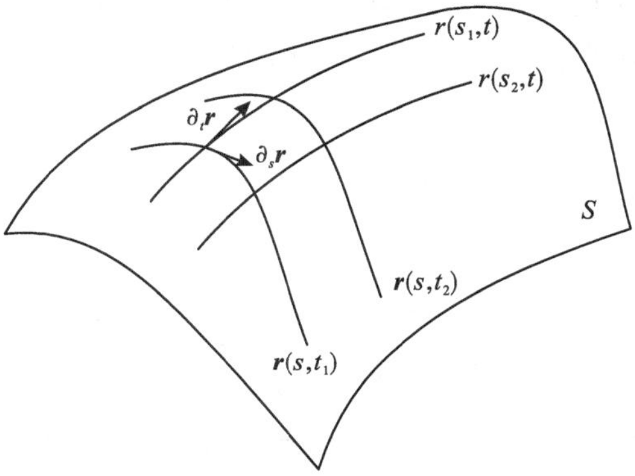

图 4.1

定义 4.1　(曲面的参数式刻画). 设

$$\boldsymbol{r}:(-\varepsilon,\varepsilon)\times(-\varepsilon,\varepsilon)\mapsto\mathscr{A}^3,$$
$$(s,t)\mapsto\boldsymbol{r}(s,t)$$

为可微/C^k/C^∞ 映射，满足 $\partial_s\boldsymbol{r}(s,t)$ 与 $\partial_t\boldsymbol{r}(s,t)$ 不共线，那么称映射 $\boldsymbol{r}$ 为可微/C^k/光滑曲面片 $S=\boldsymbol{r}((-\varepsilon,\varepsilon)\times(-\varepsilon,\varepsilon))$ 的参数式.

解释：这里的 $\partial_s\boldsymbol{r}(s,t)$ 可以从两个角度来理解. 首先可以从坐标的角度来理解. 设 $\mathcal{A}=\{O,\boldsymbol{e}_i\}$ 为 $\mathscr{A}^3$ 上的仿射坐标系. 那么

$$\varphi_{\mathcal{A}}\circ\boldsymbol{r}:(-\varepsilon,\varepsilon)\times(-\varepsilon,\varepsilon)\mapsto\mathbb{R}^3$$

可以看成是三个二元实函数. 那么在某个点对其中一个变量求导会得到 $\mathbb{R}^3$ 中的一个向量. 如果在每个点分别对两个自变量求导得到的两个向量都线性无关，那么我们说 $\partial_s\boldsymbol{r}(s,t)$ 同 $\partial_t\boldsymbol{r}(s,t)$ 线性无关.

另一个看法更加几何. 固定 (s,t) 中的一个变量，只让另一个变量变化. 例如考虑 $\boldsymbol{r}(\cdot,t)$，这是仿射空间 $\mathscr{A}^3$ 中的光滑曲线. 同理 $\boldsymbol{r}(s,\cdot)$ 也是光滑曲线，两者相交于 (s,t). $\partial_t\boldsymbol{r}(s,t)$ 同 $\partial_s\boldsymbol{r}(s,t)$ 不共线相当于要求这两条曲线在交点不相切.

除此之外，根据我们在数学分析等课程中的学习经验，我们知道很多情

况下，曲线可以表达成一元函数的图像：我们将 $y=x^2$ 称为**抛物线**，将 $y=x^{-1}$ 称为**双曲线**就是这种经验的应用. 那么对于曲面，大家一定可以想到它是不是在某种意义下可以看成是二元标量函数的图像呢？实际上完全可以，并且它可以看成是上述参数形式的特殊情况.

定义 4.2 （曲面作为函数图像）. 设 $\mathscr{A}^3$ 上建立了仿射坐标系 $\mathcal{A}=\{O,e_1,e_2,e_3\}$，其坐标变量记为 x^1,x^2,x^3. 设 f 为定义在 $(-\varepsilon,\varepsilon)\times(-\varepsilon,\varepsilon)\mapsto\mathbb{R}$ 上的实值可微/C^k/光滑函数. 若 $S\subset\mathscr{A}^3$ 满足

$$S=\{\varphi_{\mathcal{A}}^{-1}(x^1,x^2,f(x^1,x^2))\mid -\varepsilon<x^1,x^2<\varepsilon\}$$

称 S 为可微/C^k/光滑曲面片，如图 4.2 所示.

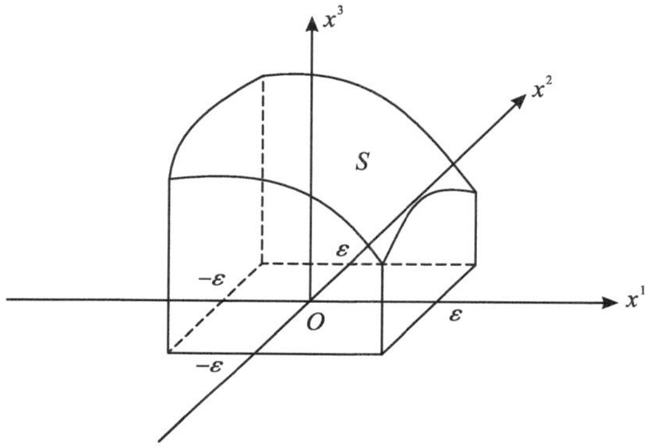

图 4.2

除此之外还有第三种我们已经接触过的刻画曲面的方法——等值面. 它的来源丰富，例如地形图上的等高线、物理学中场论中经常出现的等势面等. 从数学上看，它是空间中定义的一个标量函数的零点集合. 我们把这种想法严格化：

定义 4.3 （曲面作为等值面）. 设 $S\subset\mathscr{A}^3$，f 为 $\mathscr{A}^3$ 中区域 D 上定义的可微/C^k/光滑标量场（实值函数），并且满足

$$\forall A\in S,\quad f(A)=0.$$

如果在 S 上还有 $\mathrm{d}f\neq 0$，那么我们称 S 为可微/C^k/光滑曲面片，如图 4.3 所示.

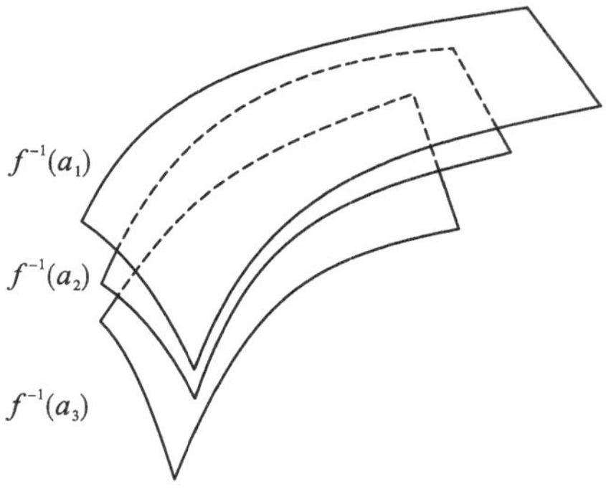

图 4.3

定义中要求在 S 上 $\mathrm{d}f\neq 0$，是为了避免诸如 $f\equiv 0$ 的零点集合是全空间，而 $f=|x^1|^2+|x^2|^2+|x^3|^2$ 的零点集合是一个点这类情况.

最后还有一种使用广义坐标系刻画曲面的方法：

定义 4.4　曲面片可以看成是 $\mathscr{A}^3$ 中的一个非空子集(记为 S)，它具有以下性质：$\forall A\in S$，$\exists U\ni A$，U 为 $\mathscr{A}^3$ 开区域，使得存在一个广义坐标系 $\{U,\varphi_U\}$

$$\varphi_U:U\mapsto V\subset\mathbb{R}^3,\quad \varphi_U(S\cap U)\subset\mathbb{R}^2\times\{0\}\cap V.$$

也就是说在局部，曲面可以用一个充分光滑的广义坐标"展平".

上述曲面的四种刻画看似都很合理，但是它们彼此之间是什么关系？下一节的主要内容就是帮助大家理解曲面的这四种描述方式. 我们将以参数式的观点作为出发点证明这些描述方式全部等价. 为此我们首先需要回顾微分拓扑的基础：隐函数定理.

本节练习

练习 1　考虑三维仿射空间 $\mathbb{R}^3$，带有标准笛卡儿坐标系 $\{O=(0,0,0)$，$\boldsymbol{e}_1=(1,0,0)$，$\boldsymbol{e}_2=(0,1,0)$，$\boldsymbol{e}_3=(0,0,1)\}$. 记其坐标变量为 $\{x^1,x^2,x^3\}$. 画出下列函数 F 的零点集表示的曲面的草图：

(1) $F=\sum\limits_{i=1}^{3}|x^i|^2-1$，

(2) $F=\sum\limits_{i=1}^{2}|x^i|^2-1$，

(3) $F=|x^3|^2-(|x^1|^2+|x^2|^2)-1$，

(4) $F=(|x^1|^2+|x^2|^2)-|x^3|^2-1$.

练习 2　设 $F:\mathbb{R}^3\mapsto\mathbb{R}$ 为一个实值光滑函数，并且在其零点集上梯度不为零. 设 $F(x_0)=0$，求在 x_0 点曲面 $\{F(x)=0\}$ 的切平面.

4.2　隐函数定理、仿射空间中的曲面

我们考虑 $\mathbb{R}^n$ 中开集之间的可微/光滑映射：

$$F:\mathbb{R}^m\supset U\mapsto V\subset\mathbb{R}^n.$$

若 $a\in U$，我们称线性映射 $\mathrm{D}_aF:\mathbb{R}^m\mapsto\mathbb{R}^n$ 为 F 在 a 点的**导映射**，若

$$\frac{\|F(a+h)-F(a)-\mathrm{D}_aF(h)\|_{\mathbb{R}^n}}{\|h\|_{\mathbb{R}^m}}\mapsto 0,\ \|h\|_{\mathbb{R}^m}\mapsto 0.$$

我们重点关注 D_aF 是满秩(秩为 $\min\{m,n\}$ 的情况)，并引入以下定义.

定义 4.5　设 F 为 $U\mapsto V$ 的可微映射. 若 $\forall a\in U$，D_aF 满秩.

(1)若 $m\leqslant n$,称 F 在 U 内是浸入(immersion);

(2)若 $m\geqslant n$,称 F 在 U 内是浸没(submersion).

在这样的术语约定之下,我们将叙述下列隐函数定理:

定理 4.1 设 F 是$\mathbb{R}^m$中的开集 U 到$\mathbb{R}^n$中的开集 V 的 C^1 映射,如图 4.4 所示.若 F 在 U 内是浸入,则对于任意 $a\in U$,存在 a 的邻域 W 以及 $F(a)$的邻域 W'以及微分同胚(可逆并且每个点的导映射可逆)

$$\varphi: W'\mapsto \varphi(W')\subset\mathbb{R}^n,$$

使得:

$$\varphi\circ F:\quad W\mapsto\varphi(W'),$$
$$(x^1,x^2,\cdots,x^m)\mapsto(x^1,x^2,\cdots,x^m,0,\cdots,0).$$

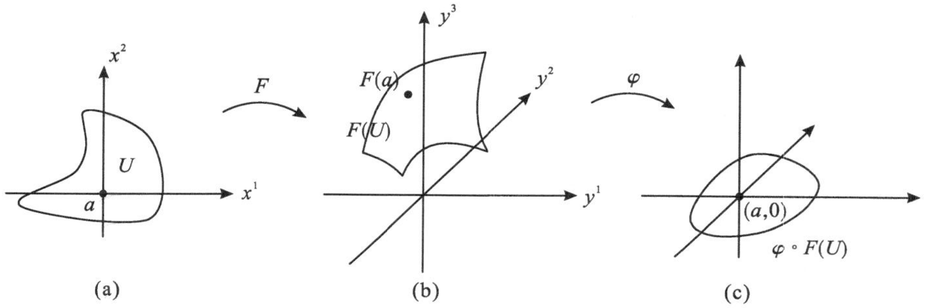

图 4.4

若 F 在 U 内是浸没(见图 4.5),则存在 $\psi^{-1}(W)\subset\mathbb{R}^m$到 W 的微分同胚 ψ 使得:

$$F\circ\psi:\quad \mathbb{R}^m\supset\psi^{-1}(W)\mapsto F(W),$$
$$(x^1,x^2,\cdots,x^m)\mapsto(x^1,x^2,\cdots,x^n).$$

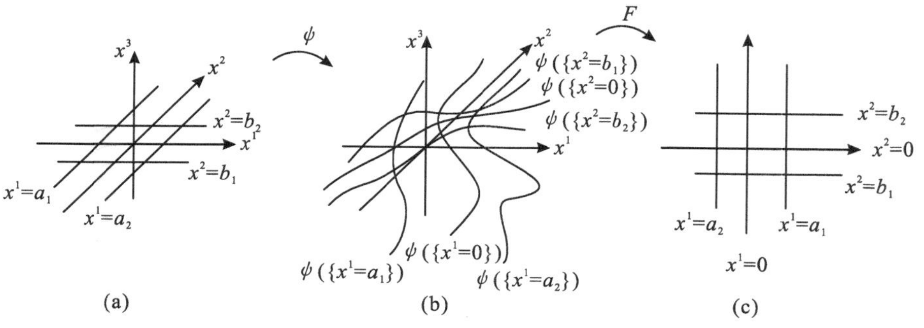

图 4.5

证明*:我们将 U 中的点的坐标记为$(x^i)_{i=1,\cdots,m}$,V 中的点的坐标写作$(y^i)_{i=1,\cdots,n}$.从而 F 可以写作

$$y^i = F^i(x^1, x^2, \cdots, x^m), \quad i=1,2,\cdots,n.$$

当 $m \leqslant n$ 时，由于 F 是浸入，所以 $\mathrm{D}_a F = \left(\dfrac{\partial y^i}{\partial x^j}\right)_{i,j}(a)$ 列满秩（该矩阵“瘦高”：行比列多）. 我们不妨假设该矩阵前 m 个行向量线性无关（如果不是这样，通过引入一个调整 y^i 的坐标顺序的线性映射可以达成）. 如此，方阵

$$\left(\frac{\partial F^i}{\partial x^j}\right)_{1 \leqslant i,j \leqslant m}(a)$$

可逆. 根据反函数定理，存在 $\varepsilon > 0$，使得对于 $|y^i - F^i(a)| < \varepsilon, i=1,2,\cdots,m$，有光滑函数 φ^i 使得

$$x^i = \varphi^i(y^1, \cdots, y^m) \tag{4.2}$$

满足

$$\varphi^i(F(x)) = \varphi^i(F^1(x), F^2(x), \cdots, F^m(x)) = x^i, \quad i=1,2,\cdots,m, \tag{4.3}$$

并且其雅可比矩阵满足

$$\left(\frac{\partial \varphi^i}{\partial y^j}\right)_{1 \leqslant i,j \leqslant m}(y^1, \cdots, y^m) = \left(\frac{\partial F^i}{\partial x^j}\right)^{-1}_{1 \leqslant i,j \leqslant m}(x), \quad x^i = \varphi^i(y^1, \cdots, y^m).$$

为方便起见，我们记 $\bar{y} = (y^1, \cdots, y^m)$（是 y 前 m 个坐标）. 于是在 $F(a)$ 的邻域

$$W' = \{y \in \mathbb{R}^n \parallel y^i - F^i(a)| < \varepsilon\}$$

上定义

$$\begin{aligned} &\varphi: W' \mapsto \mathbb{R}^n, \\ &(y^1, y^2, \cdots, y^n) \mapsto (\varphi^1(\bar{y}), \cdots, \varphi^m(\bar{y}), y^{m+1} - F^{m+1}(\varphi^1(\bar{y}), \cdots, \varphi^m(\bar{y})), \cdots, \\ &\qquad y^n - F^n(\varphi^1(\bar{y}), \cdots, \varphi^m(\bar{y}))) \end{aligned} \tag{4.4}$$

验证发现：

$$\begin{aligned} \varphi^i \circ F(x) &= x^i, & 1 \leqslant i \leqslant m, \\ \varphi^i \circ F(x) &= F^i(x) - F^i(\varphi^1(F(x)), \varphi^2(F(x)), \cdots, \varphi^m(F(x))) \\ &= F^i(x) - F^i(x) = 0, & 1+m \leqslant i \leqslant n \end{aligned}$$

最后，我们证明在 $F(a)$ 点附近上述定义的 φ 是微分同胚. 只需要验证在 $F(a)$ 点 φ 的雅可比矩阵是可逆的. 我们发现

$$\left(\frac{\partial \varphi^i}{\partial y^j}\right)_{1 \leqslant i,j \leqslant n} = \begin{bmatrix} \boldsymbol{A} & \boldsymbol{0} \\ \boldsymbol{B} & \boldsymbol{Id} \end{bmatrix}. \tag{4.5}$$

这是因为：根据 $\varphi^i, 1 \leqslant i \leqslant m$ 的定义(4.2)以及(4.3)

$$\boldsymbol{A} = \left(\frac{\partial \varphi^i}{\partial y^j}\right)_{1 \leqslant i,j \leqslant m} = \left(\frac{\partial F^i}{\partial x^j}\right)^{-1}_{1 \leqslant i,j \leqslant m}.$$

而当 $m+1 \leqslant j \leqslant n$ 时，根据定义 φ^i 只是 $\bar{y} = (y^1, \cdots, y^m)$ 的函数，同 $y^{m+1}, \cdots, y^n$

无关. 所以

$$\frac{\partial \varphi^i}{\partial y^j}=0, \quad j\geqslant m+1.$$

当 $m+1\leqslant i\leqslant n$ 时，根据 φ^i 的定义(4.4)

$$\frac{\partial \varphi^i}{\partial y^j}=\frac{\partial(y^i-F^i(\varphi^1,\cdots,\varphi^m))}{\partial y^j}=\delta^i_j-\frac{\partial F^i}{\partial x^k}\frac{\partial \varphi^k}{\partial y^j},$$

其中，当 $j\geqslant m+1$ 时，$\frac{\partial \varphi^k}{\partial y^i}=0$. 于是得到式(4.5). 所以得到 φ 在 $F(a)$ 点附近的雅可比矩阵可逆.

当 $m\geqslant n$ 时，F 是浸没. 从而 F 在 a 的雅可比矩阵 $\left(\frac{\partial F^i}{\partial x^j}\right)_{i,j}$ 是行满秩(矩阵是"矮胖"形). 不妨设其前 n 列线性无关，也就是方阵

$$\left(\frac{\partial F^i}{\partial x^j}\right)_{1\leqslant i,j\leqslant n}$$

可逆. 为方便起见，记

$$\hat{x}=(x^1,x^2,\cdots,x^n), \quad \bar{x}=(x^{n+1},\cdots,x^m)$$

根据隐函数定理我们知道存在 $(\bar{a},F(a))$ 的邻域

$$W=\{(\bar{x},y)\,|\,|y^i-F^i(a)|<\varepsilon,|x^{n+i}-a^{n+j}|<\varepsilon,$$
$$i=1,2,\cdots,n, \quad j=1,2,\cdots,m-n\}$$

及其上面定义的光滑映射：

$$\phi:W\mapsto\phi(W),$$

使得

$$F(\phi(\bar{x},y),\bar{x})=F(\phi^1(\bar{x},y),\cdots,\phi^n(\bar{x},y),x^{n+1},\cdots,x^m)=y.$$

也就是可以通过方程组

$$F^i(\hat{x},\bar{x})=y^i, \quad i=1,2,\cdots,n$$

把 $\hat{x}=(x^1,x^2,\cdots,x^n)$ 解出来，可以被写成 y 和 $\bar{x}=(x^{n+1},\cdots,x^m)$ 的函数 $x^i(\bar{x},y)=\phi^i(\bar{x},y)$，$i=1,2,\cdots,n$，并且

$$\left(\frac{\partial \phi^i}{\partial y^j}\right)_{1\leqslant i,j\leqslant n}=\left(\frac{\partial F^i}{\partial x^j}\right)^{-1}_{1\leqslant i,j\leqslant n} \tag{4.6}$$

于是我们在 W 上定义映射：

$$\psi:(\bar{x},\hat{x})\mapsto(\phi(\bar{x},\hat{x}),\bar{x}),$$

这里 $\psi(W)\ni(F(a),\bar{a})=a$，并且直接验证：

$$F\circ\psi(\hat{x},\bar{x})=F(\phi(\bar{x},\hat{x}),\bar{x})=\hat{x}=(x^1,\cdots,x^n).$$

最后我们需要说明如此定义的 ψ 是局部微分同胚. 这只需要证明在 $(\bar{a},$

$F(a)$)的充分小的邻域上它的雅可比矩阵可逆就可以了. 为此直接计算：

$$\frac{\partial\psi^i}{\partial x^j}=\begin{cases}\dfrac{\partial\phi^i}{\partial x^j}, i=1,\cdots,n,\\ \delta^i_j, i=n+1,\cdots,n.\end{cases}$$

结合式(4.6)，

$$\left(\frac{\partial\psi^i}{\partial x^j}\right)_{1\leqslant i,j\leqslant m}=\begin{pmatrix}\boldsymbol{A} & \boldsymbol{B}\\ \boldsymbol{0} & \boldsymbol{Id}\end{pmatrix},$$

这里 $\boldsymbol{A}=\left(\dfrac{\partial F^i}{\partial x^j}\right)^{-1}_{1\leqslant i,j\leqslant n}$ 是个可逆矩阵. 于是得证. □

随后我们引入曲面的定义. 为此我们引入局部参数化的概念.

定义 4.6 （曲面的局部参数化定义）(见图 4.6).

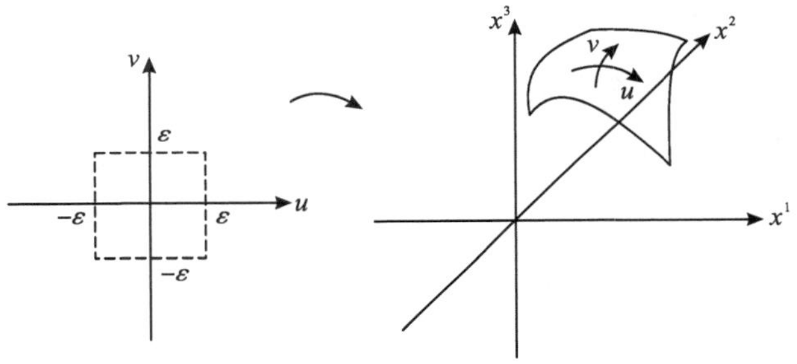

图 4.6

设 $S\subset\mathscr{A}^3$ 为一个非空集合，带有从 $\mathscr{A}^3$ 上继承的子拓扑. 设 $\{O,\boldsymbol{e}_1,\boldsymbol{e}_2,\boldsymbol{e}_3\}$ 为一个 仿射坐标系,其坐标映射记为 $\varphi_{\mathcal{A}}$，坐标自变量记为 $\{x^1,x^2,x^3\}$. 如果 $\forall A\in S$,都存在一个 A 在 $\mathscr{A}^3$ 中的开邻域 U 以及一个映射 φ,使得

$$\varphi:(-\varepsilon,\varepsilon)\times(-\varepsilon,\varepsilon)\mapsto U\cap S$$

满足：

(1) φ 是 $(-\varepsilon,\varepsilon)\times(-\varepsilon,\varepsilon)$ 到 $U\cap S$ 的双射；

(2)映射

$$\varphi_{\mathcal{A}}\circ\varphi:(-\varepsilon,\varepsilon)\times(-\varepsilon,\varepsilon)\mapsto\varphi_{\mathcal{A}}(U),$$
$$(u,v)\mapsto(x^1(u,v),x^2(u,v),x^3(u,v))$$

为光滑映射；

(3)记 $x^i(u,v)=[\varphi_{\mathcal{A}}\circ\varphi(u,v)]^i$. 则向量

$$(\partial_u x^1,\partial_u x^2,\partial_u x^3),\quad(\partial_v x^1,\partial_v x^2,\partial_v x^3)$$

在 $(-\varepsilon,\varepsilon)\times(-\varepsilon,\varepsilon)$ 逐点线性无关.

那么 φ 称为 S 在 A 点附近的一个局部光滑参数化. 如果 S 在任何一点都至少

具有一个局部光滑参数化，我们称 S 为一个光滑曲面.

这里依然有合理性问题，也就是说如果在某个仿射坐标系中观察 φ 是一个局部光滑参数化，那么换一个仿射坐标系它还是不是局部光滑参数化，我们把这个问题留给读者（本节习题 1）.

在定义了局部光滑参数化之后，一个自然的问题是：如果一个点附近有两个局部光滑参数化，那它们之间由什么关系？下面的定理回答这个问题.

定理 4.2*　设 S 为 $\mathscr{A}^3$ 中的非空子集. $A\in S$. 设 U,V 为 A 在 $\mathscr{A}^3$ 中的两个邻域，φ_U,φ_V 为两个以其为像集的局部光滑参数化. 那么映射

$$\varphi_U^{-1}\circ\varphi_V,\quad \varphi_V^{-1}\circ\varphi_U$$

都是 $(-\varepsilon,\varepsilon)\times(-\varepsilon,\varepsilon)$ 到自身的光滑映射.

证明：我们只检验 $\varphi_U^{-1}\circ\varphi_V$. 并且只需要检验 $\varphi_U^{-1}\circ\varphi_V$ 在 $(-\varepsilon,\varepsilon)\times(-\varepsilon,\varepsilon)$ 某个点附近的光滑性.

设 $\{O,\boldsymbol{e}_1,\boldsymbol{e}_2,\boldsymbol{e}_3\}$ 为一个仿射坐标系，其坐标映射记为 $\varphi_{\mathcal{A}}$，坐标自变量记为 $\{x^1,x^2,x^3\}$. 将参数化 φ_U 的参数记为 (u,v). 记 $x^i(u,v)=[\varphi_{\mathcal{A}}\circ\varphi_U(u,v)]^i$. 由于矩阵

$$\begin{pmatrix}\partial_u x^1 & \partial_u x^2 & \partial_u x^3\\ \partial_v x^1 & \partial_v x^2 & \partial_v x^3\end{pmatrix}$$

在 $(-\varepsilon,\varepsilon)\times(-\varepsilon,\varepsilon)$ 上逐点行满秩，于是对于任意 $p\in(-\varepsilon,\varepsilon)\times(-\varepsilon,\varepsilon)$，记 $q=\varphi_U^{-1}\circ\varphi_V(p)$. 存在两个列向量在 q 点线性无关. 不妨设前两列线性无关，也就是

$$\begin{pmatrix}\partial_u x^1 & \partial_u x^2\\ \partial_v x^1 & \partial_v x^2\end{pmatrix}(q)$$

可逆. 该矩阵是映射

$$Pr_2\circ\varphi_{\mathcal{A}}\circ\varphi_U$$

的雅克比矩阵，这里

$$Pr_2:(x^1,x^2,x^3)\mapsto(x^1,x^2)$$

是仿射坐标向前两个分量的投影. 由逆映射定理 B.1，存在 q 的邻域 W 以及 $(x^1(q),x^2(q))$ 的邻域 $W_{\mathcal{A}}$，以及光滑映射 $\psi:W_{\mathcal{A}}\mapsto W$，使得

$$Pr_2\circ\varphi_{\mathcal{A}}\circ\varphi_U\circ\psi(x^1,x^2)=(x^1,x^2),$$

$$\psi\circ Pr_2\circ\varphi_{\mathcal{A}}\circ\varphi_U(u,v)=(u,v).$$

注意到 $\varphi_U(q)=\varphi_V(p)$，以及 $\varphi_{\mathcal{A}}\circ\varphi_U(q)=(x^1(q),x^2(q),x^3(q))\in W_{\mathcal{A}}\times\mathbb{R}$. 同时 $\varphi_U(q)\in S\cap U$，于是

$$U' := \varphi_{\mathscr{A}}^{-1}(W_{\mathscr{A}} \times \mathbb{R}) \cap U.$$

是 $\mathscr{A}^3$ 之中 $\varphi_U(q) = \varphi_V(p)$ 的开邻域. 记 $W' = \varphi_V^{-1}(U' \cap S)$. 因为 φ_V 为连续映射,从而 W' 是 $(-\varepsilon,\varepsilon)\times(-\varepsilon,\varepsilon)$ 之中 p 的开邻域.

定义映射

$$\psi \circ Pr_2 \circ (\varphi_{\mathscr{A}} \circ \varphi_V): W' \mapsto W.$$

上述映射是光滑映射的复合,故而是光滑映射.

最后我们说明在 W' 上,$\varphi_U^{-1} \circ \varphi_V = \psi \circ Pr_2 \circ (\varphi_{\mathscr{A}} \circ \varphi_V)$. 这是因为

$$\psi \circ Pr_2 \circ \varphi_{\mathscr{A}} \circ \varphi_V = \psi \circ (Pr_2 \circ \varphi_{\mathscr{A}} \circ \varphi_U) \circ (\varphi_U^{-1} \circ \varphi_V) = \varphi_U^{-1} \circ \varphi_V. \quad \square$$

以定义 4.7 为起点,我们将证明本章第 1 节中提及的曲面的四个定义的等价性:

命题 4.1　设 $\{O, \boldsymbol{e}_i\}$ 为 $\mathscr{A}^3$ 上的仿射坐标系,自变量记为 $(x^i)_{i=1,2,3}$,坐标映射记为 $\varphi_{\mathscr{A}}: \mathscr{A}^3 \mapsto \mathbb{R}^3$. 则 $S \subset \mathscr{A}^3$ 是一个光滑曲面等价于:

(1) $\forall A \in U$, $\exists A$ 的开邻域 U 和广义坐标系 $\{U, \varphi_U\}$ 使得 $\varphi_U(S \cap U) = \varphi_U(U) \cap \{y^3 = 0\}$.

(2) $\forall A \in S$, $\exists A$ 的开邻域 U,光滑函数 $F: U \mapsto \mathbb{R}$ 使得 $S \cap U = \{F = 0\} \cap U$,且在 U 上 $dF \neq 0$.

(3) $\forall A \in S$, $\exists A$ 的开邻域 U,光滑函数 $f: \varphi_{\mathscr{A}}(U) \mapsto \mathbb{R}$ 以及 $i \in \{1,2,3\}$(不妨设 $i=3$),使得 $S \cap U$ 上点的仿射坐标可以写成 $(x^1, x^2, f(x^1, x^2))$.

证明:定义⇒(1). 因为在任何一个点 $A \in S$ 的某个开邻域 V 内,存在局部光滑参数化 φ 使得

$$x^i = \varphi_{\mathscr{A}}^i \circ \varphi(u, v).$$

为光滑函数,并且

$$(\partial_u x^1, \partial_u x^2, \partial_u x^3), \quad (\partial_v x^1, \partial_v x^2, \partial_v x^3)$$

逐点线性无关. 设 $A = \varphi(u_0, v_0)$, $x_0 = (x_0^1, x_0^2, x_0^3) = \varphi_{\mathscr{A}}(A)$. 则映射 $F := \varphi_{\mathscr{A}} \circ \varphi$ 是定义在 $(-\varepsilon,\varepsilon)\times(-\varepsilon,\varepsilon)$ 上的浸入. 根据隐函数存在定理 4.1 的浸入情况,存在 (u_0, v_0) 的邻域 W 以及 $x_0 = F(u_0, v_0)$ 的邻域 W',以及一个定义在 W' 上的微分同胚

$$\psi: W' \mapsto \psi(W') \subset \mathbb{R}^3$$

使得 $F(W) \subset W'$,以及 $\forall (u, v) \in W$,

$$\psi \circ F: (u, v) \mapsto (u, v, 0) \in \psi(W') \cap \{y^3 = 0\}.$$

记 $U' := W \times (-\delta, \delta) \cap \psi(W')$. 注意到 W 是 $\mathbb{R}^2$ 中的开集,故而 U' 是 $F(u_0, v_0)$ 在 $\mathbb{R}^3$ 中的开邻域. 于是 $U := \varphi_{\mathscr{A}}^{-1}(U')$ 是 A 的开邻域. 在 U 上定义映射

$$\varphi_U := \psi \circ \varphi_A.$$

首先验证，$\varphi_U(U \cap S) = \varphi_U(U) \cap \{y^3 = 0\}$. 这是因为当 $P \in U \cap S$ 时，存在$(u, v) \in W$，使得 $P = \varphi(u, v)$. 于是

$$\varphi_U(P) = \psi \circ \varphi_A \circ \varphi(u, v) = (u, v, 0) \in \varphi_U(U) \cap \{y^3 = 0\}.$$

于是 $\varphi_U(U \cap S) \subset \varphi_U(U) \cap \{y^3 = 0\}$.

反之，如果 $P \in U$ 满足 $\varphi_U(P) = (y^1, y^2, 0) \in \varphi_U(U)$，则$(y^1, y^2) \in W \subset (-\varepsilon, \varepsilon) \times (-\varepsilon, \varepsilon)$. 令 $Q = \varphi(y^1, y^2) \in V \cap S$，则

$$\psi \circ \varphi_A(Q) = (y^1, y^2, 0) = \varphi_U(P) = \psi \circ \varphi_A(P).$$

注意到 $\psi \circ \varphi_A$是单射，于是 $P = Q \in S$，从而 $P \in U \cap S$. 于是 $\varphi_U(U) \cap \{y^3 = 0\} \subset \varphi_U(U \cap S)$. 故而

$$\varphi_U(U) \cap \{y^3 = 0\} = \varphi_U(U \cap S).$$

最后需要说明 φ_U是一个广义坐标系. 为此只用说明映射 $\varphi_U \circ \varphi_A^{-1}$是满秩光滑映射即可. 这只需注意到 $\psi = \varphi_U \circ \varphi_A^{-1}$，而 ψ 为$\mathbb{R}^3$开集之间的微分同胚即可.

(1)⇒(2). 设 $A \in S$ 点附近的开邻域 U 上定义了广义坐标系$\{U, \varphi_U\}$，使得 $\varphi_U(S \cap U) = \varphi_U(U) \cap \{y^3 = 0\}$. 定义函数

$$f: \varphi_U(U) \mapsto \mathbb{R}, \quad (y^1, y^2, y^3) \mapsto y^3.$$

f 显然是光滑函数. 令

$$F: U \mapsto \mathbb{R}, \quad P \mapsto f \circ \varphi_U.$$

则 f 为 F 在广义坐标系$\{U, \varphi_U\}$下的读取. 从而 F 为 U 上定义的光滑函数. 注意到

$$dF = dy^3 \neq 0.$$

最后，注意到当 $P \in S \cap U$ 时，$F(P) = f \circ \varphi_U(P) = 0$. 反之，如果 $P \in U$，$F(P) = 0$，说明 $\varphi_U(P) = (y^1(P), y^2(P), 0) \in \varphi_U(U) \cap \{y^3 = 0\}$，故而 $P \in S \cap U$(注意 φ_U 是单射). 于是

$$\{F = 0\} \cap U = S \cap U.$$

(2)⇒(3). 设 $\forall A \in S$，存在 U'为 A 的邻域以及定义在 U'上的光滑函数 F，满足 dF 在 U'内不为零，且$\{F = 0\} \cap U' = S \cap U'$. 记 $g = F \circ \varphi_A^{-1}$. 因为

$$dF = \partial_a g dx^a \neq 0,$$

不妨设在 $x_0 = \varphi_A(A)$点，$\partial_3 g \neq 0$. 注意到 $g(x_0) = F(A) = 0$. 应用隐函数定理 B.2，存在光滑函数

$$f: \{|x^i - x_0^i| < \delta, i = 1, 2\} \times (-\delta, \delta) \mapsto \{|x^3 - x_0^3| < \delta\},$$

使得对于任意$(x^1,x^2,y)\in\{|x^i-x_0^i|<\delta,i=1,2\}\times(-\delta,\delta)$,

$$g(x^1,x^2,f(x^1,x^2,y))=y.$$

取 $y=0$,得到对于任意$(x^1,x^2)\in\{|x^i-x_0^i|<\delta,i=1,2\}$,

$$F\circ\varphi_A^{-1}(x^1,x^2,f(x^1,x^2,0))=g(x^1,x^2,f(x^1,x^2,0))=0.$$

注意到当$(x^1,x^2)\in\{|x^i-x_0^i|<\delta,i=1,2\}$时,$(x^1,x^2,f(x^1,x^2,0))\in\{|x^i-x_0^i|<\delta,i=1,2,3\}$. 于是令 $U:=\varphi_A^{-1}(\{|x^i-x_0^i|<\delta,i=1,2,3\})$. 则

$$\varphi_A^{-1}(\{(x^1,x^2,f(x^1,x^2,0))\,|\,|x^i-x_0^i|<\delta,i=1,2\})\subset\{F=0\}\cap U.$$

反之,如果 $P\in\{F=0\}\cap U$,则

$$0=F(P)=g\circ\varphi_A(P).$$

记 $\varphi_A(P)=(x_P^1,x_P^2,x_P^3)$. 则$(x_P^1,x_P^2)\in\{|x^i-x_0^i|<\delta,i=1,2\}$. 于是

$$g(x_P^1,x_P^2,f(x_P^1,x_P^2,0))=0.$$

记 $y_P^3=f(x_P^1,x_P^2,0)$. 如果有 $x_P^3=y_P^3$,那么 $\varphi_A(P)\in\{(x^1,x^2,f(x^1,x^2,0))\,|\,|x^i-x_0^i|<\delta,i=1,2\}$,从而在

$$\{F=0\}\cap U\subset\varphi_A^{-1}(\{(x^1,x^2,f(x^1,x^2,0))\,|\,|x^i-x_0^i|<\delta,i=1,2\}).$$

之中. 为此,我们注意到当 δ 充分小时,在$\{|x^i-x_0^i|<\delta,i=1,2,3\}$内总有$\partial_3 g\neq0$. 于是函数

$$h_{x_P^1,x_P^2}(y):=g(x_P^1,x_P^2,y)$$

单调,从而是单射. 又因为

$$g(x_P^1,x_P^2,x_P^3)=g(x_P^1,x_P^2,f(x_P^1,x_P^2,0))=0,$$

于是

$$x_P^3=f(x_P^1,x_P^2,0).$$

(3)⇒定义. 设 $A\in S$,U 为 A 的邻域,使得

$$\varphi_A(U\cap S)=\{(x^1,x^2,f(x^1,x^2))\,|\,(x^1,x^2\in W)\},$$

其中 W 为$\mathbb{R}^2$中开集,f 为光滑函数. 定义参数化

$$\varphi:W\mapsto U\cap S,\quad (u,v)\mapsto\varphi_A^{-1}((u,v,f(u,v)).$$

这显然是光滑映射. 同时注意到

$$\partial_u\varphi=(1,0,\partial_u f),\quad \partial_v\varphi=(0,1,\partial_v f)$$

逐点线性无关,即证.

本节练习

练习 1　证明:如果 $\mathscr{A}^3$ 中的子集 S 在某个仿射坐标系中满足成为光滑曲面的条件(定义 4.6),那么它在任何一个仿射坐标系中都满足该条件. 从而一

个子集是否是一个光滑曲面与在哪个仿射坐标系中观察无关.

练习 2 在本练习中我们简要介绍曲面上的标量场(或者函数). 设 $S\subset\mathscr{A}^3$ 是三维仿射空间中的曲面,设

$$f:S\mapsto\mathbb{R}$$

是曲面上点到实数的映射,称 f 为定义在 S 上的一个标量场或者函数. 设 $A\in S$,$\{U,\varphi_U\}$ 为 A 附近的局部参数化:

$$\varphi_U:(-\varepsilon,\varepsilon)\times(-\varepsilon,\varepsilon)\mapsto U\cap S.$$

如果

$$f\circ\varphi_U:(-\varepsilon,\varepsilon)\times(-\varepsilon,\varepsilon)\mapsto\mathbb{R}$$

为连续/可微/光滑函数(看成二元实函数),那么 f 被称为定义在 S 上的在 A 附近连续/可微/光滑标量场或者连续/可微/光滑函数. 证明:上述 f 的连续性/可微性/光滑性不依赖于具体的局部参数化的选择.

如果 f 在 S 的每个点附近都连续/可微/光滑,称 f 在 S 上连续/光滑/可微.

4.3 曲面的切空间、曲面上的切向量场

在曲面定义的基础之上,我们来着手刻画曲面的切平面. 切平面可以看作是曲面在给定点的切向量构成的集合. 为此我们需要定义什么是曲面在给定点的切向量.

定义 4.7 设 S 为 $\mathscr{A}^3$ 中的光滑曲面,$A\in S$. 设

$$\varphi:(-\varepsilon,\varepsilon)\times(-\varepsilon,\varepsilon)\mapsto S,\quad (u,v)\mapsto\varphi(u,v)$$

为 A 附近的某局部参数化. 设 $f\in\mathcal{F}_A$ 为 A 点附近定义的光滑函数. 定义

$$\partial_u(A)f:=\left.\frac{\partial(f\circ\varphi)}{\partial u}\right|_{\varphi^{-1}(A)},$$

称 $\boldsymbol{\partial}_u(A)$ 为曲面 S 在 A 点的一个**切向量**,如图 4.7 所示.

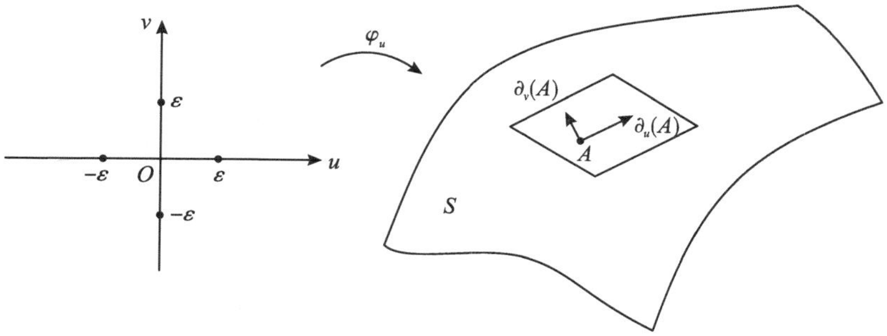

图 4.7

可以证明(本节练习 1):定义的映射 $\partial_u(A):\mathcal{F}_A\mapsto\mathbb{R}$ 是一个**导算子**,从而 $\partial_u(A)\in T_A$. T_A 中所有可以被看成是如上定义的"某个局部参数化下对第一个参数求导"的算子构成的集合(其中再添加零算子,也就是作用在所有函数上都是零的导算子),称为曲面 S 在 A 点的**切空间**,记为 $T_A(S)$.

紧接着的一个问题是:如上定义的 $T_A(S)$ 是一个 T_A 的子空间么?下面的定理回答这个问题.

定理 4.3　设 $S\subset\mathscr{A}^3$ 为一个曲面,$A\in S$. 设

$$\varphi:(-\varepsilon,\varepsilon)\times(-\varepsilon,\varepsilon)\mapsto\mathscr{A}^3,$$
$$(u,v)\mapsto\varphi(u,v)$$

则 $T_A(S)=\mathrm{Span}\{\partial_u,\partial_v\}$.

也就是,任何一个局部参数化给出的切向量,都可以线性组合出所有的切向量.

证明:为了方便起见,记 $A=\varphi(u_A,v_A)$.

为了证明两边相等只需证明两边相互包含. 注意两个集合都显然含有 0,所以在下面的证明中我们只验证非零元素的相互包含. 先证明左边包含于右边. 也就是如果 $\boldsymbol{v}\in T_A,\boldsymbol{v}\neq0$,使得存在某个 A 的局部参数

$$\psi:(-\varepsilon,\varepsilon)\times(-\varepsilon,\varepsilon)\mapsto\mathscr{A}^3,$$
$$(s,t)\mapsto\psi(s,t)$$

并且 $\boldsymbol{v}=\partial_s(A)$,我们将把 $\boldsymbol{v}$ 写成 ∂_u,∂_v 的线性组合的形式. 为了方便起见,同样记 $\psi(s_A,t_A)=A$. 设 $f\in\mathcal{F}_A$,注意在开集

$$A\in\psi((-\varepsilon,\varepsilon)\times(-\varepsilon,\varepsilon))\cap\varphi((-\varepsilon,\varepsilon)\times(-\varepsilon,\varepsilon))$$

上,有关系

$$f\circ\psi=(f\circ\varphi)\circ(\varphi^{-1}\circ\psi).$$

根据链导法则

$$\left.\frac{\partial(f\circ\psi)}{\partial s}\right|_{(s_A,t_A)}=\left.\frac{\partial(f\circ\varphi)}{\partial u}\right|_{u_A,v_A}\left.\frac{\partial u}{\partial s}\right|_{(s_A,t_A)}+\left.\frac{\partial(f\circ\varphi)}{\partial v}\right|_{(u_A,v_A)}\left.\frac{\partial v}{\partial s}\right|_{(s_A,t_A)},$$

也就是:

$$\partial_v f=\partial_s(A)(f)=\frac{\partial u}{\partial s}(s_A,t_A)\partial_u(A)(f)+\frac{\partial v}{\partial s}(s_A,t_A)\partial_v(A)(f),\ \forall f\in\mathcal{F}_A.$$

所以

$$\boldsymbol{v}=\frac{\partial u}{\partial s}(s_A,f_A)\partial_u(A)+\frac{\partial v}{\partial s}(s_A,f_A)\partial_v(A)\in\mathrm{Span}\{\partial_u,\partial_v\}.\qquad(4.7)$$

反过来,如果给出 $\boldsymbol{v}\in\mathrm{Span}\{\partial_u,\partial_v\}$,设 $\boldsymbol{v}=\alpha\partial_u+\beta\partial_v\neq0$,从而 α、β 不全为

零. 我们将构造一个新的 A 的局部参数化 $\tilde{\psi}:(-\varepsilon,\varepsilon)\times(-\varepsilon,\varepsilon)\mapsto \mathscr{A}^3$，参数记为 (s,t)，使得 $\partial_s=\alpha\partial_u+\beta\partial_v$. 实际上只需要定义

$$u=\alpha s+\beta t,\quad v=\beta s-\alpha t$$

这是一个可逆的线性映射(请计算其行列式验证). 记 $\psi:\mathbb{R}^2\mapsto\mathbb{R}^2:(s,t)\mapsto(u,v)$，使得上式成立. 由此得到的新的参数化：

$$(s,t)\overset{\psi}{\longmapsto}(u,v)\overset{\varphi}{\longmapsto}y(u,v)$$

就满足

$$\partial_s=\alpha\partial_u+\beta\partial_v$$

这是因为，$\forall f\in\mathcal{F}_A$

$$\begin{aligned}\partial_s f&=\frac{\partial(f\circ\varphi\circ\psi)}{\partial s}=\frac{\partial(f\circ\varphi)}{\partial u}\frac{\partial u}{\partial s}+\frac{\partial(f\circ\varphi)}{\partial v}\frac{\partial v}{\partial s}\\&=\alpha\partial_u f+\beta\partial_v f.\end{aligned}$$

□

注意到 $\{\partial_u,\partial_v\}$ 是线性无关组，所以它可以作为 $T_A(S)$ 的基. 同样地，在参数域 $\varphi((-\varepsilon,\varepsilon)\times(-\varepsilon,\varepsilon))$ 上每个点，都可以类似定义 ∂u 和 ∂v：

$$\partial_u f=\partial_u(B)f=\left.\frac{\partial(f\circ\varphi)}{\partial u}\right|_{\varphi^{-1}(B)},\ \forall f\in\mathcal{F}_B.$$

于是在参数域 $\varphi((-\varepsilon,\varepsilon)\times(-\varepsilon,\varepsilon))$ 的每个点上，我们都通过局部参数化 φ 指定了该点上切空间的一组基. 这样指定的切空间的基称为 S 在参数化 φ 下的**局部参数标架**.

紧接着的问题是如果在一个点 A 附近有两个局部参数化，那么它们各自对应的局部参数标架之间存在怎样的变换关系. 其实这个变换关系已经由式(4.7)给出. 我们将其重新表述如下.

命题 4.2 设 $A\in S$ 为曲面 S 上的一个点，设 φ 和 ψ 为 A 点附近的两个局部参数化：

$$A\in\varphi((-\varepsilon,\varepsilon)\times(-\varepsilon,\varepsilon))\cap\psi((-\varepsilon,\varepsilon)\times(-\varepsilon,\varepsilon)).$$

记 φ 的参数为 u、v，ψ 的参数为 s、t. 则

$$\partial_s=\frac{\partial u}{\partial s}\partial_u+\frac{\partial v}{\partial s}\partial_v,$$

$$\partial_t=\frac{\partial u}{\partial t}\partial_u+\frac{\partial v}{\partial t}\partial_v.$$

最后我们定义曲面上的切向量场. 所谓曲面上的切向量场是指在曲面上的每个点指定一个切向量. 我们说一个切向量场在某个点是连续/光滑/可微的，如果在某个局部参数标架/仿射标架中的分量是连续/可微/光滑的. 然后

我们建立下面的定理用来判断切向量场的正则性.

定理 4.4　设 $\boldsymbol{X}$ 为定义在曲面片 S 上的向量场,则 $\boldsymbol{X}$ 连续/可微/光滑等价于 $\forall f$ 定义在 S 上的光滑函数,函数 $\boldsymbol{X}(f)$ 在 S 上连续/可微/光滑.

证明:(⇒)设 $\boldsymbol{X}$ 为 S 上一个向量场,$A\in S$,$\{U,\varphi_U\}$ 为 A 附近 S 的局部参数化,记其参数为 $\{y^1,y^2\}$,局部参数标架为 $\{\partial_1,\partial_2\}$. 记 $\boldsymbol{X}=X^a\partial_a$. 设 f 为定义在 S 上的光滑函数. 那么在 A 点附近

$$\boldsymbol{X}(f)=X^a\partial_a(f\circ\varphi_U).$$

注意:$f\circ\varphi_U$ 是二元实值光滑函数,从而 $\partial_a(f\circ\varphi_U)$ 也是. 所以 $\boldsymbol{X}$ 连续/可微/光滑 ⇒ X^a 连续/可微/光滑 ⇒ $\boldsymbol{X}(f)$ 连续/可微/光滑. 注意这个 A 点是 S 上任意一个点,从而 $\boldsymbol{X}(f)$ 在 S 上连续/可微/光滑.

(⇐)依然取 S 上任意一个点 A 及其附近的局部参数化 $\{U,\varphi_U\}$. 考虑在 A 附近定义的函数

$$p_A^a:=Pr_a(\varphi_U^{-1}(B)),$$

其中,Pr_a 为向量的第 a 个分量。上式即给一个点 B,取其第 a 个参数值. 根据定义这是个在 A 点附近有定义的光滑函数. 唯一不令人满意之处在于这个函数的定义域只在 U 上,所以它并不一定是 S 上的光滑函数. 然而我们可以通过乘以截断函数的方法将其延拓到整个 S 曲面上①. 那么注意到

$$\boldsymbol{X}=X^a\partial_a,\quad X^a=\boldsymbol{X}(p_A^a).$$

于是 $\boldsymbol{X}(p_A^a)$ 连续/可微/光滑 ⇒ $\boldsymbol{X}$ 在 A 点连续/可微/光滑. □

本节练习

练习 1　证明定义 4.7 中定义的 ∂_u 的确是 A 点的导算子.

练习 2　考虑球面上的参数化:

$$x^1=\sin\theta\cos\varphi,\quad x^2=\sin\theta\sin\varphi,\quad x^3=\cos\theta.$$

写出这个参数化的局部参数标架场(表示在 $\mathbb{R}^3$ 中的标准正交基 $\boldsymbol{e}_1=(1,0,0)$,$\boldsymbol{e}_2=(0,1,0)$,$\boldsymbol{e}_3=(0,0,1)$ 下).

练习 3　考虑 $\mathbb{R}^3$ 中被表示成函数图像一部分的曲面 $S=\{(x^1,x^2,f(x^1,x^2)),-\varepsilon<x^1,x^2<\varepsilon\}$. 求 S 上任一点的切空间(表示在 $\mathbb{R}^3$ 中的标准正交基 $\boldsymbol{e}_1=(1,0,0)$,$\boldsymbol{e}_2=(0,1,0)$,$\boldsymbol{e}_3=(0,0,1)$ 下).

练习 4　设 S 为 $\mathscr{A}^3$ 中的光滑曲面,$\gamma:(-\varepsilon,\varepsilon)\mapsto S\subset\mathscr{A}^3$ 为曲面 S 上的一段

①如果读者不熟悉单位分解相关的知识,可以先默认这一点.

光滑正则曲线，$A=\gamma(0)$. 证明：$\dot{\gamma}(0)\in T_A(S)$.

4.4 曲面的余切空间、微分形式

回顾曲面在某点的切空间是该点的向量空间的子空间. 我们希望对向量空间的对偶空间——余向量空间做相同的事情，也就是给定曲面上的一个点，寻找该点余向量空间的子空间. 它应该是二维的，并且由曲面在该点附近的性质唯一确定，而且最好找个子空间还能以某种自然的方式看成是曲面切空间的对偶空间.

回顾余向量空间是函数等价类的集合. 于是我们仿照余向量空间构造下面的余切空间.

定义 4.8 设 $S\subset\mathscr{A}^3$ 为三维仿射空间中的曲面，$A\in S$. 定义在 A 附近的曲面上的光滑函数的集合记为 $\mathcal{F}_A(S)$.

回顾 4.2 小节的练习 2，上述的"光滑"可以如下刻画：一个 $S\cap U$ 上的函数 f 称为在 $A\in S\cap U$ 光滑，如果对于 A 附近的一个局部参数化 $\{V,\varphi\}$，参数记为 (u,v)，$f\circ\varphi(u,v)$ 在 (u_0,v_0) 光滑，这里 $A=\varphi(u_0,v_0)$.

注意：$\mathcal{F}_A(S)$ 和 $\mathcal{F}_A$（在仿射空间中定义在 A 点附近的光滑函数集合）是不同的集合. 但若 $f\in\mathcal{F}_A$，可以通过考虑 f 在 S 上的限制来把 f 看成是 $\mathcal{F}_A(S)$ 中的函数. 所以我们可以写 $\mathcal{F}_A\subset\mathcal{F}_A(S)$.

我们首先要证明 S 在 A 点的切空间 $T_A(S)$ 上的向量可以如方向导数那样作用在 $\mathcal{F}_A(S)$ 上，然后仿照空间中余向量的定义，我们定义 $\mathcal{F}_A(S)$ 上的等价关系 $\sim$，然后考虑 $\mathcal{F}_A(S)/\sim$ 作为 S 在 A 点的余切空间，并定义曲面上函数微分的概念. 为此，首先定义 $T_A(S)$ 上向量在 $\mathcal{F}_A(S)$ 的作用.

定义 4.9 设 $S\subset\mathscr{A}^3$ 为一光滑曲面，在 A 的邻域 U 上有局部参数化

$$\varphi:(-\varepsilon,\varepsilon)\times(-\varepsilon,\varepsilon)\mapsto S\cap U,$$

参数记为 u、v，并且设 $A=\varphi(u_0,v_0)$. 设 $\boldsymbol{X}$ 为定义在 A 的一个向量，并且是 S 在 A 的切向量. 设 $\boldsymbol{X}=X^u\partial_u+X^v\partial_v$（注意 X^u、X^v 都是实数），$f\in\mathcal{F}_A(S)$，则定义 $\boldsymbol{X}$ 在 $\mathcal{F}_A(S)$ 的作用为

$$D_{\boldsymbol{X}}f:=X^u\frac{\partial(f\circ\varphi)}{\partial u}(u_0,v_0)+X^v\frac{\partial(f\circ\varphi)}{\partial v}(u_0,v_0).$$

我们引入关系 $\sim$，如果 $f,g\in\mathcal{F}_A(S)$，$f\sim g\Leftrightarrow\forall\boldsymbol{X}\in T_A(S)$，$D_{\boldsymbol{X}}f=D_{\boldsymbol{X}}g$. 容易验证这是一个等价关系. 对于 $f\in\mathcal{F}_A(S)$，记 $\bar{f}$ 为 f 所在的等价类.

考虑集合 $\mathcal{F}_A(S)/\sim$. 首先在这个集合上存在线性结构：

$$\alpha\overline{f}+\beta\overline{g}:=\overline{\alpha f+\beta g}.$$

然后我们证明 $\mathcal{F}_A(S)/\sim$ 是 $T_A(S)$ 的对偶空间. 为此我们建立以下命题.

命题 4.3　$\forall \boldsymbol{X}\in T_A(S)$，$\forall \overline{f}\in \mathcal{F}_A(S)/\sim$，可以定义实值函数

$$\langle \boldsymbol{X},\overline{f}\rangle=D_{\boldsymbol{X}}(f),$$

并且这是个线性函数.

证明：我们要验证定义的合理性，也就是不依赖于一个等价类中代表元的选取. 设 $\overline{f}=\overline{g}$，则

$$\langle \boldsymbol{X},\overline{f}\rangle=D_{\boldsymbol{X}}(f)=D_{\boldsymbol{X}}(g)=\langle \boldsymbol{X},\overline{g}\rangle.$$

对于线性性，我们只需注意

$$\begin{aligned}\langle \boldsymbol{X},\alpha\overline{f}+\beta\overline{g}\rangle&=\langle \boldsymbol{X},\overline{\alpha f+\beta g}\rangle=D_{\boldsymbol{X}}(\alpha f+\beta g)=\alpha D_{\boldsymbol{X}}(f)+\beta D_{\boldsymbol{X}}(g)\\&=\alpha\langle \boldsymbol{X},\overline{f}\rangle+\beta\langle \boldsymbol{X},\overline{g}\rangle.\end{aligned}$$

□

上述命题说明 $T_A(S)$ 和 $\mathcal{F}_A(S)/\sim$ 上存在着对偶关系. 然后我们在 $\mathcal{F}_A(S)/\sim$ 建立一组 $T_A(S)$ 上的局部参数标架 $\{\partial_u,\partial_v\}$ 的对偶基，从而证明 $\mathcal{F}_A(S)/\sim$ 就是 $T_A(S)$ 的对偶空间（由此计算 $\mathcal{F}_A(S)/\sim$ 相等维数为 2）. 这实际上就是去寻找两个函数等价类，使得 ∂_u 和 ∂_v 作用在这两个等价类上是 1，0 和 0，1.

为此我们引入以下记号. 设 $A\in S$ 邻域 U 上存在局部参数化 φ，参数记为 u、v，设 $A=\varphi(u_0,v_0)$. 我们记函数

$$\begin{aligned}f_u:U\cap S&\mapsto(-\varepsilon,\varepsilon),\\B=\varphi(u,v)&\mapsto u.\end{aligned}$$

类似我们也可以定义函数 f_v. 注意，函数 f_u，f_v 在参数 (u,v) 下写成

$$f_u\circ\varphi(u,v)=u,\ f_v\circ\varphi(u,v)=v,$$

所以 f_u，f_v 都是光滑函数.

命题 4.4　记 f_u、f_v 所在的 $\sim$ 等价类为 $\mathrm{d}\boldsymbol{u}$、$\mathrm{d}\boldsymbol{v}$，则 $\mathcal{F}_A(S)/\sim=\mathrm{Span}\{\mathrm{d}u,\mathrm{d}v\}$. 对于任意的 $f\in\mathcal{F}_A(S)$，有

$$\overline{f}=\frac{\partial(f\circ\varphi)}{\partial u}(u_0,v_0)\mathrm{d}u+\frac{\partial(f\circ\varphi)}{\partial v}(u_0,v_0)\mathrm{d}v,\tag{4.8}$$

并且 $\{\mathrm{d}u,\mathrm{d}v\}$ 与 $\{\partial_u,\partial_v\}$ 互为对偶基.

证明：我们回顾 ∂_u 是 $T_A(S)$ 切向量，所以

$$\langle\partial_u,\mathrm{d}u\rangle=\frac{\partial(f_u\circ\varphi)}{\partial u}=\frac{\partial u}{\partial u}=1.$$

同理

$$\langle \partial_v, dv\rangle = 1,\quad \langle \partial_u, dv\rangle = \langle \partial_v, du\rangle = 0.$$

也就是说$\{du, dv\}$与$\{\partial_u, \partial_v\}$互为对偶基. 现在将证明 $\mathcal{F}_A(S)/\sim = \mathrm{Span}\{du, dv\}$. 为此我们只要验证式(4.8). 我们只需要注意到用 ∂_u 和 ∂_v 分别作用两边,得到的结果相等,就足够了. □

本节练习

证明定义 4.9 中引入的算子 $D_{\boldsymbol{x}}$ 是 $\mathcal{F}_A(S)$上的导算子.

4.5 补充:切空间的另一种定义方法

在本节我们将引入曲面切空间的另一种定义方法. 它完全仿照仿射空间中一个点的向量空间的定义. 这么做的好处是我们不再需要将切空间看成是这个点向量空间的子空间,也就是说我们不再依赖曲面所在的那个空间来定义切空间.

首先回顾上一节余切空间的概念. 我们引入了 $\mathcal{F}_A(S)$,这个定义不需要 S 所在的那个仿射空间的参与.

定义 4.10 设 D 为 $\mathcal{F}_A(S)$到$\mathbb{R}$ 的映射,并满足以下性质:

(1)局部性. 如果 $f, g\in \mathcal{F}_A(S)$ 在 A 的某个 S 上的邻域中相等,那么 $D(f)=D(g)$.

(2)线性性. $\alpha, \beta\in\mathbb{R}$,那么 $D(\alpha f+\beta g)=\alpha D(f)+\beta D(g)$.

(3)莱布尼茨法则. $D(fg)=f(A)D(g)+D(f)g(A)$.

那么 D 称为 $\mathcal{F}_A(S)$上的一个导算子.

我们直接在导算子集合上构造切空间(而不再将其看成是该点所在的向量空间的子空间). 为此,记 $D_A(S)=\{\mathcal{F}_A(S)$上定义的导算子$\}$. 注意这不是一个空集,因为恒零映射是任意一个点上的导算子. $D_A(S)$有一个自然的线性结构:

$$(\alpha D_1+\beta D_2)(f):=\alpha D_1(f)+\beta D_2(f).$$

然后我们将证明如下.

命题 4.5 设 $S\subset\mathscr{A}^3$是一片光滑曲面,$A\in S$,则 $D_A(S)\cong T_A(S)$.

证明: 回顾 $T_A(S)$的定义,它是 T_A 的子空间. 若 $\boldsymbol{v}\in T_A(S)$,$\boldsymbol{v}\neq 0$,那么 A 附近存在一个局部参数化$\{U, \varphi_U\}$,其参数记为$\{s, t\}$,使得 $\forall f\in \mathcal{F}_A$

$$v(f)=\left.\frac{\partial(f\circ\varphi_U)}{\partial s}\right|_{\varphi_U^{-1}(A)}.$$

现在将 $\boldsymbol{v}$ 作用在 $\mathcal{F}_A(S)$ 上. 设 $g\in\mathcal{F}_A(S)$，那么

$$v(g):=\left.\frac{\partial(g\circ\varphi_U)}{\partial s}\right|_{\varphi_U^{-1}(A)}.$$

先说明右边这个对象有定义. 这是因为 $\varphi_U:(-\varepsilon,\varepsilon)\times(-\varepsilon,\varepsilon)\mapsto U\cap S$，而 g 在 $U\cap S$ 上有定义，从而 $g\circ\varphi_U$ 有定义. 并且根据 g 是光滑标量场的定义(4.2 小节练习 2)，$g\circ\varphi_U$ 是光滑函数. 于是上式右端有定义.

然后验证如此定义使得 $\boldsymbol{v}$ 成为一个 $\mathcal{F}_A(S)$ 上的导算子. 这只需要直接验证即可，我们将它留给读者. 于是得到了一个映射 $\sigma:T_A(S)\mapsto D_A(S)$. 它将一个非零切向量映射成一个导算子. 通过补充定义 $\mathbf{0}\mapsto 0\in D_A(S)$，我们就得到了 $T_A(S)$ 到 $D_A(S)$ 的映射 σ.

我们将证明 σ 是一个线性同构(可逆线性映射). 首先证明 σ 是一个线性映射. 设 $\{U,\varphi_U\}$ 为 $A\in S$ 附近的一个局部参数化，记其参数为 $\{y^1,y^2\}$，其局部参数标架为 $\{\partial_1,\partial_2\}$. 按照定理 4.2，$\{\partial_1,\partial_2\}$ 是 $T_A(S)$ 的一组基. 我们首先证明 $\forall\alpha^1,\alpha^2\in\mathbb{R}$

$$\boldsymbol{w}:=\alpha^1\partial_1+\alpha^2\partial_2\in T_A(S),$$

则 $\forall f\in\mathcal{F}_A(S)$，

$$\boldsymbol{w}(f)=\alpha^1\partial_1(f)+\alpha^2\partial_2(f). \tag{4.9}$$

这是因为，当 $\alpha^1=\alpha^2=0$ 时，按照定义 $\boldsymbol{w}=0$，从而对于 $\forall f\in\mathcal{F}_A$，$\mathbf{0}(f)=0=0\partial_1(f)+0\partial_2(f)$.

当 $(\alpha^1,\alpha^2)\neq(0,0)$ 时，考虑参数变换 $y^1=\alpha^1z^1+\alpha^2z^2$，$y^2=\alpha^2z^1-\alpha^1z^2$. 由此可以定义 $z=(z^1,z^2)$ 和 $y=(y^1,y^2)$ 之间的可逆线性变换，记为 ψ. 于是

$$\begin{aligned}\tilde{\varphi}:(-\varepsilon',\varepsilon')\times(-\varepsilon',\varepsilon')&\overset{\psi}{\longmapsto}(-\varepsilon,\varepsilon)\times(-\varepsilon,\varepsilon)\overset{\varphi_U}{\longmapsto}U\cap S,\\(z^1,z^2)\quad&\longmapsto\quad(y^1,y^2)\quad\longmapsto\varphi_U(y)\end{aligned}$$

是一个局部参数化，并且按照定理 4.3 的证明，$\partial_{z^1}(g)=\partial_w(g)$，对于任意的 $g\in\mathcal{F}_A$ 成立(**注意!** 这里的 g 是 A 点附近定义的光滑函数，不是 A 点附近曲面 S 上定义的光滑函数，也就是 $g\notin\mathcal{F}_A(S)$). 再根据 σ 的定义：

$$\boldsymbol{w}(f)=\left.\frac{\partial(f\circ\tilde{\varphi})}{\partial z^1}\right|_{\tilde{\varphi}^{-1}(A)}=\left.\frac{\partial(f\circ\varphi_U)}{\partial y^a}\right|_{\varphi_U^{-1}(A)}\left.\frac{\partial y^a}{\partial z^1}\right|_{\tilde{\varphi}^{-1}(A)}=\alpha^1\partial_1(f)+\alpha^2\partial_2(f).$$

于是式(4.9)得证. 现在验证 σ 的线性性. 如果 $\boldsymbol{v},\boldsymbol{w}\in T_A(S)$，

$$\boldsymbol{v}=v^a\partial_a,\quad \boldsymbol{w}=w^a\partial_a.$$

那么对于任意的 $f\in\mathcal{F}_A(S)$

$$\begin{aligned}(\alpha\boldsymbol{v}+\beta\boldsymbol{w})(f)&=(\alpha v^a+\beta w^a)\partial_a(f)=(\alpha v^1+\beta w^1)\partial_1(f)+(\alpha v^2+\beta w^2)\partial_2(f)\\&=\alpha(v^1\partial_1(f)+v^2\partial_2(f))+\beta(w^1\partial_1(f)+w^2\partial_2(f))\\&=\alpha\boldsymbol{v}(f)+\beta\boldsymbol{w}(f).\end{aligned}$$

这里我们反复使用了式(4.9).由此证明了 σ 线性.

然后考查 $\ker(\sigma)$,也就是 $\sigma(\boldsymbol{v})=0$ 的解集.设 $\boldsymbol{v}\in T_A(S)$,$\boldsymbol{v}=v^a\partial_a$.如果 $\forall f\in\mathcal{F}_A(S)$,都有 $\boldsymbol{v}(f)=0$,那么根据式(4.9)

$$v^1\partial_1(f)+v^2\partial_2(f)=0,\forall f\in\mathcal{F}_A(S).$$

取 $f^a=Pr_a(\varphi_U^{-1})$,这里 $Pr_a(z^1,z^2):=z^a$.也就是对每个点取其第 a 个参数值,那么 $\partial_a f^b=\delta_a^b$.代入上式得到

$$v^1=v^2=0,$$

从而 $\boldsymbol{v}=0$,进而 $\ker(\sigma)=\{0\}$.于是 σ 是单射.

为了验证 σ 是满射,我们需要证明对于 $D_A(S)$ 中任意一个导算子 D,都可以找到一个切向量 $\boldsymbol{v}\in T_A(S)$ 使得

$$D(f)=\boldsymbol{v}(f),\forall f\in\mathcal{F}_A(S).$$

当 $D=0$ 时,$T_A(S)$ 中零向量满足这个条件.当 $D\neq0$ 时,考虑:

$$v^a:=D(f^a),$$

并定义 $\boldsymbol{v}:=v^a\partial_a$.我们验证 $\boldsymbol{v}(f)=D(f)$ 对于任意 $f\in\mathcal{F}_A(S)$ 成立.这是因为

$$\boldsymbol{v}(f)=v^a\left.\frac{\partial(f\circ\varphi_U)}{\partial y^a}\right|_{\varphi_U^{-1}(A)}.\tag{4.10}$$

记 $g=f\circ\varphi_U$,并且不失一般性,假设 $\varphi_U(0,0)=A$.然后将 g 在 $(0,0)$ 点泰勒展开:

$$g(y)=g(0,0)+\partial_{y^1}g(0,0)y^1+\partial_{y^2}g(0,0)y^2+y^1R^1(y)+y^2R^2(y),$$

这里当 $y\mapsto0$ 时,$R^a(y)\mapsto0$.用 D 作用这个等式,并注意到 $g(0,0)$ 是常数,故而 D 作用在其上为零.对于剩余项,注意到莱布尼茨法则:

$$D(y^aR^a)=y^a(0,0)D(R^a)+Dy^a(0,0)R^a(0,0)=0.$$

于是得到

$$D(f)=\partial_{y^a}g(0,0)D(f^a)=v^a\left.\frac{\partial(f\circ\varphi_U)}{\partial y^a}\right|_{\varphi_U^{-1}(A)},\tag{4.11}$$

从而得出 σ 是满射的结论.

综上,我们证明了 σ 是 $T_A(S)$ 到 $D_A(S)$ 的线性同构. □

根据这个结果,一个曲面在一点 A 的切空间也可以看成是在 A 附近曲面上有定义的光滑函数的导算子集合.

4.6　曲面之间的映射、切映射

在本节中我们讨论三维仿射空间中的曲面之间的映射的局部性质,如图 4.8 所示.设 $S,S'\in\mathscr{A}^3$ 为两片光滑曲面,$A\in S,A'\in S'$.设 $F:S\mapsto S'$ 为一个映射,满足 $F(A)=A'$.如果在 A,A' 附近分别有 S,S' 的局部参数化 $\{U,\varphi_U\}$,$\{U',\varphi_{U'}\}$,满足 $\varphi_U(0,0)=A,\varphi_{U'}(0,0)=A'$.如果

$$\varphi_{U'}^{-1}\circ F\circ\varphi_U:(-\varepsilon,\varepsilon)\times(-\varepsilon,\varepsilon)\xrightarrow{\varphi_U}U\cap S\xrightarrow{F}U'\cap S'\xrightarrow{\varphi_{U'}^{-1}}(-\varepsilon,\varepsilon)\times(-\varepsilon,\varepsilon)$$

是 $\mathbb{R}^2$ 上开集到 $\mathbb{R}^2$ 上开集的连续/可微/光滑映射,则称 F 为 A 点附近的连续/可微/光滑映射.

上述定义依赖具体的参数化的选取.实际上可以证明,如果在一对参数化($\{U,\varphi_U\},\{U',\varphi_{U'}\}$)之下 F 在 A 点连续/可微/光滑,那么在任意一对参数化之下 F 依然连续/可微/光滑.这是因为局部参数化之间的变换都是 $\mathbb{R}^2$ 上开集之间的微分同胚,它们不改变原有映射的正则性.

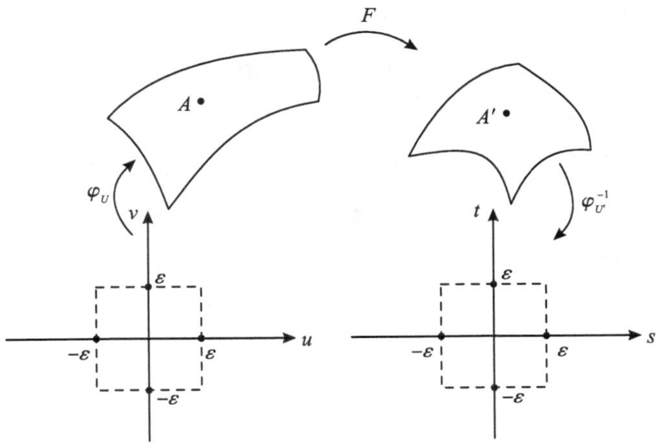

图 4.8

自然我们也可以在仿射坐标系 $\varphi_{\mathcal{A}}$ 中看问题.一般地有以下结果.

命题 4.6　设 $\mathcal{A}=\{O,\boldsymbol{e}_i\}$ 为 $\mathscr{A}^3$ 中的仿射坐标系,$S'\subset\mathscr{A}^3$ 为一个光滑曲面.设 S 为 $\mathscr{A}^3$ 中曲面,$A\in S,F:S\mapsto S'$ 为两曲面之间的映射,$f(A)=A'\in S'$.设 $\{U,\varphi_U\}$ 为 A 点附近 S 的局部参数化,参数映射记为

$$\varphi_U:(-\varepsilon,\varepsilon)\times(-\varepsilon,\varepsilon)\mapsto U\cap S,\quad 并且\ \varphi_U(0,0)=A,$$

那么 f 在 A 点连续/可微/光滑当且仅当 $\exists\, 0<\varepsilon'\leqslant\varepsilon$,使得

$$\varphi_{\mathcal{A}}\circ F\circ\varphi_U:(-\varepsilon',\varepsilon')\times(-\varepsilon',\varepsilon')\mapsto\mathbb{R}^3$$

在(0,0)连续/可微/光滑.

这个结果只需要在 A'附近的某个 S'的局部参数化下观察即可,我们进行一个概述,将详细的证明留给读者.实际上,设$\{U',\varphi_{U'}\}$为 A'附近的局部参数化.考虑

$$\varphi_{\mathcal{A}}\circ F\circ\varphi_U=\varphi_{\mathcal{A}}\circ\varphi_{U'}\circ\varphi_{U'}^{-1}\circ F\circ\varphi_U.$$

那么根据定义 F 连续/可微/光滑$\Leftrightarrow\varphi_{U'}^{-1}\circ F\circ\varphi_U$ 连续/可微/光滑.再注意 $\varphi_{\mathcal{A}}\circ\varphi_{U'}$ 是光滑函数,即证.

然后我们研究 F 的导映射.这将是一个 $T_A(S)$到 $T_{A'}(S')$的线性映射.首先对于 $g\in\mathcal{F}_{A'}(S')$,也就是 g 是 S'上 A'附近有定义的光滑函数,我们总可以用下面的办法把它"对应为"S 上 A 附近有定义的光滑函数:

$$F^*(g):=g\circ F.$$

这个操作称为"将 g 通过 F 拉回到 S".然后,设 $D\in T_A(S)$为一个导算子,那么 D 可以通过上述拉回操作作用在 g 上:

$$F_*(D)(g):=D(F^*(g))=D(g\circ F).$$

这个操作称为"将 D 推出到 $T_{A'}S'$".我们先验证如此被推出的 $F_*(D)$是 $\mathcal{F}_{A'}(S')$的一个导算子.

引理 4.1 设 D 为 $\mathcal{F}_A(S)$上的导算子,设 F 光滑,那么 $F_*(D)$为 $\mathcal{F}_{A'}(S')$上的导算子.

证明:首先注意到如果 F 光滑,那么 $F^*(g)$是 S 上 A 点附近定义的光滑函数,所以 D 可以作用在 $F^*(g)$上并得到一个实数.从而 $F_*(D)$的确是 $\mathcal{F}_{A'}(S')$到$\mathbb{R}$上的映射.然后我们需要验证导算子的三个性质.为此,设 $f,g\in\mathcal{F}_{A'}(S')$,$\alpha,\beta\in\mathbb{R}$.

(1)线性性.

$$\begin{aligned}F_*(D)(\alpha f+\beta g)&=D(\alpha f\circ F+\beta g\circ F)=\alpha D(f\circ F)+\beta D(g\circ F)\\&=\alpha F_*(D)(f)+\beta F_*(D)(g).\end{aligned}$$

(2)局部性.

设存在 A'的某 S'上的开邻域 U',使得在 U'上 $f=g$.那么记 $U=F^{-1}(U')$.因为 F 连续所以 U 依然是 S 上 A 的开邻域.而在 U 上,$F^*(g)=F^*(f)$.由 D 的局部性,得到在 A'点

$$D(F^*(f))=D(F^*(g))\Rightarrow F_*(D)(f)=F_*(D)(g).$$

(3)莱布尼茨公式. 直接计算

$$\begin{aligned}F_*(D)(fg) &= D(F^*(fg)) = D((fg)\circ F) = D(f\circ F\cdot g\circ F)\\ &= D(f\circ F)\cdot(g\circ F)(A)+(f\circ F)(A)\cdot D(g\circ F)\\ &= F_*(D)f\cdot g(A')+f(A')\circ F_*(D)g.\end{aligned}$$

□

上面的结果说明了"通过 F 推出"这个操作实际上产生了一个 $T_A(S)$ 到 $T_{A'}(S')$ 的映射. 我们将这个映射称为 F 在 A 点的**切映射**,记为 TF_A 或 dF_A,如图4.9所示. 我们将证明以下结果.

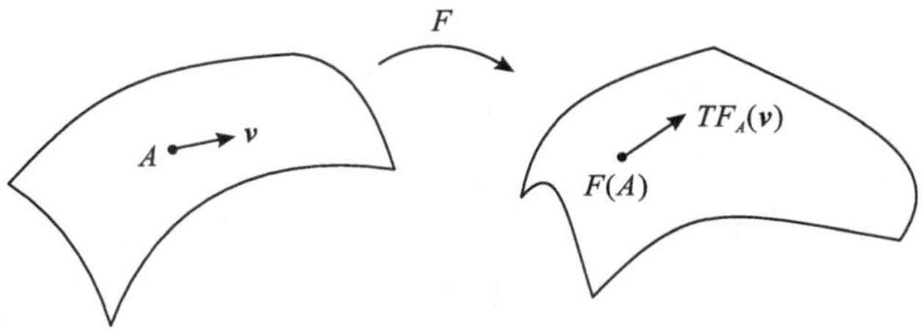

图 4.9

命题 4.7 设 F 为 S 到 S' 的光滑映射,$F(A)=A'$,则 TF_A 是 $T_A(S)$ 到 $T_{A'}(S')$ 的线性映射.

证明: 只用验证线性性即可. 实际上设 $D_1, D_2\in T_A(S)$,$\alpha,\beta\in\mathbb{R}$. 设 $f\in\mathcal{F}_{A'}(S')$,我们计算

$$\begin{aligned}TF_A(\alpha D_1+\beta D_2)(f) &= F_*(\alpha D_1+\beta D_2)(f)=(\alpha D_1+\beta D_2)(f\circ F)\\ &= \alpha D_1(f\circ F)+\beta D_2(f\circ F)\\ &= \alpha TF_A(D_1)(f)+\beta TF_A(D_2)(f).\end{aligned}$$

这个等式对于任意 f 都成立. 于是

$$TF_A(\alpha D_1+\beta D_2)=\alpha TF_A(D_1)+\beta TF_A(D_2).$$

□

考虑到 $T_A(S)$ 和 $T_{A'}(S')$ 都是二维线性空间,所以我们可以谈论 TF_A 的秩. 若 $ker(TF_A)=\{0\}$,称 F 在 A 点**非退化**. 如果 $TF_A(T_A(S))$ 是 $T_{A'}(S')$ 的 k 维线性子空间,称 F 在 A 的秩为 k.

最后我们讨论在具体的参数化之下,如何计算一个给定映射的切映射. 设 A 和 A' 附近分别有 S 和 S' 的局部参数化 $\{U,\varphi_U\}$ 和 $\{U',\varphi_{U'}\}$. 其参数分别记为 $\{y^1,y^2\}$ 和 $\{z^1,z^2\}$. 设 F 为 $S\mapsto S'$ 的光滑映射并且 $F(A)=A'$. 那么我们希望将 TF_A 在两组自然标架下写成分量形式. 为此,我们需要计算

$$TF_A(\partial_{y^a}),$$

并将其展开在 $\{\partial_{z^a}\}$ 之下. 为此只需观察 $TF_A(\partial_{y^a})$ 作用在任意一个 $f\in\mathcal{F}_{A'}(S')$ 即可.

$$TF_A(\partial_{y^a})(f)=\partial_{y^a}(F^*f)=\partial_{y^a}(f\circ F)=\frac{\partial(f\circ F\circ\varphi_U)}{\partial y^a}\bigg|_{\varphi_U^{-1}(A)}$$

$$=\frac{\partial((f\circ\varphi_{U'})\circ(\varphi_{U'}^{-1}\circ F\circ\varphi_U))}{\partial y^a}\bigg|_{\varphi_U^{-1}(A)}$$

$$=\frac{\partial(f\circ\varphi_{U'})}{\partial z^b}\bigg|_{\varphi_{U'}^{-1}(A')}\frac{\partial((\varphi_{U'}^{-1}\circ F\circ\varphi_U)^b)}{\partial y^a}\bigg|_{\varphi_U^{-1}(A)}$$

$$=\frac{\partial z^b}{\partial y^a}\bigg|_{\varphi_U^{-1}(A)}\partial_{z^b}f.$$

这里注意到$(\varphi_{U'}^{-1}\circ F\circ\varphi_U)$是两个参数域之间的映射，而$z^b=(\varphi_{U'}^{-1}\circ F\circ\varphi_U)^b$也就是该映射的第$b$个分量.

如果我们考虑向量场的情况，设$F:S\mapsto S'$为两曲面片之间的“可逆”光滑映射.设S上定义了一个向量场$\boldsymbol{X}$，按照“推出”的方式可以将$\boldsymbol{X}$通过F逐点推出到S'上.显然经过这个操作我们会得到S'上的一个向量场.只有一点可担心的是这样得到的向量场是否还保持$\boldsymbol{X}$的正则性.其实一般地我们有如下结论.

定理 4.5 设$F:S\mapsto S'$为可逆光滑满射，并且其逆映射也光滑.设$\boldsymbol{X}$为定义在S上的连续/可微/光滑向量场.记$TF(\boldsymbol{X})$为定义在S'上的向量场，$TF(\boldsymbol{X})(B'):=TF_B(\boldsymbol{X}(B))$，这里$F(B)=B'$，则$TF(\boldsymbol{X})$为$S'$上的连续/可微/光滑向量场.

证明：我们将借助定理4.4来判断$TF(\boldsymbol{X})$的正则性.实际上任取f为S'上有定义的光滑函数，考察$TF(\boldsymbol{X})(f)$，这是一个定义在S'上的函数(标量场).注意到在$B'=F(B)\in S'$

$$(TF(\boldsymbol{X})(f))(B')=TF(\boldsymbol{X})_{B'}(f)=\boldsymbol{X}(B)(F^*f)=\boldsymbol{X}(B)(f\circ F),$$

也就是

$$\boldsymbol{X}(f\circ F)(F^{-1}(B'))=(TF(\boldsymbol{X})(f))(B').$$

因为$f\circ F$为S上的光滑映射，所以$\boldsymbol{X}$连续/可微/光滑$\Rightarrow\boldsymbol{X}(f\circ F)$是一个定义在$S$上的连续/可微/光滑函数.上面的计算说明

$$TF(\boldsymbol{X})(f)=(\boldsymbol{X}(f\circ F))\circ F^{-1},$$

从而导致了$TF(\boldsymbol{X})(f)$是S'上的连续/可微/光滑函数.所以$TF(\boldsymbol{X})$是S'上的连续/可微/光滑向量场. □

本节练习

练习 1　在本练习中我们将建立曲面之间映射、切映射的重要运算法则：锁链法则. 这是复合函数求导的锁链法则的自然推广：设 S_1、S_2、S_3 为 $\mathscr{A}^3$ 中的三个光滑曲面，设 $A_i \in S_i$，$i=1,2,3$. 设 $F: S_1 \mapsto S_2$，$G: S_2 \mapsto S_3$ 为光滑映射，$F(A_1)=A_2$，$G(A_2)=A_3$. 求证：$G \circ F$ 是 S_1 到 S_3 的光滑映射，并且

$$T(G \circ F)_{A_1} = (TG_{A_2}) \circ (TF_{A_1}).$$

练习 2　接上题. 设 $\gamma: (-\varepsilon, \varepsilon) \mapsto S_1$ 为 S_1 上通过 A_1 的一条光滑正则曲线，设 $\gamma(0)=A_1$. 那么当 F 在 A_1 附近非退化时，$F \circ \gamma$ 为 S_2 上一条通过 A_2 的正则光滑曲线，并且其切向量满足关系：

$$\frac{\mathrm{d}}{\mathrm{d}t}(F \circ \gamma)\bigg|_{t=0} = TF_A(\dot{\gamma}(0)).$$

第 5 章　三维欧氏空间中曲面的局部内蕴几何

从本章开始我们系统探讨如下一个问题：给定一个曲面片（一个点附近的一片曲面），是否能够在不"拉伸"和"挤压"的条件下，将这片曲面"展平"成一个平面片？举个例子：当我们剥橘子的时候，剥下来的橘子皮无论如何也无法展开成平坦状态．但如果是圆柱面，则可以通过沿着母线剪开的方法将其展开成平面．这意味着球面（橘子皮）和圆柱面，虽然都是自然语言中的"曲面"，却具有某种本质不同．也同样是因为这个道理，世界地图的绘制是一件颇具技术含量的工作：如何才能把"印"在地球表面的地图"展平"到平面上？

在本章中，我们将看到：在内蕴几何意义下，以圆柱面和圆锥面为代表的一大类曲面其实局部可以看做平面，它们同以球面和双曲面为代表的曲面具有本质不同．我们将引入黎曼（Riemann）曲率的概念来作为判别这两类曲面的依据．

5.1　引子：被束缚在曲面上的质点

我们现在考虑欧氏空间$\mathbb{E}^3$．欧氏空间是一个仿射空间 $\mathscr{A}^3$ 带上度量．所谓一个度量是指对 $\mathscr{A}^3$ 上的任意四个点 A、B、C、D，我们都指定一个内积的概念：

$$(\overrightarrow{AB},\overrightarrow{CD}),$$

或者说，我们在$\mathbb{R}^3$上定义了一个双线性函数：

$$(\cdot\,,\cdot):\mathbb{R}^3\times\mathbb{R}^3\mapsto\mathbb{R}\,,$$

使得$\forall\, u,v\in\mathbb{R}^3$，有

$$(u,u)\geqslant 0,\quad (u,u)=0\quad\Leftrightarrow\quad 0,$$

且

$$(u,v)=(v,u).$$

这样的仿射空间 $\mathscr{A}^3$ 带上一个内积，称为一个**欧几里得空间**，记为 $\mathbb{E}^3$.

在 $\mathscr{A}^3$ 上可以建立一个特殊的仿射坐标系 $\{O,\boldsymbol{e}_1,\boldsymbol{e}_2,\boldsymbol{e}_3\}$，使得 $(\boldsymbol{e}_i,\boldsymbol{e}_j)=\delta_{ij}$. 这样的仿射坐标系称为**标准正交坐标系**(Orthonormal Coordinate System).

我们考虑 S 为欧几里得空间 $\mathbb{E}^3$ 的曲面(欧几里得空间也是仿射空间，曲面按照仿射空间中的曲面的概念理解)，如图 5.1 所示. 设 $\{O,\boldsymbol{e}_i\}$ 为一个标准正交坐标系. 一个点 P 在 $\{O,\boldsymbol{e}_i\}$ 中的坐标记为 (x^1,x^2,x^3). 我们假设 $A\in S$，在 A 的邻域 U 上有 S 的局部参数化

$$\varphi:(-\varepsilon,\varepsilon)\times(-\varepsilon,\varepsilon)\mapsto S\cap U.$$

参数记为 (u,v). 现在我们考虑质点 P 的"参数化运动方程"：

$$\begin{aligned}(-\varepsilon,\varepsilon) &\longmapsto (-\varepsilon,\varepsilon)\times(-\varepsilon,\varepsilon) \xmapsto{\varphi} S\cap U \xmapsto{\varphi_A} \varphi_A(S\cap U),\\ t &\longmapsto (u(t),v(t)) \longmapsto P(t) \longmapsto (x^1(u(t),v(t)),x^2(u(t),v(t)),\\ &\qquad x^3(u(t),v(t))).\end{aligned}$$

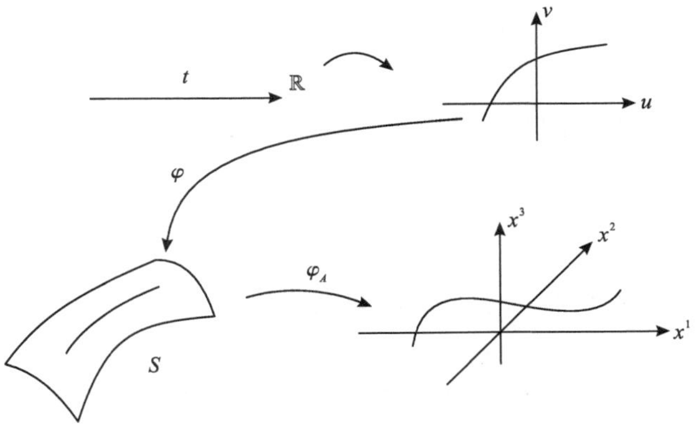

图 5.1

解释：给定一个时间点 t，$P(t)$ 有一个位置，位于 $S\cap U$. 所以这个点的标准正交坐标有一个参数化 $x^i(u,v)$，$i=1,2,3$. 于是每一个时间点对应参数空间 $(-\varepsilon,\varepsilon)\times(-\varepsilon,\varepsilon)$ 的一个坐标 $(u(t),v(t))$. 于是 P 的每个标准正交坐标都可以写成 $x^i(u(t),v(t))$.

于是，点 P 的运动方程可以写作

$$\overrightarrow{OP}(t)=x^i(u(t),v(t))\boldsymbol{e}_i.$$

于是质点的速度是

$$\boldsymbol{V}(t)=\dot{u}(t)\partial_u x^i\boldsymbol{e}_i+\dot{v}(t)\partial_v x^i\boldsymbol{e}_i=\dot{u}(t)\partial_u+\dot{v}(t)\partial_v.$$

再计算质点的加速度：

$$\boldsymbol{a}(t)=\ddot{u}(t)\partial_u+\ddot{v}(t)\partial_v+\dot{u}(t)\left(\frac{\partial(\partial_u x^i)}{\partial u}\dot{u}(t)+\frac{\partial(\partial_u x^i)}{\partial v}\dot{v}(t)\right)\boldsymbol{e}_i$$
$$+\dot{v}(t)\left(\frac{\partial(\partial_v x^i)}{\partial u}\dot{u}(t)+\frac{\partial(\partial_v x^i)}{\partial v}\dot{v}(t)\right)\boldsymbol{e}_i$$
$$=\ddot{u}(t)\partial_u+\ddot{v}(t)\partial_v+(\dot{u}(t)\dot{u}(t)\partial^2_{uu}x^i+2\dot{u}(t)\dot{v}(t)\partial^2_{uv}x^i+\dot{v}(t)\dot{v}(t)\partial^2_{vv}x^i)\boldsymbol{e}_i.$$

观察发现前两项依然是切向量(因为是 ∂_u、∂_v 的线性组合). 后三项我们无法判断,如图 5.2 所示. 于是我们记

$$\boldsymbol{a}=\boldsymbol{b}+\boldsymbol{p}=\boldsymbol{b}+\boldsymbol{p}_\perp+\boldsymbol{p}_\parallel.$$

$\boldsymbol{b}$ 为前两项涉及二阶导数的部分,$\boldsymbol{p}$ 只涉及一阶导数的部分(是$(\dot{\boldsymbol{u}},\dot{\boldsymbol{v}})$的二次型). $\boldsymbol{p}$ 进一步分解为同曲面相切的部分和同曲面垂直的部分. 在本章中我们重点关心 $\boldsymbol{p}_\parallel$,而对 $\boldsymbol{p}_\perp$ 的讨论将留到下一章.

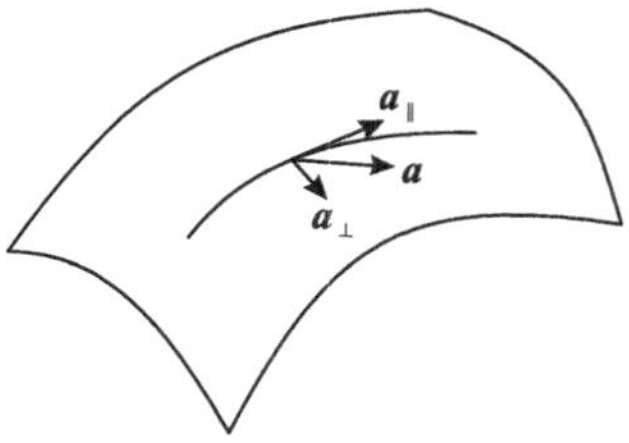

图 5.2

为了行文方便,引入记号 $y^1=u$, $y^2=v$, $\partial_1=\partial_{y^1}=\partial_u$, $\partial_2=\partial_{y^2}=\partial_v$. 我们首先关心的是 $\partial_a\partial_b x^i$ 的分解. 为此需要计算 $\partial^2_{ab}x^i\boldsymbol{e}_i$ 同 ∂_u、∂_v 的内积,也就是计算$(\partial^2_{ab}x^i\boldsymbol{e}_i,\partial_c x^j\boldsymbol{e}_j)$①. 注意到:

$$\begin{aligned}(\partial^2_{ab}x^i\boldsymbol{e}_i,\partial_c x^j\boldsymbol{e}_j)&=\sum_{i=1}^3\partial^2_{ab}x^i\cdot\partial_c x^i=\partial_a\Big(\sum_{i=1}^3\partial_b x^i\cdot\partial_c x^i\Big)-\sum_{i=1}^3\partial_b x^i\cdot\partial^2_{ac}x^i\\&=\partial_a((\partial_b,\partial_c))-\partial_c\Big(\sum_{i=1}^3\partial_b x^i\cdot\partial_a x^i\Big)+\sum_{i=1}^3\partial_c\partial_b x^i\cdot\partial_a x^i\\&=\partial_a((\partial_b,\partial_c))-\partial_c((\partial_b,\partial_a))\\&\quad+\partial_b\Big(\sum_{i=1}^3\partial_c x^i\cdot\partial_a x^i\Big)-\sum_{i=1}^3\partial_c x^i\cdot\partial^2_{ba}x^i\\&=\partial_a((\partial_b,\partial_c))-\partial_c((\partial_b,\partial_a))\\&\quad+\partial_b((\partial_c,\partial_a))-(\partial^2_{ab}x^i\boldsymbol{e}_i,\partial_c x^j\boldsymbol{e}_j).\end{aligned}$$

于是得到

$$(\partial^2_{ab}x^i\boldsymbol{e}_i,\partial_c x^j\boldsymbol{e}_j)=\frac{1}{2}(\partial_a((\partial_b,\partial_c))+\partial_b((\partial_c,\partial_a))-\partial_c((\partial_b,\partial_a))).\quad(5.1)$$

记

$$g_{ab}=(\partial_a,\partial_b).$$

显然 $g_{ab}=g_{ba}$ 并且矩阵$(g_{ab})_{a,b=1,2}$正定. 于是上式写成

---

①∂^2_{ab}是对变量 a、b 的二阶偏导数.

$$(\partial_{ab}^2 x^i \boldsymbol{e}_i, \partial_c) = (\partial_{ab}^2 x^i \boldsymbol{e}_i, \partial_c x^j \boldsymbol{e}_j) = \frac{1}{2}(\partial_a g_{bc} + \partial_b g_{ac} - \partial_c g_{ab}). \tag{5.2}$$

回过头来我们研究 $\boldsymbol{p}_\parallel$. 因为

$$\boldsymbol{p} = \dot{y}^a \dot{y}^b \partial_{ab} x^i \boldsymbol{e}_i,$$

所以计算 $\boldsymbol{p}_\parallel$ 就是计算 $\partial_{ab}^2 x^i \boldsymbol{e}_i$ 的切空间分量. 我们记

$$(\partial_{ab}^2 x^i \boldsymbol{e}_i)_\parallel = \Gamma_{ab}^c \partial_c, \tag{5.3}$$

则

$$(\Gamma_{ab}^c \partial_c, \partial_d) = (\partial_{ab}^2 x^i \boldsymbol{e}_i, \partial_d).$$

记 g^{ab} 为矩阵 g_{ab} 的逆矩阵,也就是说 $g^{ac} g_{cb} = \delta_b^a$. 那么上式化为

$$\Gamma_{ab}^c g_{cd} = (\partial_{ab}^2 x^i \boldsymbol{e}_i, \partial_d).$$

两边同乘以 g^{dl},得到

$$\Gamma_{ab}^l = g^{ld} (\partial_{ab}^2 x^i \boldsymbol{e}_i, \partial_d).$$

结合式(5.2),得到

$$\Gamma_{ab}^l = \frac{1}{2} g^{lc} (\partial_a g_{bc} + \partial_b g_{ac} - \partial_c g_{ab}). \tag{5.4}$$

这个 Γ_{ab}^l 称为参数标架$\{\partial_u, \partial_v\}$的克里斯托费尔(Christoffel)记号. 利用这个记号我们得到

$$\boldsymbol{p}_\parallel = \dot{y}^a \dot{y}^b \Gamma_{ab}^c \partial_c. \tag{5.5}$$

而加速度总的切平面内分量是

$$\boldsymbol{a}_\parallel = \boldsymbol{b} + \boldsymbol{p}_\parallel = (\ddot{y}^a + \dot{y}^b \dot{y}^c \Gamma_{bc}^a) \partial_a. \tag{5.6}$$

5.1.1　束缚在曲面上的自由运动,测地线

现在考虑一个特殊运动. 质点被束缚在曲面上,但是除了束缚力之外质点不受其他力的作用,也就是质点在曲面上自由运动. 在这种情况下,我们知道束缚力一定指向曲面在该点的法向,所以质点的加速度全部在曲面法向. 在曲面切向的加速度 $\boldsymbol{a}_\parallel$ 将等于零. 这时质点的运动轨迹将是一种特殊的曲线,称为曲面上的**测地线**,如图 5.3 所示. 方程(5.6)右端等于零就给出了测地线方程(参数式,也就是$(u(t), v(t))$满足的方程):

$$\ddot{y}^a + \dot{y}^b \dot{y}^c \Gamma_{bc}^a = 0,\ a = 1, 2. \tag{5.7}$$

注意这个方程里 Γ_{bc}^a 是由曲面 S 决定的(其实是由 $\partial_u x^i, \partial_v x^i$ 决定). 并且注意 $u = y^1, v = y^2$.

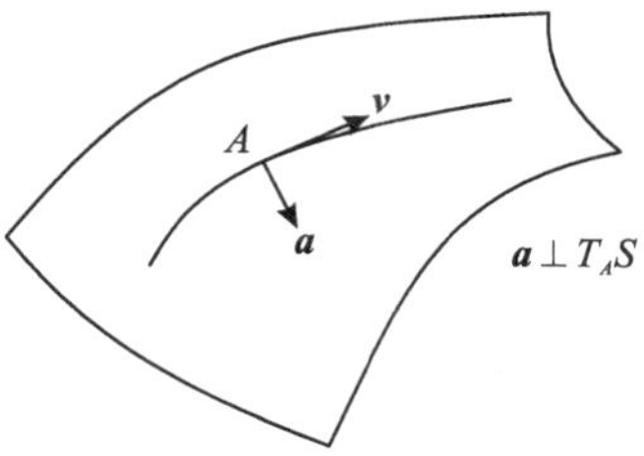

图 5.3

5.1.2 度量

在上述计算中我们反复使用了 $g_{ab}=(\partial_a,\partial_b)$ 这个量,其中 $\{\partial_a,\partial_b\}$ 或 $\{\partial_u,\partial_v\}$ 是曲面的局部参数标架,是切向量,也就是说我们在计算切向量的内积.这种定义在曲面某个点或每个点的切空间上的度量称为曲面上的**黎曼(Riemann)度量**.我们这里接触的仅仅是 Riemann 度量的一个特例,也就是作为欧氏空间标准度量在曲面上的限制产生的 Riemann 度量.一般的 Riemann 度量可以脱离外围欧氏空间存在.

从下节开始我们将进一步研究度量(或称第一基本形式)、测地线以及相关概念的进一步性质.

本节练习

练习 1 我们考虑 $\mathbb{E}^3$ 上的标准正交坐标系 $\{O,\boldsymbol{e}_i\}$.考虑标准圆柱面

$$x^1=\cos\theta,\ x^2=\sin\theta,\ x^3=x^3.$$

考虑参数坐标下,质点 P 在 $t=0$ 时位置是 $\theta(0)=x^3(0)=0$,初速度是 $\partial_\theta+\partial_3$.设该自由质点只受到柱面的约束力.计算该质点的运动方程 $(\theta(t),x^3(t))$.

练习 2 我们考虑 $\mathbb{E}^3$ 上的标准正交坐标系 $\{O,\boldsymbol{e}_i\}$.考虑以 O 为球心的单位球面.我们考虑点 $(1,0,0)$ 附近的参数化:

$$x^1=\cos\theta\sin(\pi/2+\varphi),\ x^2=\sin\theta\sin(\pi/2+\varphi),\ x^3=\cos(\pi/2+\varphi).$$

参数 (θ,φ) 的变化区域为 $(-\pi/2,\pi/2)\times(-\pi/2,\pi/2)$.设自由质点 P 的初位置为 $\theta(0)=\varphi(0)=0$,初速度为 $\partial_\theta+\partial_\varphi$.请计算质点的运动方程 $(\theta(t),\varphi(t))$.

练习 3 证明:设 $A\in S$ 为三维欧氏空间中曲面 S 上的一点.在 A 点附近存在局部参数化 $x^i=x^i(y^a)$,$i=1,2,3$,$a=1,2$.如果曲面 S 上的一条过 A 点的曲线的参数化写成

$$r:(-\varepsilon,\varepsilon)\mapsto\mathbb{R}^3,\ t\mapsto r^i=r^i(y^a(t)),\ i=1,2,3,\ a=1,2$$

求证：

(1)如果 r 是测地线，那么$(\dot{r},\dot{r})=$常数. 也就是运动方程是测地线的质点做匀速率运动. 从力学角度看这个结论显然：因为质点只受到曲面约束力的作用，那么因为运动方向总是与受合外力的方向垂直，那么合外力做功为零，所以质点的动能守恒，所以速率守恒.

(2)r 是测地线，当且仅当 $\ddot{r}(t)\parallel S$ 在 $r(t)$的法向量. 并由此证明大圆是球面的测地线.

练习 4　设 $S\subset\mathbb{E}^3$是三维欧氏空间中的一张曲面. 如果 S 含有一个直线段，求证：这个直线段是 S 的测地线. 例子：回忆单页双曲面

$$x^2+y^2-z^2=1$$

的直纹性质：过曲面上每个点存在一条直线，这条直线完全含在双曲面内. 例如过(1,0,0)点，直线

$$\begin{cases}x=1\\z=y\end{cases}$$

完全包含在双曲面上，从而它是双曲面的测地线(的轨迹).

5.2　度量/第一基本形式

上节的计算中我们已经提到了度量的概念. 回顾 3.9 节已经进行了一些代数准备. 度量是定义在曲面每个点的切空间上的二次型(也就是双线性函数). 本节继续叙述曲面上的度量.

5.2.1　曲面上的度量/第一基本形式

现在我们考虑 $S\subset\mathbb{E}^3$以及$\mathbb{E}^3$上的标准正交坐标系$\{O,\boldsymbol{e}_i\}$. 考虑 $A\in S$ 开集 U 上的局部参数化

$$\begin{aligned}(-\varepsilon,\varepsilon)\times(-\varepsilon,\varepsilon)&\mapsto S\cap U\mapsto\mathbb{R}^3,\\(y^1,y^2)&\mapsto\quad P\quad\mapsto(x^1(y^1,y^2),x^2(y^1,y^2),x^3(y^1,y^2)).\end{aligned}$$

回顾上一节的定义

$$g_{ab}=(\partial_a,\partial_b)=\sum_{i=1}^{3}\partial_a x^i\cdot\partial_b x^i \tag{5.8}$$

是局部参数标架的向量的内积. 同样地对于(曲面上某个点 B)任意切空间上的两个向量，我们都可以计算向量(看成是$\mathbb{E}^3$中点 B 的向量空间中的向量)的

内积. 例如我们有两个切向量$(\boldsymbol{X},\boldsymbol{Y})$，在$\{\partial_u,\partial_v\}$这组基下写出来是：

$$\boldsymbol{X}=X^a\partial_a,\quad \boldsymbol{Y}=Y^a\partial_a.$$

则 $\boldsymbol{X},\boldsymbol{Y}$ 的内积是

$$(\boldsymbol{X},\boldsymbol{Y})=(X^a\partial_a,Y^b\partial_b)=X^aY^b(\partial_a,\partial_b)=X^aY^bg_{ab},$$

这里 $\partial_1=\partial_{y^1},\partial_2=\partial_{y^2}$.

让我们从另一个角度审视这个过程：由于局部参数化，我们将区域$(-\varepsilon,\varepsilon)\times(-\varepsilon,\varepsilon)$的每个点同 $S\cap U$ 中每个点对应起来. 注意，这个对应不止是点的对应，它也造成了$(-\varepsilon,\varepsilon)\times(-\varepsilon,\varepsilon)$（看成是$\mathbb{R}^2$上区域）每个点的向量空间同$S\cap U$对应点的切空间的对应：

$$(\alpha,\beta)\mapsto\alpha\partial_1+\beta\partial_2,$$

这里$(1,0)$指的是$(-\varepsilon,\varepsilon)\times(-\varepsilon,\varepsilon)$上 y^1 方向的单位向量. 于是上述 S 上切向量在$\mathbb{E}^3$中的内积造成了$(-\varepsilon,\varepsilon)\times(-\varepsilon,\varepsilon)$每个点的向量空间上的一个正定对称双线性函数. 设 $\boldsymbol{X}=(X^1,X^2)$，$\boldsymbol{Y}=(Y^1,Y^2)$是$(-\varepsilon,\varepsilon)\times(-\varepsilon,\varepsilon)$某个点向量空间上的两个向量，则

$$(\boldsymbol{X},\boldsymbol{Y})_g:=(X^a\partial_a,Y^b\partial_b)=X^aY^bg_{ab},\ g_{ab}=\sum_{i=1}^{3}\partial_ax^i\cdot\partial_bx^i.$$

这就是说，在$\mathbb{R}^2$区域$(-\varepsilon,\varepsilon)\times(-\varepsilon,\varepsilon)$上我们按照上述方法定义了一个**Riemann度量**.

为了将这个 Riemann 度量写成分量形式，我们需要回顾$\{\partial_1,\partial_2\}$的对偶基. 回忆上一章关于曲面与切空间的知识，$\{\partial_1,\partial_2\}$的对偶基是$\{\mathrm{d}y^1,\mathrm{d}y^2\}$. 如此，根据上小节的记号，可以把 g 这个双线性函数在基 $\mathrm{d}y^a\otimes\mathrm{d}y^b$ 下展开：

$$g=g_{ab}\,\mathrm{d}y^a\otimes\mathrm{d}y^b.$$

进一步，由于我们知道 g 是个对称函数，所以 $g_{ab}=g_{ba}$. 于是上式我们把它写成

$$g=g_{ab}\cdot\frac{1}{2}(\mathrm{d}y^a\otimes\mathrm{d}y^b+\mathrm{d}y^b\otimes\mathrm{d}y^a)=g_{ab}\,\mathrm{d}y^a\mathrm{d}y^b.\tag{5.9}$$

注意！这个度量同$\mathbb{R}^2$上的标准度量是不同的（那个是各个坐标的平方和）. 之所以要把度量之类的东西都拿到参数区域上来看，是因为将来我们的计算主要发生在参数区域.

对于曲面，上述度量的形式历史上被称为曲面的**第一基本形式**. 曲面上凡是由第一基本形式决定的几何量被称为**内蕴几何量**. 研究内蕴几何量的几何学被称为**内蕴几何学**.

例如本章第一节引入的测地线概念，因为测地线方程完全由 Christoffel 记号决定，而仔细检查 Christoffel 记号我们会发现它完全由第一基本形式决定. 所以测地线就是内蕴几何的研究对象.

5.2.2　曲面上曲线的长度：为什么将其称为度量

现在我们考虑怎么样在参数下计算曲面上一段曲线的长度. 假设 S 为$\mathbb{E}^3$上的曲面. 在 $A\in S$ 的邻域 U 上有局部参数化 $\varphi:(u,v)\mapsto S\cap U$. 如果有一条曲线段

$$\begin{aligned}\boldsymbol{\gamma}:(-\varepsilon,\varepsilon)&\longmapsto(-\varepsilon,\varepsilon)\times(-\varepsilon,\varepsilon)\overset{\varphi}{\longmapsto}S\cap U,\\ t&\longmapsto(y^1(t),y^2(t))\longmapsto\varphi(y^1(t),y^2(t)).\end{aligned}$$

那么曲线的切向量为

$$\dot{\boldsymbol{\gamma}}(t)=\dot{y}^a\partial_a.$$

这是因为在任意一个标准正交坐标系$\{O,\boldsymbol{e}_i\}$中（自变量记为 x^i），曲线上的点的坐标写成 $x^i(y^1(t),y^2(t))$. 从而曲线切向量在$\mathbb{E}^3$中标准正交基 $\boldsymbol{e}_i$ 之下写作

$$\frac{\mathrm{d}(\varphi_A\circ\varphi\circ\boldsymbol{\gamma})}{\mathrm{d}t}\boldsymbol{e}_i=\dot{y}^a\partial_a x^i\boldsymbol{e}_i.$$

计算$[t_0,t_1]$区间上曲线段的长度：

$$\begin{aligned}\int_{t_0}^{t_1}(\dot{\boldsymbol{\gamma}}(t),\dot{\boldsymbol{\gamma}}(t))^{1/2}\mathrm{d}t&=\int_{t_0}^{t_1}(\dot{y}^a\partial_a x^i\boldsymbol{e}_i,\dot{y}^b\partial_b x^j\boldsymbol{e}_j)^{1/2}\mathrm{d}t\\&=\int_{t_0}^{t_1}[\dot{y}^a(t)\dot{y}^b(t)g_{ab}]^{1/2}\mathrm{d}t.\end{aligned}$$

于是我们看到计算曲线的长度，相当于计算$(-\varepsilon,\varepsilon)\times(-\varepsilon,\varepsilon)$区域上一个曲线的长度，但并不是相对于标准$\mathbb{R}^2$上的度量，而是相对于 $g_{ab}\mathrm{d}y^a\mathrm{d}y^b$ 这个度量. 也就是说向量的长度是由 g 确定的.

本节练习

练习 1　我们考虑$\mathbb{E}^3$上的标准正交坐标系$\{O,\boldsymbol{e}_i\}$. 考虑平面 $A_ix^i=0$，(A^1,A^2,A^3)是平面的法方向，假设 $A^3>0$. 请计算在参数化

$$x^1=x^1,\ x^2=x^2,\ x^3=\frac{-A_1x^1-A_2x^2}{A_3}$$

下平面的度量形式.

练习 2 我们考虑$\mathbb{E}^3$上的标准正交坐标系$\{O,\boldsymbol{e}_i\}$，考虑标准圆柱面

$$x^1=\cos\theta,\ x^2=\sin\theta,\ x^3=x^3.$$

考虑参数区域$(\theta,x^3)\in(-\pi,\pi)\times(-\pi,\pi)$. 计算这个参数化下柱面的度量形式.

练习 3 我们考虑$\mathbb{E}^3$上的标准正交坐标系$\{O,\boldsymbol{e}_i\}$，考虑以O为球心的单位球面，考虑点$(1,0,0)$附近的参数化

$$x^1=\cos\theta\sin(\pi/2+\varphi),\ x^2=\sin\theta\sin(\pi/2+\varphi),\ x^3=\cos(\pi/2+\varphi),$$

参数(θ,φ)的变化区域为$(-\pi/2,\pi/2)\times(-\pi/2,\pi/2)$. 请计算在这个参数化标架中球面上的度量形式.

练习 4 在$\mathbb{R}^3=\{(x^0,x^1,x^2),x^\alpha\in\mathbb{R}\}$上定义另一个度量，称为闵可夫斯基(Minkowski)度量：

$$(\boldsymbol{v},\boldsymbol{w})_m:=-v^0w^0+v^1w^1+v^2w^2.$$

带有这样度量的$\mathbb{R}^3$称之为 Minkowski 空间，记为$\mathbb{R}^{1+2}$.

(1)说明$(\cdot,\cdot)_m$是$\mathbb{R}^3$上的非退化二次型.

(2)考虑$\mathbb{R}^{2+1}$上的曲面

$$\mathcal{H}=\{(x^0,x^1,x^2)\in\mathbb{R}^{2+1}\,|\,|x^0|^2-|x^1|^2-|x^2|^2=1,x^0>0\}$$

并且考虑以下参数化：$(x^1,x^2)\in\mathbb{R}^2$

$$\begin{cases}x^0=\sqrt{1+u^2+v^2}\\ x^1=u\\ x^2=v\end{cases}$$

请写出上述参数化意义下的$\{\partial_u,\partial_v\}$在$\mathbb{R}^3$中的基在$\{\boldsymbol{e}_0=(1,0,0),\boldsymbol{e}_1=(0,1,0),\boldsymbol{e}_2=(0,0,1)\}$下的表出.

(3)设$V,W\in T_A\mathcal{H}$，并且$V=V^\alpha\boldsymbol{e}_\alpha$，$W=W^\alpha\boldsymbol{e}_\beta$. 定义双线性型

$$(V,W)_{\mathcal{H}}:=V^0W^0-V^1W^1-V^2W^2.$$

请将$(\cdot,\cdot)_{\mathcal{H}}$用基$\{\mathrm{d}u\mathrm{d}u,\mathrm{d}u\mathrm{d}v,\mathrm{d}v\mathrm{d}v\}$线性表出.

(4)证明如此定义的二次型$(\cdot,\cdot)_{\mathcal{H}}$是$\mathcal{H}$上的 Riemann 度量.

练习 5 设三维欧氏空间中的曲面S上的一点A附近有两个局部参数化，分别记为$\varphi:(-\varepsilon,\varepsilon)\times(-\varepsilon,\varepsilon)\mapsto S$，参数自变量记为$(y^1,y^2)$和$\psi:(-\varepsilon,\varepsilon)\times(-\varepsilon,\varepsilon)\mapsto S$和$(z^1,z^2)$. 如果将曲面的第一基本形式分别在两个参数化的自然标架下表出：

$$g=g_{ab}\mathrm{d}y^a\mathrm{d}y^b=\overline{g}_{a'b'}\mathrm{d}z^{a'}\mathrm{d}z^{b'},$$

那么g_{ab}和$\overline{g}_{a'b'}$有什么关系？

5.3 联络

5.3.1 联络的定义

我们在引子的计算中已经发现，求质点的加速度其实就是对质点的速度这个向量求导数. 在三维欧氏空间中对一个定义在曲线段/区域上的向量场求导数的意义是明确的. 但是在曲面上对于曲面的切向量场求导数则需要谨慎对待. 这是因为我们一般希望对某一个对象求导之后得到的结果依然跟这个对象属于同一类. 例如我们（沿着某个方向）对数量场求导数，得到的依然是数量场. 但是对曲面的切向量场求导会出现一个问题就是，沿着一个切向量对另一个切向量求导，得到的**不一定**还是切向量.

例如在引子的计算中，加速度其实是速度沿着运动轨迹求导. 我们已经看到加速度的法向分量一般不是零（这个法向分量是速度的二次型，一般被称为曲面的**第二基本形式**，下一章将予以讨论）. 而我们考虑的加速度的切向分量仅仅是速度导数的一个分量. 但是这么做的好处是，这个分量依然是切向量.

受此启发，引入以下定义.

定义 5.1 **（曲面上的 Riemann 联络导数）**. 设 $S\subset\mathbb{E}^3$ 是一个充分光滑曲面. 设 $\{O,\boldsymbol{e}_i\}$ 为一标准正交坐标系（自变量记为 x^i）. 设 $A\in S$，U 为 A 的开邻域. 若在 $U\cap S$ 上定义了一个光滑向量场 $\boldsymbol{X}=X^i\boldsymbol{e}_i$（对 $U\cap S$ 的每个点 B，指定一个向量 $\boldsymbol{X}(B)\in \boldsymbol{T}_B(S)$）. 设 $\boldsymbol{Y}\in T_A(S)$，$\gamma:(-\varepsilon,\varepsilon)\mapsto S$ 为 S 上一段正则曲线，满足 $\gamma(0)=A$，$\dot\gamma(0)=\boldsymbol{Y}$，则定义向量场 $\boldsymbol{X}$ 在 A 点沿 $\boldsymbol{Y}$ 方向的联络导数 $\nabla_{\boldsymbol{Y}}\boldsymbol{X}$ 为向量

$$\left.\frac{\mathrm{d}(X^i\circ\gamma)}{\mathrm{d}t}\right|_{t=0}\boldsymbol{e}_i$$

在 $T_A(S)$ 上的正交投影.

通常情况下，我们也对 $\boldsymbol{Y}$ 是定义在 A 一个邻域上的向量场的情况定义联络导数. 这样，对于 A 的邻域上的每个点，我们都可以谈论 $\nabla_{\boldsymbol{Y}}\boldsymbol{X}$.

首先要验证如此定义的“导数”是不依赖外界标准正交坐标系的选取的. 从直观上看这是显然的，因为欧氏空间中对一个向量求导（通过对各个分量求导）得到的向量，是不受正交坐标系的选取而变化的（也就是速度不由坐标

系选取的变化而变化，只要这些坐标系都是“静止”的）. 具体来说：设 $\{\bar{O},\bar{\boldsymbol{e}}_i\}$ 是另一个标准正交坐标系，坐标自变量记为 y^i. 设

$$\bar{\boldsymbol{e}}_i=T_i^j\boldsymbol{e}_j.$$

这个矩阵 T_i^j 是正交矩阵. 那么 $\boldsymbol{X}$ 与 $\boldsymbol{Y}$ 分别在两组基下写成分量式

$$\boldsymbol{X}=X^i\boldsymbol{e}_i=\bar{X}^i\bar{\boldsymbol{e}}_i,\boldsymbol{Y}=Y^i\boldsymbol{e}_i=\bar{Y}^i\bar{\boldsymbol{e}}_i,$$

并且

$$\bar{X}^i=U_j^iX^j,\bar{Y}^i=U_j^iY^j,U_j^i\text{ 为 }T_j^i\text{ 的逆矩阵},U_j^iT_i^k=\delta_j^k.$$

$\boldsymbol{X}$ 对 $\boldsymbol{Y}$ 求导，在两个坐标系中分别操作，结果为

$$Y^j\frac{\partial X^i}{\partial x^j}\boldsymbol{e}_i,\ \bar{Y}^j\frac{\partial\bar{X}^i}{\partial y^j}\bar{\boldsymbol{e}}_i.$$

而我们需要说明这两者相等. 为此观察

$$\frac{\partial\bar{X}^i}{\partial y^j}=\frac{\partial\bar{X}^i}{\partial x^k}\cdot\frac{\partial x^k}{\partial y^j}.$$

回忆两个坐标系之间坐标的关系：$x^i\boldsymbol{e}_i=\overrightarrow{OX}=\overrightarrow{O\bar{O}}+\overrightarrow{\bar{O}X}$：

$$x^i=x_0^i+y^jT_j^i,\quad\frac{\partial f}{\partial y^j}=\frac{\partial f}{\partial x^k}\frac{\partial x^k}{\partial y^j}=T_j^k\frac{\partial f}{\partial x^k}.$$

于是

$$\partial_{y^j}=T_j^k\partial_{x^k}.$$

从而

$$\begin{aligned}\bar{Y}^j\frac{\partial\bar{X}^i}{\partial y^j}\bar{\boldsymbol{e}}_i&=(U_{j'}^jY^{j'})\left(U_{i'}^i\frac{\partial X^{i'}}{\partial y^j}\right)(T_i^l\boldsymbol{e}_l)=(U_{j'}^jY^{j'})\left(U_{i'}^iT_j^k\frac{\partial X^{i'}}{\partial x^k}\right)(T_i^l\boldsymbol{e}_l)\\&=(Y^{j'}U_{j'}^jT_j^k)\left(\frac{\partial X^{i'}}{\partial x^k}\right)(U_{i'}^iT_i^l\boldsymbol{e}_l)\\&=(Y^{j'}\delta_{j'}^k)\left(\delta_{i'}^l\frac{\partial X^{i'}}{\partial x^k}\right)\boldsymbol{e}_l=Y^k\frac{\partial X^l}{\partial x^k}\boldsymbol{e}_l.\end{aligned}$$

从而说明两者相等（注意，求和哑指标可以随意取值）.

5.3.2 在参数标架下计算联络导数

假设 $S\subset\mathbb{E}^3$ 是一个曲面，空间中有标准正交坐标系 $\{O,\boldsymbol{e}_i\}$. $A\in S$ 的一个邻域 U 上有参数化

$$\varphi:(-\varepsilon,\varepsilon)\times(-\varepsilon,\varepsilon)\mapsto S\cap U.$$

记参数为 $\{y^1,y^2\}$，对应参数标架为 $\{\partial_{y^1},\partial_{y^2}\}$. 一个点 $B\in U\cap S$ 在标准正交坐标系的坐标 x^i 可以写成 y^i 的光滑函数：

$$x^i = x^i(y^1, y^2).$$

回顾

$$\partial_{y^a} = \frac{\partial x^j}{\partial y^a} \boldsymbol{e}_j$$

我们假设 $T_A(S)$的向量(注意,对 a 的求和范围是 1、2,对 j 的求和范围是 1、2、3)

$$\boldsymbol{Y} = Y^a \partial_{y^a} = Y^1 \partial_{y^1} + Y^2 \partial_{y^2} = Y^a \frac{\partial x^j}{\partial y^a} \boldsymbol{e}_j = (Y^a \partial_{y^a} x^j) \boldsymbol{e}_j,$$

以及 $S \cap U$ 上定义的光滑向量场(注意,对 a 的求和范围是 1、2,对 j 的求和范围是 1、2、3)

$$\boldsymbol{X} = X^a \partial_{y^a} = X^1 \partial_{y^1} + X^2 \partial_{y^2} = X^a \frac{\partial x^j}{\partial y^a} \boldsymbol{e}_j = (X^a \partial_{y^a} x^j) \boldsymbol{e}_j.$$

我们发现,沿着 $\boldsymbol{Y}$ 方向对 $\boldsymbol{X}$ 的每个分量求导:

$$\begin{aligned}
\partial_{\boldsymbol{Y}} \boldsymbol{X} &= (Y^a \partial_{y^a} x^j) \partial_j (X^b \partial_{y^b} x^l) \boldsymbol{e}_l \\
&= Y^a \partial_{y^a} (X^b \partial_{y^b} x^l) \boldsymbol{e}_l \\
&= Y^a \partial_{y^a} X^b \partial_{y^b} x^l \cdot \boldsymbol{e}_l + Y^a X^b \partial_{y^a} \partial_{y^b} x^l \cdot \boldsymbol{e}_l \\
&= (Y^a \partial_{y^a} X^b) \partial_{y^b} + (Y^a X^b \partial_{y^a} \partial_{y^b} x^l) \boldsymbol{e}_l.
\end{aligned}$$

在上面的表达式中,我们发现第一项是在切平面内的($\{\partial_{y^b}\}$的线性组合).需要分解的是第二项.于是回顾式(5.3)

$$(\partial_{y^a} \partial_{y^b} x^l \boldsymbol{e}_l)_{\parallel} = \Gamma^c_{ab} \partial_{y^c},$$

这里 Γ^c_{ab} 是我们在引子里引入的 Christoffel 记号.然后我们可以把联络导数写成:

$$\nabla_{\boldsymbol{Y}} \boldsymbol{X} = (Y^a \partial_{y^a} X^b) \partial_{y^b} + Y^a X^b \Gamma^c_{ab} \partial_{y^c}. \tag{5.10}$$

考虑一个特殊情况,取 $\boldsymbol{Y} = \partial_{y^a}$,$\boldsymbol{X} = \partial_{y^b}$.我们计算

$$\nabla_{\boldsymbol{Y}} \boldsymbol{X} = \nabla_{\partial_{y^a}} \partial_{y^b} = \Gamma^c_{ab} \partial_{y^c}. \tag{5.11}$$

Γ^l_{ij} 的计算公式在引子里给出:

$$\Gamma^l_{ab} = \frac{1}{2} g^{lc} (\partial_a g_{bc} + \partial_b g_{ac} - \partial_c g_{ab}). \tag{5.12}$$

我们尤其要注意:

$$\Gamma^c_{ab} = \Gamma^c_{ba}. \tag{5.13}$$

5.3.3　联络的性质

根据联络的计算公式(5.10)和 Christoffel 记号的定义式(5.12)和性质式

(5.13)，有如下性质.

1. 线性性

设 $\boldsymbol{Y}$、$\boldsymbol{Z}$ 为两个定义在某个 $U\cap S$ 上的向量场. $\boldsymbol{X}$ 为定义在 $U\cap S$ 上的光滑向量场，则

$$\nabla_{(\alpha\boldsymbol{Y}+\beta\boldsymbol{Z})}\boldsymbol{X}=\alpha\,\nabla_{\boldsymbol{Y}}\boldsymbol{X}+\beta\,\nabla_{\boldsymbol{Z}}\boldsymbol{X},\quad \forall\,\alpha,\beta\in\mathbb{R}.$$

设 $\boldsymbol{Y}$ 为定义在 $U\cap S$ 上的向量场，$\boldsymbol{X}_1$、$\boldsymbol{X}_2$ 为两个定义在 $U\cap S$ 上的光滑向量场，那么

$$\nabla_{\boldsymbol{Y}}(\alpha\boldsymbol{X}_1+\beta\boldsymbol{X}_2)=\alpha\,\nabla_{\boldsymbol{Y}}\boldsymbol{X}_1+\beta\,\nabla_{\boldsymbol{Y}}\boldsymbol{X}_2.$$

2. 莱布尼兹法则

设 f 为定义在 $U\cap S$ 上的可微函数

$$\nabla_{\boldsymbol{Y}}(f\boldsymbol{X})=f\,\nabla_{\boldsymbol{Y}}\boldsymbol{X}+(\partial_{\boldsymbol{Y}}f)\boldsymbol{X}.$$

3. 无挠性

设 $\boldsymbol{X}$、$\boldsymbol{Y}$ 都是曲面开邻域上的光滑向量场

$$\nabla_{\boldsymbol{Y}}\boldsymbol{X}-\nabla_{\boldsymbol{X}}\boldsymbol{Y}+[\boldsymbol{X},\boldsymbol{Y}]=0.$$

这里 $[\boldsymbol{X},\boldsymbol{Y}]$ 为两个向量场的交换子，也就是对于 $U\cap S$ 上定义的光滑函数 f 有

$$[\boldsymbol{X},\boldsymbol{Y}]f:=\boldsymbol{X}(\boldsymbol{Y}f)-\boldsymbol{Y}(\boldsymbol{X}f).$$

4. 度量相容性

$$\partial_{\boldsymbol{Z}}(\boldsymbol{X},\boldsymbol{Y})=(\nabla_{\boldsymbol{Z}}\boldsymbol{X},\boldsymbol{Y})+(\boldsymbol{X},\nabla_{\boldsymbol{Z}}\boldsymbol{Y}).$$

证明：我们将在一个局部参数化标架中计算并证明以上性质. 我们假设 $A\in S$ 曲面上的一个点. U 为 A 邻域，在 $U\cap S$ 上有一个局部参数化，参数记为 $\{y^i\}$，参数标架记为 $\{\partial_1,\partial_2\}$. 我们假设

$$\boldsymbol{X}=X^i\partial_i,\quad \boldsymbol{Y}=Y^i\partial_i,\quad \boldsymbol{Z}=Z^i\partial_i,\quad \boldsymbol{X}_1=X_1^i\partial_i,\quad \boldsymbol{X}_2=X_2^i\partial_i.$$

根据公式(5.10)，性质 1 线性性可以由直接计算得到，这里省略.

对于性质 2，记 F 为 f 在参数下的读取

$$F(y^1,y^2)=f(x(y^1,y^2)),$$

则

$$\partial_{\boldsymbol{Y}}f=(Y^i\partial_iF)\circ\varphi_U^{-1},\quad f\boldsymbol{X}=FX^i\partial_i.$$

根据式(5.10)

$$\begin{aligned}\nabla_{\boldsymbol{Y}}(f\boldsymbol{X})&=Y^i\partial_i(FX^k)\partial_k+FX^kY^i\Gamma_{ki}^l\partial_l\\&=Y^i\partial_iF\cdot X^k\partial_k+F(Y^i\partial_iX^k\partial_k+X^kY^i\Gamma_{ki}^l\partial_l)\\&=\partial_{\boldsymbol{Y}}f\cdot\boldsymbol{X}+f\,\nabla_{\boldsymbol{Y}}\boldsymbol{X}.\end{aligned}$$

性质 3 可以由公式(5.10)直接计算. 实际上

$$\nabla_{\boldsymbol{X}}\boldsymbol{Y}=(X^a\partial_a Y^b)\partial_b+X^aY^b\Gamma_{ab}^c\partial_c,\ \nabla_{\boldsymbol{Y}}\boldsymbol{X}=(Y^a\partial_{y^a}X^b)\partial_{y^b}+Y^aX^b\Gamma_{ab}^c\partial_{y^c}.$$

注意到 $\Gamma_{ab}^c=\Gamma_{ba}^c$，于是

$$\nabla_{\boldsymbol{X}}\boldsymbol{Y}-\nabla_{\boldsymbol{Y}}\boldsymbol{X}=(X^a\partial_a Y^b)\partial_b-(Y^a\partial_{y^a}X^b)\partial_{y^b}. \tag{5.14}$$

注意到这是一个一阶微分算子. 另一方面，如果我们在参数标架下计算 $\boldsymbol{X}(\boldsymbol{Y}f)-\boldsymbol{Y}(\boldsymbol{X}f)$，则会得到

$$\partial_{\boldsymbol{Y}}f=Y^a\partial_a F,\ \boldsymbol{X}(\boldsymbol{Y}f)=X^b\partial_b Y^a\cdot\partial_a F+X^bY^a\partial_b\partial_a F,$$

于是得到

$$\boldsymbol{X}(\boldsymbol{Y}f)-\boldsymbol{Y}(\boldsymbol{X}f)=X^b\partial_b Y^a\cdot\partial_a F-Y^b\partial_b X^a\cdot\partial_a F.$$

对比式(5.14)，就得到了想要证明的结论.

对于性质 4，直接在参数域上计算，左边

$$\begin{aligned}\partial_{\boldsymbol{Z}}(\boldsymbol{X},\boldsymbol{Y})&=Z^k\partial_k(X^iY^j(\partial_i,\partial_j))=Z^k\partial_k(X^iY^jg_{ij})\\&=Z^kY^j\partial_kX^i\cdot g_{ij}+Z^kX^i\partial_kY^j\cdot g_{ij}+Z^kX^iY^j\partial_kg_{ij}.\end{aligned}$$

右边

$$(Z^i\partial_iX^k\cdot\partial_k+Z^iX^k\Gamma_{ik}^l\cdot\partial_l,Y^j\partial_j)=Z^iY^j\partial_iX^k\cdot g_{jk}+Z^iY^jX^k\Gamma_{ik}^lg_{lj},$$
$$(Z^i\partial_iY^k\cdot\partial_k+Z^iY^k\Gamma_{ik}^l\cdot\partial_l,X^j\partial_j)=Z^iX^j\partial_iY^k\cdot g_{jk}+Z^iX^jY^k\Gamma_{ik}^lg_{lj}.$$

对比两边，我们只需证明(回顾(5.13))

$$\Gamma_{ik}^lg_{lj}+\Gamma_{ij}^lg_{lk}=\partial_ig_{jk}.$$

而对此直接用式(5.12)就可以了. □

注：在一般 Riemann 流形中的做法是先在某个坐标卡(可理解成参数域)上定义一个度量 g. 然后通过要求性质 1—4 成立来定义联络. 其实性质 1—4 完全决定了联络的形式(也是 Christoffel 记号).

本节练习

练习 1　设 $a_ix^i=0$ 为 $\mathbb{E}^3$ 上标准正交坐标系 $\{O,\boldsymbol{e}_i\}$ 的一个平面. 当 $a_1\neq0$ 时，平面有参数化

$$x^1=-\frac{1}{a_1}(a_2x^2+a_3x^3),\quad x^2=x^2,\quad x^3=x^3,$$

(x^2,x^3) 为参数. 求证在这个参数标架下，$\Gamma_{ij}^k=0$.

5.4　补充：向量场的交换子、Lie 括号

在联络导数的无挠性那里我们引入了向量场的交换子的概念. 注意，交

换子概念可以定义在仿射空间中或是仿射空间中曲面的切空间中. 度量在其中并不扮演不可缺少的角色.

定义 5.2　设 $\Omega\subset\mathscr{A}^3$ 为三维仿射空间中的开集，$\boldsymbol{X}$、$\boldsymbol{Y}$ 为 Ω 上定义的光滑向量场. 对于定义在 Ω 上的任意一个光滑函数(标量场) f，定义

$$[\boldsymbol{X},\boldsymbol{Y}]f:=\boldsymbol{X}(\boldsymbol{Y}f)-\boldsymbol{Y}(\boldsymbol{X}f),$$

称这样的算子为 $\boldsymbol{X}$、$\boldsymbol{Y}$ 的交换子. 上面的括号[·,·]称为 Lie 括号.

同样地，如果 $S\subset\mathscr{A}^3$ 为仿射空间中的一个光滑曲面片. $\boldsymbol{X}$、$\boldsymbol{Y}$ 为定义在 S 上的光滑切向量场. 设 f 为任意一个定义在 S 上的光滑函数(标量场)，定义算子

$$[\boldsymbol{X},\boldsymbol{Y}]f:=\boldsymbol{X}(\boldsymbol{Y}f)-\boldsymbol{Y}(\boldsymbol{X}f),$$

称为 $\boldsymbol{X}$、$\boldsymbol{Y}$ 的交换子.

我们碰到的第一个问题就是，这样定义出来的交换子到底**是什么**. 一般地有以下结果.

命题 5.1　设 $\boldsymbol{X}$、$\boldsymbol{Y}$ 为定义在区域 $\Omega\subset\mathscr{A}^3$ 上的光滑向量场，那么 $[\boldsymbol{X},\boldsymbol{Y}]$ 也是 Ω 上的光滑向量场. 如果 $\boldsymbol{X}$、$\boldsymbol{Y}$ 是某光滑曲面片 S 上定义的光滑切向量场，那么 $[\boldsymbol{X},\boldsymbol{Y}]$ 也是 S 上定义的光滑切向量场.

下面这个证明是从导算子角度出发的证明. 我们将证明 $[\boldsymbol{X},\boldsymbol{Y}]$ 是定义在 $\mathscr{F}_A$ 或者 $\mathscr{F}_A(S)$ 上的导算子. 在本节的习题中我们将帮助读者从纯几何的角度给出这个命题的另一个证明.

证明: 在定义中我们已经看到了 $[\boldsymbol{X},\boldsymbol{Y}]$ 是作用在函数上的算子. 所以首先要证明对任意一个点 $A\in\Omega$，$[\boldsymbol{X},\boldsymbol{Y}]$ 作用在 $\mathscr{F}_A$ 上是导算子. 为此只需要验证它满足导算子的三个性质即可. 设 $f,g\in\mathscr{F}_A$，那么显然在给定点 A，$[\boldsymbol{X},\boldsymbol{Y}]f$ 是一个实数，也就是 $[\boldsymbol{X},\boldsymbol{Y}]$ 是 $\mathscr{F}_A$ 到 $\mathbb{R}$ 的映射. 然后验证线性性. 设 α、β 为两个实数，那么因为 $\boldsymbol{X}$、$\boldsymbol{Y}$ 都是 $\mathscr{F}_A$ 上的线性映射，所以

$$\begin{aligned}[\boldsymbol{X},\boldsymbol{Y}](\alpha f+\beta g)&=\boldsymbol{XY}(\alpha f+\beta g)-\boldsymbol{YX}(\alpha f+\beta g)\\&=\boldsymbol{X}(\alpha\boldsymbol{Y}f+\beta\boldsymbol{Y}g)-\boldsymbol{Y}(\alpha\boldsymbol{X}f+\beta\boldsymbol{X}g)\\&=\alpha(\boldsymbol{XY}f-\boldsymbol{YX}f)+\beta(\boldsymbol{XY}g-\boldsymbol{YX}g)=\alpha[\boldsymbol{X},\boldsymbol{Y}]f+\beta[\boldsymbol{X},\boldsymbol{Y}]g.\end{aligned}$$

然后验证局部性. 为此设在 A 的一个邻域 U 上，$f=g$. 那么对于任意的点 $B\in U$，$\boldsymbol{X}f(B)=\boldsymbol{X}g(B)$，于是函数 $\boldsymbol{X}(f-g)$ 在 U 上恒为零. 同理 $\boldsymbol{Y}(f-g)$ 在 U 上恒为零. 于是在 U 上

$$[\boldsymbol{X},\boldsymbol{Y}](f-g)=\boldsymbol{XY}(f-g)-\boldsymbol{YX}(f-g)=\boldsymbol{X}0-\boldsymbol{Y}0=0.$$

也就是说在 A 点 $[\boldsymbol{X},\boldsymbol{Y}]f=[\boldsymbol{X},\boldsymbol{Y}]g$. 这就说明了局部性.

最后说明 Leibniz 法则. 在 A 点计算

$$\begin{aligned}[\boldsymbol{X},\boldsymbol{Y}](fg)&=\boldsymbol{X}(\boldsymbol{Y}(fg))-\boldsymbol{Y}(\boldsymbol{X}(fg))\\&=\boldsymbol{X}(\boldsymbol{Y}fg(A)+f(A)\boldsymbol{Y}g)-\boldsymbol{Y}(\boldsymbol{X}fg(A)+f(A)\boldsymbol{X}g)\\&=g(A)\boldsymbol{X}(\boldsymbol{Y}f)+f(A)\boldsymbol{X}(\boldsymbol{Y}g)-g(A)\boldsymbol{Y}(\boldsymbol{X}f)-f(A)\boldsymbol{Y}(\boldsymbol{X}g)\\&=g(A)[\boldsymbol{X},\boldsymbol{Y}]f+f(A)[\boldsymbol{X},\boldsymbol{Y}]g.\end{aligned}$$

由此可知,$[\boldsymbol{X},\boldsymbol{Y}]$是定义在 A 点(或者说 A 点附近)的导算子. 故而是 A 点向量空间中的一个向量.

为了证明第二点,假设 S 为 $\mathscr{A}^3$ 中的曲面,$A\in S$. 设 $f,g\in\mathcal{F}_A(S)$,$\boldsymbol{X}$、$\boldsymbol{Y}$ 为 $T_A(S)$中的向量. 我们将证明$[\boldsymbol{X},\boldsymbol{Y}]$为 $\mathcal{F}_A(S)$上的导算子,从而根据命题 4.5,$[\boldsymbol{X},\boldsymbol{Y}]\in T_A(S)$. 为此只需要验证线性性、局部性和 Leibniz 法则. 这个验证同上面的验证类似,请读者自行完成. □

本节练习

练习 1　设 $\mathscr{A}^n$有仿射坐标系 $\mathcal{A}=(O,\boldsymbol{e}_i\}$,坐标自变量记为$\{x^i\}$. 设$U\subset\mathscr{A}^n$上定义了两个向量场 $\boldsymbol{X}=X^i\boldsymbol{e}_i$ 和 $\boldsymbol{Y}=Y^i\boldsymbol{e}_i$,其中分量 X^i、Y^i 都是点的坐标的光滑函数.

(1)证明:

$$[\boldsymbol{X},\boldsymbol{Y}]=(X^i\partial_{x^i}Y^j-Y^i\partial_{x^i}X^j)\boldsymbol{e}_j.$$

提示:用上式两边作用任意 U 上定义的光滑函数 f.

(2)实际上可以将上式作为仿射空间中两个向量场的交换子的定义. 但是需要验证这个定义不依赖于具体仿射坐标系的选取. 也就是说如果有 $\mathscr{A}^n$中另一个仿射坐标系 $\mathcal{B}=\{O',\boldsymbol{f}_i\}$,其坐标自变量记为$\{y^i\}$,使得 $\boldsymbol{X}$、$\boldsymbol{Y}$ 在这个坐标系下的分量形式写成

$$\boldsymbol{X}=\bar{X}^i\boldsymbol{f}_i,\ \boldsymbol{Y}=\bar{Y}^j\boldsymbol{f}_j.$$

那么请证明:

$$(X^i\partial_{x^i}Y^j-Y^i\partial_{x^i}X^j)\boldsymbol{e}_j=(\bar{X}^i\partial_{y^i}\bar{Y}^j-\bar{Y}^i\partial_{y^i}\bar{X}^j)\boldsymbol{f}_j.$$

练习 2　我们采用将 $T_A(S)$看成 T_A 子空间的观点来证明,如果 $\boldsymbol{X},\boldsymbol{Y}\in T_A(S)$,那么$[\boldsymbol{X},\boldsymbol{Y}]\in T_A(S)$. 实际上因为在 A 点 $\boldsymbol{X}$、$\boldsymbol{Y}$ 都是 S 的切向量,从而都是 T_A 中的向量,那么$[\boldsymbol{X},\boldsymbol{Y}]\in T_A$. 问题的关键在于$[\boldsymbol{X},\boldsymbol{Y}]$是否还在 $T_A(S)$中. 为此设 A 点附近有 S 的局部参数化$\{U,\varphi_U\}$,其参数记为$\{y^1,y^2\}$,其自然标架(定义在 $S\cap U$ 的每个点的切空间上)记为$\{\partial_1,\partial_2\}$. 如果 $\boldsymbol{X}$、$\boldsymbol{Y}$ 在该自然标架下的分量形式为

$$\boldsymbol{X}=X^i\partial_i,\quad \boldsymbol{Y}=Y^j\partial_j,$$

那么

$$[\boldsymbol{X},\boldsymbol{Y}]=(X^i\partial_iY^j-Y^i\partial_iX^j)\partial_j.$$

提示：证明这两个向量场相等，用两边分别作用 $\mathcal{F}_A$ 中的任意函数并检验它们相等，并由此说明$[\boldsymbol{X},\boldsymbol{Y}]\in T_A(S)$.

5.5　向量的平行移动

"平行移动"这个词从字面上来看就是一个向量保持"方向"不变，而起点沿着一个给定的路径移动. 在$\mathbb{E}^3$中，由于有全局定义的正交坐标系$\{O,\boldsymbol{e}_i\}$，定义在不同点的向量可以谈论是否"同方向". 然而当我们试图将这个概念移植到曲面上的时候，由于曲面是"弯曲"的，曲面上不同点的切空间中的切向量不能直接谈论是否是"共方向"的，所以无法直接定义曲面上一个切向量的"平行移动".

让我们从另一个角度剖析"平行移动". 例如现在就研究$\mathbb{E}^3$中一个向量沿着一条正则曲线 γ 的平行移动. 我们约定这个向量是单位向量. 向量沿着曲线平移意味着曲线上每一个点给一个向量

$$(-\varepsilon,\varepsilon)\mapsto\mathbb{R}^3,$$
$$t\mapsto\boldsymbol{X}(t).$$

在 $\boldsymbol{e}_i$ 下的分量是 t 的函数：

$$\boldsymbol{X}(t)=X^i(t)\boldsymbol{e}_i.$$

如果是"平行移动"，那么 $\boldsymbol{X}(t)$是常数，也就是 $\partial_{\dot\gamma(t)}\boldsymbol{X}=0$.

我们考虑曲面上的情况，并类比地引入以下定义.

定义 5.3　设 $S\in\mathbb{E}^3$是一个光滑曲面，设

$$\gamma:(-\varepsilon,\varepsilon)\mapsto S$$

为曲面上的一条正则曲线. 考虑定义在 $\gamma(-\varepsilon,\varepsilon)$上的向量场(曲线上每个点指定一个切向量). 若在曲线上每个点 $\gamma(t)$，都满足

$$\nabla_{\dot\gamma(t)}\boldsymbol{X}=0,$$

则我们称 $\boldsymbol{X}$ 是沿着曲线 γ 的平行向量场，称 $\boldsymbol{X}$ 是 $\boldsymbol{X}(\gamma(0))$在 γ 上的**平行移动**，如图 5.4 所示.

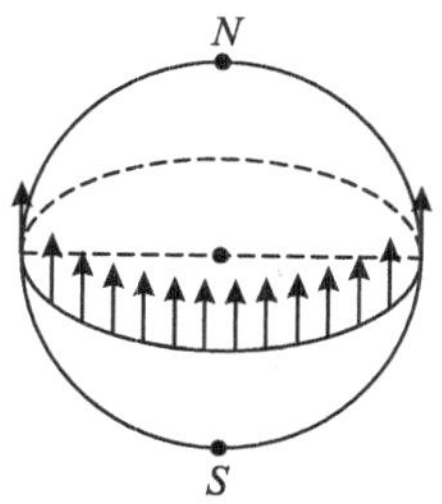

图 5.4

这个定义有一个"隐患"：那就是在定义联络导数的时候，我们假设 $\boldsymbol{X}$ 是

定义在给定点一个邻域上的向量场，然后才能谈论 $\boldsymbol{X}$ 对该点切空间上某切向量的联络导数. 然而在上面的情况中 $\boldsymbol{X}$ 并不定义在曲线上的一个点的（曲面上的）邻域上，它仅仅定义在曲线 γ 上. 这似乎造成了对 $\boldsymbol{X}$ 无法定义联络导数的困难. 然而仔细分析定义 5.1 就会发现，$\nabla_{\dot{\gamma}(t)}\boldsymbol{X}$ 的定义只用到了 $\boldsymbol{X}$ 在曲线 γ 上的值. 所以上述定义是合理的.

那么什么样的向量场才是平行的呢？我们将在局部参数坐标下导出平行向量场满足的方程. 设 γ 是 $(-\varepsilon,\varepsilon)\mapsto S$ 的一条光滑正则曲线. 我们设曲线在参数下的方程为 $y_\gamma^i(t)$（也就是说 $\gamma(t)=\varphi(y_\gamma^1(t),y_\gamma^2(t))$）. 现在假设 $\boldsymbol{X}=X^i\partial_i$（这里 ∂_i 是局部参数标架）是定义在 γ 上的一个向量场（也就是对曲线上的每个点 $(y_\gamma^1(t),y_\gamma^2(t))$ 指定一个切空间中的向量），那么曲线在每个点的切向量是

$$\dot{\gamma}(t)=Y^i\partial_i=\dot{y}_\gamma^i(t)\partial_i,$$

所以平行向量场 $\boldsymbol{X}$ 满足

$$\nabla_{\dot{y}^i(t)\partial_i}(X^j\partial_j)=0.$$

左边根据线性性和莱布尼兹法则可以化为

$$\begin{aligned}Y^i\nabla_{\partial_i}(X^j\partial_j)&=Y^i\partial_iX^j\cdot\partial_j+Y^iX^j\nabla_{\partial_i}\partial_j=Y^i\partial_iX^j\cdot\partial_j+Y^iX^j\Gamma_{ij}^k\partial_k\\&=Y^i\partial_iX^k\cdot\partial_k+Y^iX^j\Gamma_{ij}^k\partial_k=\frac{\mathrm{d}X^k}{\mathrm{d}t}\partial_k+Y^iX^j\Gamma_{ij}^k\partial_k.\end{aligned}$$

所以我们得到平行向量场的方程为

$$\dot{X}^k(t)+\dot{y}_\gamma^i(t)X^j(t)\Gamma_{ij}^k=0,\ k=1,2. \tag{5.15}$$

随后我们证明平行向量场所具有的性质.

命题 5.2　设 S 为 $\mathbb{E}^3$ 中的光滑曲面. $\gamma:(-\varepsilon,\varepsilon)\mapsto S$ 为曲面 S 上的一段光滑正则曲线. 设 $\boldsymbol{X}$、$\boldsymbol{Y}$ 为定义在 γ 上的两个平行向量场，则：

(1) $(\boldsymbol{X},\boldsymbol{Y})$ 沿着曲线 γ 是常数.

(2) $\boldsymbol{X}$ 的模是常数.

(3) $\boldsymbol{X}$ 与 $\boldsymbol{Y}$ 张成的角度是常数.

(4) 设 $\alpha,\beta\in\mathbb{R}$，则 $\alpha\boldsymbol{X}+\beta\boldsymbol{Y}$ 也是 γ 上的平行向量场.

证明：(1) 直接计算：

$$\begin{aligned}\frac{\mathrm{d}}{\mathrm{d}t}(\boldsymbol{X}(\gamma(t)),\boldsymbol{Y}(\gamma(t)))&=\partial_{\dot{\gamma}(t)}(\boldsymbol{X},\boldsymbol{Y})\\&=(\nabla_{\dot{\gamma}(t)}\boldsymbol{X}(\gamma(t)),\boldsymbol{Y}(\gamma(t)))+(\boldsymbol{X}(\gamma(t)),\nabla_{\dot{\gamma}(t)}\boldsymbol{Y}(\gamma(t)))\\&=0.\end{aligned}$$

这里第一个等号是因为对参数 t 求导就是沿着曲线 γ 求导. 第二个等号应用了上节联络的性质的第四点:度量相容性. 第三个等号是因为 $\boldsymbol{X}$、$\boldsymbol{Y}$ 皆平行向量场,故而 $\nabla_{\dot{\gamma}(t)}\boldsymbol{X}(\gamma(t))=\nabla_{\dot{\gamma}(t)}\boldsymbol{Y}(\gamma(t))=0$.

(2)只需在(1)中取 $\boldsymbol{X}=\boldsymbol{Y}$ 即可.

(3)设 θ 是这两个向量的张角,那么

$$\cos\theta=\frac{(\boldsymbol{X},\boldsymbol{Y})}{\|\boldsymbol{X}\|\ \|\boldsymbol{Y}\|}.$$

根据(1)、(2),这是个常数.

(4)应用联络的线性性:

$$\nabla_{\dot{\gamma}(t)}(\alpha\boldsymbol{X}+\beta\boldsymbol{Y})=\alpha\,\nabla_{\dot{\gamma}(t)}\boldsymbol{X}+\beta\,\nabla_{\dot{\gamma}(t)}\boldsymbol{Y}=0.$$

例 5.1(练习)　证明平面上一直线段上的平行向量场就是通常 $\mathbb{E}^3$ 意义下的平行向量场,也就是曲面上的平行向量场就是通常意义下的平行向量场在曲面上的推广.

从另一个角度看,平行向量场就是沿着给定曲线联络导数为零的向量场. 而联络导数的几何意义是通常意义下的导数在曲面切空间的正交投影. 于是我们发现**一个向量场沿着一条曲线是平行的,当且仅当该向量场沿着这条曲线的通常意义下的导数($\mathbb{E}^3$ 上)在每个点同曲面的切平面垂直.**

例 5.2(练习)　考虑球面上的大圆(比如赤道). 考虑大圆上定义的单位切向量场 $\boldsymbol{X}$,它在每个点同大圆垂直. 说明这样的向量场沿大圆平行,如图5.4所示.

平行移动的用处在于它可以被用来建立曲面上不同点的切空间之间的对应关系. 例如现在有 $A,B\in S$ 为曲面 S 上的两个点. 设 γ 是一条经过 A、B 的曲线. 设 $v\in T_A(S)$,$\boldsymbol{V}$ 为沿着 γ 定义的平行向量场,并且 $\boldsymbol{V}(A)=v$. 那么 $\boldsymbol{V}(B)\in T_B(S)$ 可以被看成是 v 在 $T_B(S)$ 中的像. 当然为了使得这个过程合理,我们需要证明以下定理.

定理 5.1　(向量沿着曲线平行移动). 设 $\gamma:(-\varepsilon,\varepsilon)\mapsto S$ 为 $\mathbb{E}^3$ 中光滑曲面 S 上的正则光滑曲线,$A=\gamma(a)$,$v\in T_A(S)$. 则 γ 上存在唯一的平行向量场 $\boldsymbol{X}$,使得 $\boldsymbol{X}(A)=\boldsymbol{X}(\gamma(a))=v$.

证明:设 A 附近有一个曲面的局部参数化 $\{U_A,\varphi_A\}$,其参数记为 $\{y^1,y^2\}$. 设曲线在参数下的方程为 $y_\gamma^i(t)$(也就是曲线上的点满足 $\gamma(t)=\varphi(y_\gamma^1(t),y_\gamma^2(t))$). 如果 $\gamma((-\varepsilon,\varepsilon))\subset U_A$,那么只需证明下列 Cauchy 问题存在唯一解.

$$\begin{cases}\dot{X}^k(t)+\dot{y}_\gamma^i(t)X^j(t)\Gamma_{ij}^k=0,\\ X^k(a)=v^k,\end{cases}$$

这里 $\boldsymbol{v}=v^k\partial_{y^k}$, $\boldsymbol{X}=X^k\partial_{y^k}$. 根据线性常微分方程的理论，这个 Cauchy 问题在 $y(t)$、Γ_{ij}^k 有定义的时候解都存在.

如果 $\gamma((-\varepsilon,\varepsilon))\not\subset U_A$. 我们需要设法将平行向量场延伸到 U_A 之外. 具体做法如下，设

$$c=\sup\{b\,|\,\boldsymbol{X}\text{ 可以延拓到 }\gamma([a,b])\text{ 上}\}.$$

我们来证明 $c=\varepsilon$. 如果不是这样，考虑 $C=\gamma(c)\in S$. 根据曲面的定义，存在着曲面上 C 的开邻域 U_C 以及定义在 U_C 上的局部参数化 $\{U_C,\varphi_C\}$. 经过平移可以假设 $\varphi_C(c)=C$（因为如果 $\varphi_C(d)=C$，可以取 $\tilde{\varphi}_C(\tau)=\varphi_C(\tau+d-c)$). 记这个参数化的参数为 $\{z^1,z^2\}$. 那么必然存在 c 的邻域 $(c-\delta,c+\delta)\subset(-\varepsilon,\varepsilon)$，使得 $\varphi_C((c-\delta,c+\delta))\subset U_C$. 令 $B=\varphi_C(c-\delta/2)\in U_C$. 注意到 $\boldsymbol{X}$ 在 B 点是有定义的. 把它在 $\{\partial_{z^1},\partial_{z^2}\}$ 标架下展开：

$$\boldsymbol{X}=X_c^i\partial_{z^i}.$$

然后在 $U_C\cap\gamma((-\varepsilon,\varepsilon))$ 上写平行向量场方程：

$$\begin{cases}\dot{Y}^k(t)+\dot{z}^iY^j(t)(t)\Gamma_{c,ij}^k=0,\\ Y^k(c-\delta/2)=X^k(B),\end{cases}$$

这里 $\Gamma_{c,ij}^k$ 是 $\{U_C,\varphi_C\}$ 参数化下曲面上的 Christoffel 记号，由曲面本身和参数化完全确定. 同样根据线性常微分方程的存在性理论，上述 Cauchy 问题在 $t\in(c-\delta,c+\delta)$ 存在唯一解. 将这个定义在曲线段 $\varphi((c-\delta,c+\delta))$ 上的平行向量场记为

$$\boldsymbol{Y}=Y^i\partial_{z^i},$$

从而 $\boldsymbol{Y}(B)=\boldsymbol{X}(B)$.

进一步，我们论证在曲线段 $\varphi([c-\delta/2,c])$ 上 $\boldsymbol{X}=\boldsymbol{Y}$. 这是因为两者都满足（参数化 $\{U_c,\varphi_C\}$ 下的）平行向量场方程，并且在 B 点相等. 根据常微分方程解的唯一性定理，在上述曲线段上两个向量场相等.

现在，可以考虑曲线段 $\varphi([a,c+\delta/2])$ 上定义的向量场 $\tilde{\boldsymbol{X}}$：

$$\tilde{\boldsymbol{X}}(D)=\begin{cases}\boldsymbol{X}(D), D\in\gamma([a,c-\delta/2]),\\ \boldsymbol{Y}(D), D\in\gamma([c-\delta/2,c+\delta/2]).\end{cases}$$

如此就把 $\boldsymbol{X}$ 的定义区间延伸到了 c 之外. 这同 c 的定义矛盾. 于是，$c=\varepsilon$.

同样道理，如果设

$$d=\inf\{b\,|\,\boldsymbol{X}\text{ 可以延拓到 }\gamma([b,a])\text{ 上}\},$$

那么 $d=-\varepsilon$. 于是，我们证明了 $\boldsymbol{X}$ 可以延拓到 $\gamma((-\varepsilon,\varepsilon))$ 上.

为了说明唯一性，我们假设存在定义在 $\gamma((-\varepsilon,\varepsilon))$ 上的两个平行向量场

$\boldsymbol{X}$、$\widetilde{\boldsymbol{X}}$，满足 $\boldsymbol{X}(A)=\widetilde{\boldsymbol{X}}(A)=v$. 设

$$c=\sup\{b \mid \text{在}[0,b]\text{上 } \boldsymbol{X}=\widetilde{\boldsymbol{X}}\}.$$

如果 $c<\varepsilon$，由连续性，$\boldsymbol{X}(\gamma(c))=\widetilde{\boldsymbol{X}}(\gamma(c))$. 然后在 $C=\gamma(c)$ 附近的局部参数化下写出 $\boldsymbol{X}$ 和 $\widetilde{\boldsymbol{X}}$ 满足的平行向量场方程. 根据常微分方程 Cauchy 问题的唯一性，得出存在一个 $\delta>0$，在区间 $\gamma((c-\delta,c+\delta))$ 上 $\boldsymbol{X}=\widetilde{\boldsymbol{X}}$. 这同 c 的定义矛盾. 于是 $c=\varepsilon$. 同理

$$d=\inf\{b \mid \text{在 } \gamma([b,0])\text{上 } \boldsymbol{X}=\widetilde{\boldsymbol{X}}\},$$

则 $d=-\varepsilon$. 于是在 $\gamma((-\varepsilon,\varepsilon))$ 上 $\boldsymbol{X}$ 唯一. □

根据上述定理，在度量确定的情况下，我们可以通过平行移动的办法将一个点切空间上的向量“搬运”到另一个点. 然而注意，因为连接两个点的光滑曲线有很多条，我们还需要考虑沿着哪一条曲线平行移动一个向量. 下面的例子可以看出这个平行移动的过程并不是不依赖于路径选择的，不同的路径将会导致不同的平行移动结果.

如图 5.5 所示，考虑$\mathbb{E}^3$中的单位球面. 在大圆 $C_3=\{x^3=0\}\cap\mathbb{S}^2$上，定义向量场 $\boldsymbol{X}=\boldsymbol{e}_3=(0,0,1)$，这是沿着 C_3 的平行向量场. 因为这个向量场在$\mathbb{E}^3$中的各个分量都是常数，所以沿着 C_3 求导是零，再投影在球面上还是零，也就是沿着 C_3 求联络导数是零(回顾定义 5.3). 同样地，在大圆 $C_2=\{x^2=0\}\cap\mathbb{S}^2$上定义向量场

$$\boldsymbol{Y}=-\sin\theta\boldsymbol{e}_1+\cos\theta\boldsymbol{e}_3,\quad \theta\text{ 为原点到 } C_2 \text{ 上的点与 } \boldsymbol{e}_1 \text{ 张成的角}$$

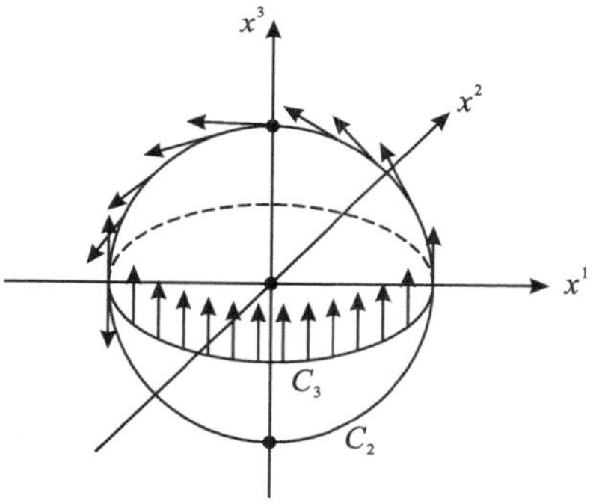

图 5.5

这其实是大圆的单位切向量. 我们来说明它也是大圆上的平行向量场. 这是因为该向量场各个分量沿着 C_2 求导，也就是对 θ 求导：

$$\frac{\mathrm{d}Y^1}{\mathrm{d}\theta}=\sin\theta,\quad \frac{\mathrm{d}Y^2}{\mathrm{d}\theta}=0,\quad \frac{\mathrm{d}Y^3}{\mathrm{d}\theta}=\cos\theta,$$

从而向量$\frac{\mathrm{d}Y^i}{\mathrm{d}\theta}\boldsymbol{e}_i$同球面垂直，它在球面上的正交投影恒为零. 所以 $\boldsymbol{Y}$ 沿着 C_2 求联络导数也是零，也就是说它也是平行向量场.

然后在 $A=(1,0,0)\in\mathbb{S}^2$ 的切空间取向量 $\boldsymbol{v}=\boldsymbol{e}_3$. 通过 $\boldsymbol{X}$ 可以将 $\boldsymbol{v}$ 平移到 $B=(-1,0,0)\in\mathbb{S}^2$ 的切空间上，得到的向量是 $\boldsymbol{e}_3$. 但是通过 $\boldsymbol{Y}$（沿着 θ 从 0 到 π 的方向）平移得到的却是 $-\boldsymbol{e}_3$.

在数学或者物理学中，我们经常期待一个操作是与路径无关的，只决定于起终点，比如，势能、做功. 然而上述平行移动却没有这种良好性质. 这促使我们思考一个问题：什么时候，在什么样的曲面上，上述平移能够不依赖于路径. 其实这是一个非常深刻的问题，它将直接引出本章第 5.8 节对局部平坦曲面和 Riemann 曲率的研究.

本节练习

我们将通过下面的系列练习证明，在局部，沿着一段光滑曲线做平行移动将导致两个曲面两个点的切空间之间的一个线性同构，并且这个同构还保持度量. 设 S 为$\mathbb{E}^3$中的光滑曲面片，$A,B\in U\cap S$. $U\cap S$ 上有一个局部参数化：

$$\varphi_U:(-\varepsilon,\varepsilon)\mapsto S,$$

$$(y^1,y^2)\mapsto\varphi_U(y).$$

设 $\gamma:(-\varepsilon,\varepsilon)\mapsto S$ 是 S 上一段光滑正则曲线，$\gamma(0)=A$，$\gamma(\delta)=B$. 为方便起见，我们记 y_γ^i 为曲线在参数空间的方程，也就是说：

$$\gamma(t)=\varphi_U(y_\gamma^1(t),y_\gamma^2(t)).$$

(1) 设 $\boldsymbol{X}_v$ 是沿着 γ 的平行向量场，$\boldsymbol{X}_v(A)=\boldsymbol{v}$. 写出 $\boldsymbol{X}_v=X_v^i\partial_{y^i}$ 满足的方程.

(2) 定义：

$$T:T_A(S)\mapsto T_B(S),\boldsymbol{v}\mapsto\boldsymbol{X}_v(B).$$

证明 T 是线性映射.

(3) 设 $\boldsymbol{v},\boldsymbol{w}\in T_A(S)$，求证

$$(\boldsymbol{v},\boldsymbol{w})=(T(\boldsymbol{v}),T(\boldsymbol{w})).$$

注：可以想象如果存在一条分段光滑闭曲线，它从 A 出发又回到 A，那么沿着闭曲线做平移将导致 $T_A(S)$ 到自身的等距线性同构，这将导致和乐群（holonomy group）的概念.

5.6　测地线和指数映射

5.6.1　测地线

现在我们从数学上严格定义测地线. 回顾上一节对于平行向量场的理解:平行向量场是通常的“平行”概念在曲面上的推广,也就是在曲面上的一条曲线上平行的向量场的“方向”是不变的. 而三维空间中直线的特点是直线上每一点的切线的方向都是不变的. 我们从这一点出发,定义平面上的直线在曲面上的推广——测地线.

定义 5.4　设

$$\gamma:(-\varepsilon,\varepsilon)\mapsto S$$

为曲面 S 上的一段光滑正则曲线. 如果该曲线是自平行的,也就是该曲线的切向量沿着曲线自身是平行的,那么这样的曲线称为测地线.

从定义出发我们很容易写出曲线必须满足的方程:

$$\nabla_{\dot\gamma(t)}\dot\gamma(t)=0,\quad t\in(-\varepsilon,\varepsilon). \tag{5.16}$$

在一个局部参数标架$\{\partial_i\}$中,上述方程写成:

$$\nabla_{\dot y^i(t)\partial_i}\dot y^j(t)\partial_j=0\Rightarrow \ddot y^j\partial_j+\dot y^i\dot y^k\Gamma_{ik}^j\partial_j=0. \tag{5.17}$$

这里同式(5.7)一模一样.

我们随后证明测地线的一个重要性质.

引理 5.1　测地线的切向量模长是常数.

证明:设

$$\gamma:(-\varepsilon,\varepsilon)\mapsto S$$

为测地线. 我们考虑内积$(\dot\gamma(t),\dot\gamma(t))$沿 γ 自身的导数为

$$\frac{\mathrm{d}}{\mathrm{d}t}(\dot\gamma,\dot\gamma)(t)=\partial_{\dot\gamma(t)}(\dot\gamma,\dot\gamma)(t)=2(\nabla_{\dot\gamma(t)}\dot\gamma(t),\dot\gamma(t))=0.$$

这里用到了$\nabla_{\dot\gamma(t)}\dot\gamma(t)=0$ 以及联络的度量相容性.　□

注:这个性质的意思是说,沿着曲面运动的自由质点的速度大小是不变的. 这也很显然. 因为约束力始终垂直于运动轨迹,所以约束力不做功,没有力对质点做功,所以动能守恒.

方程(5.17)同方程(5.15)虽然都来自于“沿着曲线联络导数等于零”这个几何性质,但从常微分方程角度来说,两者截然不同. 注意到方程(5.15)中

曲线 γ 是给定的，未知量只有 X^k，所以这个方程是线性常微分方程，它具有非常好的性质(叠加原理，解全局存在等). 而方程(5.17)由于 $\dot{y}^i\dot{y}^j\Gamma_{ij}^k$ 这一项的存在，失去了线性性质，这造成了对于方程(5.17)我们只能确定其解**局部存在**. 对应在几何上，这意味着曲面上有可能存在着这样的点 A，从点 A 出发的测地线并不对参数(时间)全局存在. 考虑到测地线的切向量的模(速度)是常数，这也就意味着存在着不能无限(长度意义上)延伸的测地线.

典型的例子是圆锥面(不包含顶点，因为曲面在这个点有奇异性)上的母线. 任意一个点都存在着指向锥顶点的母线，这些母线都是测地线(想象速度指向锥顶点的质点在只受到约束力的情况下应当沿着母线做匀速直线运动). 但显然它们最多只能延伸到(无限接近但不能到达)锥顶点. 这是由曲面自身的性质决定的.

另一个典型的测地线是球面上的大圆，这可以从 5.5 节结尾处的讨论中得知.

5.6.2　指数映射

我们将借助测地线定义一类特殊的映射. 如果我们观察测地线方程(5.17)可知这是一个半线性二阶常微分方程. 为了确定一条测地线，我们必须知道两个初始条件：测地线起点的位置和测地线起始点的速度(切向量).

具体讲，考虑 $A\in S$，设 A 附近有局部参数化 $\varphi:(-\varepsilon,\varepsilon)\times(-\varepsilon,\varepsilon)\mapsto S\cap U$. 设 $A=\varphi(y_A^1,y_A^2)$. 考虑柯西(Cauchy)问题：

$$\begin{cases}\ddot{y}^i+\dot{y}^j\dot{y}^k\Gamma_{jk}^i=0, & i=1,2,\\ y^i(0)=y_A^i, & \dot{y}^i(0)=V^i,\end{cases} \tag{5.18}$$

这里 $\boldsymbol{V}=V^i\partial_i\in T_A(S)$ 是 A 点 S 的切向量. 对于任意的 $\boldsymbol{V}$，上述 Cauchy 问题存在局部解. 我们记

$$\exp(y_A,t\boldsymbol{V})$$

为方程(5.18)的解在 t 处的值(是 S 上某个点的参数坐标). 记

$$\exp_A(t\boldsymbol{V})=\varphi\circ\exp(y_A,t\boldsymbol{V})$$

这是用参数映射把上述参数坐标变成了曲面上的点. 我们证明以下一个结果.

引理 5.2

$$\frac{\mathrm{d}}{\mathrm{d}t}\exp_A(t\boldsymbol{V})\Big|_{t=0}=\boldsymbol{V}. \tag{5.19}$$

证明：首先解释这个表达式的意义. 注意对于任意 $\boldsymbol{V}\in T_A(S)$，Cauchy 问

题(5.18)都有局部解.也就是说

$$\exp_A(\cdot \boldsymbol{V}):(-\varepsilon,\varepsilon)\mapsto S$$

是以 A 为起点,以 $\boldsymbol{V}$ 为初始速度(切向量)的测地线段.所以

$$\frac{\mathrm{d}}{\mathrm{d}t}\exp_A(t\boldsymbol{V})$$

是该测地线在 $\exp_A(t\boldsymbol{V})$这个点的切向量.取 $t=0$,根据定义 $\exp_A(0\boldsymbol{V})=A$.从而式(5.19)左边的意思就是测地线在 A 点的切向量,当然这就是 $\boldsymbol{V}$. □

我们将通过上面的指数映射将 $T_A(S)\simeq\mathbb{E}^2$中原点 O 的一个邻域同 S 上 A 点的一个邻域联系起来.实际上,取 $\boldsymbol{V}$ 为 $T_A(S)$中的单位向量,我们将证明,存在 $\varepsilon_A>0$,使得 $\forall \boldsymbol{V}\in T_A(S)$, $\|\boldsymbol{V}\|=1$, $\exp_A(t\boldsymbol{V})$有定义.

实际上,根据常微分方程的局部理论,Cauchy 问题(5.18)总在某个区间

$$t\in(-T^*(A,\boldsymbol{V}),T^*(A,\boldsymbol{V}))$$

上有解,并且 $T^*(A,\boldsymbol{V})$是 y_A^i 和 V^i 的连续函数.现在固定 A,那么 $T^*(A,\boldsymbol{V})$成为了 $\boldsymbol{V}$ 的连续函数.于是 $T^*(A,\boldsymbol{V})$是 $T_A(S)$单位球面上的连续函数(每个方向有一个存在区间长度).而且 $\forall \boldsymbol{V}\in\mathbb{S}^2$, $T^*(A,\boldsymbol{V})>0$.根据$\mathbb{S}^2$的紧性,

$$\varepsilon_A:=\frac{1}{2}\inf_{V\in\mathbb{S}^2}T^*(A,\boldsymbol{V})>0.$$

于是我们定义了一个从 $T_A(S)$的原点的邻域到参数域的映射:

$$\exp_A:B(\varepsilon_A)\mapsto(-\varepsilon,\varepsilon)\times(-\varepsilon,\varepsilon),$$

$$t\boldsymbol{V}\mapsto\exp(y_A,t\boldsymbol{V}),$$

这里 $\boldsymbol{V}$ 是 $T_A(S)$上一个单位向量,$t\in[0,\varepsilon_A]$.于是 $t\boldsymbol{V}$ 是 $T_A(S)$以原点为圆心,以 t 为半径的向量.映射的像是曲面上某个点的参数坐标.随后再用 φ 将参数域映射到曲面上,得到

$$\exp_A:T_A(S)\supset B(\varepsilon_A)\mapsto S$$

注意到 $T_A(S)$是带有度量的二维空间,可以看成$\mathbb{E}^2$.上面的映射将二维空间中原点附近的一个小圆盘映射成了曲面 S 上以 A 为中心的一个小圆盘.在这个映射的作用之下,$\mathbb{E}^2$上从原点出发的直线段被映射成为 S 上从 A 点出发的测地线段.

注意,如此定义的映射是平面片(在 $T_A(S)$上以 O 为中心的小圆盘)到 S 上以 A 为中心的"小圆盘"上的映射.回顾 4.6 节,我们将说明该映射在 O 点非退化.更加详细地,我们将证明以下引理.

引理 5.3

$$T(\exp_A)_O = Id_{T_A(S)}. \tag{5.20}$$

首先对这个等式进行一个解释：为什么右端是 $T_A(S)$ 上的恒等映射. 这是因为 $\exp_A$ 是 $T_A(S)$ 上 O 点附近到 S 上 A 点附近的映射. 其切映射自然是 O 点的切空间到 A 点的切空间的线性映射. 注意 O 点的切空间，严格来说应该写成

$$T_O(T_A(S)).$$

但是因为 $T_A(S)$ 本身是平面，我们就将其在原点的切空间和它本身等同起来. 具体讲，设 $v \in T_O(T_A(S))$. 将 v 看成是以 O 为起点的有向线段，这个有向线段本身在 $T_A(S)$ 平面内，从而也是 $T_A(S)$ 上的向量.

证明：这个结果是引理 5.2 的直接推论. 实际上回顾 4.6 节练习 2，记

$$\gamma_{\boldsymbol{V}}: (-\varepsilon, \varepsilon) \mapsto T_A(S), \quad t \mapsto t\boldsymbol{V}$$

这里 $\boldsymbol{V} \in T_A(S)$，$\boldsymbol{V} \neq 0$. 那么

$$T(\exp_A)_O(\boldsymbol{V}) = T(\exp_A)_O(\dot{\gamma}_{\boldsymbol{V}}(0)) = \frac{\mathrm{d}}{\mathrm{d}t}\exp_A \circ \gamma_{\boldsymbol{V}}\bigg|_{t=0} = \frac{\mathrm{d}}{\mathrm{d}t}\exp(t\boldsymbol{V})\bigg|_{t=0} = \boldsymbol{V}$$

这对所有 $\boldsymbol{V} \neq 0$ 都成立. 而显然 $T_O\exp_A(0) = 0$. 因为它是线性映射，从而原结论得证. □

5.6.3 *高斯(Gauss)引理

我们接下来研究映射 $\exp_A$ 与度量的关系，如图 5.6 所示.

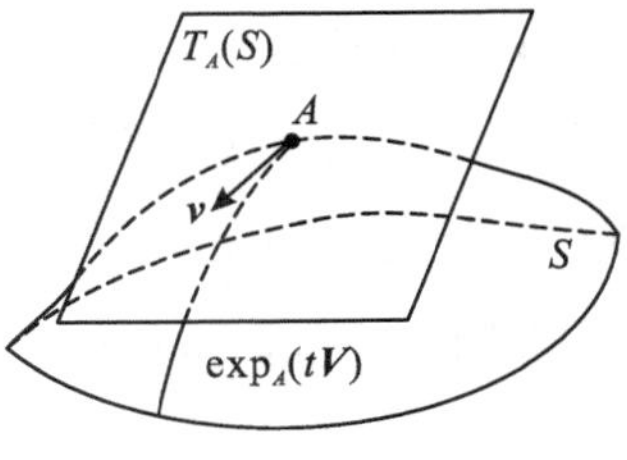

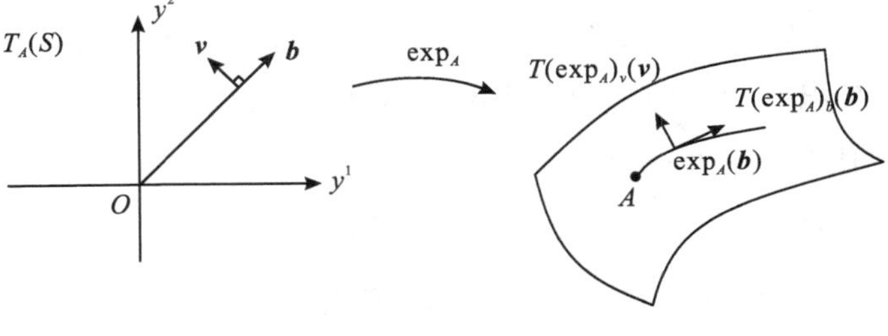

图 5.6

定理 5.2　(Gauss 引理:极坐标形式). 设 $A\in S$ 为 $\mathbb{E}^3$ 上光滑曲面上的一点. 设 $\exp_A$ 在 $T_A(S)$ 中的以原点 O 为圆心 ε_A 为半径的圆盘 $B(\varepsilon_A)$ 上有定义. 设 $\boldsymbol{b}\in B(\varepsilon_A)$, $\boldsymbol{b}\neq 0$. 将 $\boldsymbol{b}$ 看做 $T_A(S)$ 上的向量, 设 $\boldsymbol{v}\in T_A(S)$. 则

$$(T(\exp_A)_{\boldsymbol{b}}(\boldsymbol{b}),T(\exp_A)_{\boldsymbol{b}}(\boldsymbol{v}))_{T_{\exp_A(\boldsymbol{b})}(S)}=(\boldsymbol{b},\boldsymbol{v})_{T_A(S)}.$$

这里 $(\cdot,\cdot)_{T_B(S)}$ 表示 $B\in S$ 点切空间 $T_B(S)$ 上两个向量的内积.

上述定理更加“合理的”一个表述其实应该写成:

$$(T(\exp_A)_{\boldsymbol{b}}(\boldsymbol{b}),T(\exp_A)_{\boldsymbol{b}}(\boldsymbol{v}))_{T_{\exp_A(\boldsymbol{b})}(S)}=(\boldsymbol{b},\boldsymbol{v})_{T_{\boldsymbol{b}}(T_A(S))}.\tag{5.21}$$

右端是 $\boldsymbol{b}$、$\boldsymbol{v}$ 在 $\boldsymbol{b}$ 点的切空间 $T_{\boldsymbol{b}}(T_A(S))$ 上的内积. 我们对此进行一个解释. $\exp_A$ 是 $T_A(S)$ 上一个区域到 S 上一个区域的映射,故而是曲面之间的映射. 其在 $\boldsymbol{b}$ 的切映射是 $T_{\boldsymbol{b}}(T_A(S))$ 和 $T_{\exp_A(\boldsymbol{b})}(S)$ 之间的线性映射. 但是由于 $T_A(S)$ 是平面,使得我们可以把 $T_A(S)$ 上任何一个点 $\boldsymbol{b}$ 的切空间 $T_{\boldsymbol{b}}(T_A(S))$ 和 $T_A(S)$ 本身等同起来. 回顾: $T_{\boldsymbol{b}}(T_A(S))$ 乃是以 $\boldsymbol{b}$ 为起点,同 $T_A(S)$ 相切的有向线段的集合. 这些有向线段作为向量(起点平移到原点)依然包含在 $T_A(S)$ 之中. 相反任何 $T_A(S)$ 之中的向量通过平移都唯一对应一个以 b 为起点与 $T_A(S)$ 相切的有向线段.

带着这个观点来看定理的表述就不难理解, $\boldsymbol{b}\in B(\varepsilon_A)$ 扮演了三重角色:

第一,它是 $T_A(S)$ 上圆盘 $B(\varepsilon_A)$ 上的一个几何点. 这就是 $T(\exp)_{\boldsymbol{b}}$ 中的 $\boldsymbol{b}$ 的含义:映射 exp 在 $\boldsymbol{b}$ 点的切映射.

第二,将 $\boldsymbol{b}$ 平移到 $T_{\boldsymbol{b}}(T_A(S))$,又成为了 $T_A(S)$ 在 $\boldsymbol{b}$ 点(第一个意义下)的一个切向量,也就是以 $\boldsymbol{b}$ 为起点与 $T_A(S)$ 相切的有向线段. $\boldsymbol{v}$ 也是用这个方式看成了 $T_{\boldsymbol{b}}(T_A(S))$ 上的向量,故而 $(\boldsymbol{b},\boldsymbol{v})_{T_{\boldsymbol{b}}(T_A(S))}$ 是有意义的. 而且只有在这个观点之下,我们才能说 $T(\exp_A)_{\boldsymbol{b}}$ 能够作用在 $\boldsymbol{b}$、$\boldsymbol{v}$ 上(切映射定义域是 $T_{\boldsymbol{b}}(T_A(S))$). 在这个观点之下,式(5.21)的意思是说 $T_{\boldsymbol{b}}(T_A(S))$ 上两个向量做了内积得到一个数,而把它们用 $T(\exp_A)_{\boldsymbol{b}}$ 映射到 $T_{\exp_A(\boldsymbol{b})}(S)$ 上再做内积也得到一个数. 这两个数相等.

第三,作为 $T_A(S)$ 中的元素它是曲面 S 在 A 点的切向量. 这是 $\boldsymbol{b}$ 和 $\boldsymbol{v}$ 可以在 $T_A(S)$ 中做内积并且这个内积同 $\boldsymbol{b}$、$\boldsymbol{v}$ 在 $T_{\boldsymbol{b}}(T_A(S))$ 上的内积相等. 故而定理最终表述采用了 $T_A(S)$ 上的内积.

我们还可以给这个结果一个更加几何化的解释. 考虑在 $B(\varepsilon_A)$ 上一个以原点为圆心的圆周. 在这个圆周上取一点 $\boldsymbol{b}$,圆周在这点的切向量 $\boldsymbol{v}$ 同 $\boldsymbol{b}$(看作从原点到 $\boldsymbol{b}$ 的向量)垂直. 那么在 $\exp_A$ 的作用下,圆周在 S 上的像依然是一条过 $\exp_A(\boldsymbol{b})$ 的光滑闭曲线(因为 $\exp_A$ 是局部微分同胚),记为 C. 该曲线在该

点的切向量是 $T(\exp_A)_{\boldsymbol{b}}(\boldsymbol{v})$，而自 A 点出发经过该点的测地线的切向量是 $T(\exp_A)_{\boldsymbol{b}}(\boldsymbol{b})$. 上面的定理说明，$T(\exp_A)_{\boldsymbol{b}}(\boldsymbol{b})\perp T(\exp_A)_{\boldsymbol{b}}(\boldsymbol{v})$. 在接下来的证明中我们将看到，$C$ 上的点到 A 的距离相等，也就是 C 是所谓"测地圆周". 该定理可以被表述为：测地圆周同测地半径垂直.

定理 5.2 的证明. 考虑映射

$$F:(-\varepsilon,\varepsilon)\times(-\varepsilon,\varepsilon)\mapsto S,$$
$$(s,t)\mapsto \exp_A(t(\boldsymbol{b}+s\boldsymbol{v})).$$

这是个从平面片 $D:=(-\varepsilon,\varepsilon)\times(-\varepsilon,\varepsilon)$ 到曲面 S 的映射. 为方便起见我们记 $\gamma_s(t):=\exp_A(t(\boldsymbol{b}+s\boldsymbol{v}))$. 注意对于固定的 s，γ_s 都是从 A 点出发的测地线，$\gamma_s(0)=A$.

注意到 D 上有一个自然标架场 $\{\partial_s,\partial_t\}$. 我们首先说明

$$TF_{(s,t)}(\partial_t)=T(\exp_A)_{t(\boldsymbol{b}+s\boldsymbol{v})}(\boldsymbol{b}+s\boldsymbol{v}),\qquad(5.22)$$
$$TF_{(s,t)}(\partial_s)=T(\exp_A)_{t(\boldsymbol{b}+s\boldsymbol{v})}(t\boldsymbol{v}).$$

为此，需要将 F 看成两个映射的复合：

$$F:D\xrightarrow{\ \psi\ }B(\varepsilon_A)\xrightarrow{\ \exp_A\ }S,$$

$$(s,t)\xrightarrow{\ \psi\ }t(\boldsymbol{b}+s\boldsymbol{v})\xrightarrow{\ \exp_A\ }\exp_A(t(\boldsymbol{b}+s\boldsymbol{v})).$$

注意 $\psi:(s,t)\mapsto t(\boldsymbol{b}+s\boldsymbol{v})$. 那么

$$T\psi_{(s,t)}(\partial_t)=\boldsymbol{b}+s\boldsymbol{v},\ T\psi_{s,t}(\partial_s)=t\boldsymbol{v}.$$

这是因为设 $f\in\mathcal{F}_{t(\boldsymbol{b}+s\boldsymbol{v})}(T_A(S))$，$f$ 是二变量实函数，则

$$\partial_t(\psi^* f)=\frac{\partial(f\circ\psi)}{\partial s}=\frac{\partial f(t(\boldsymbol{b}+s\boldsymbol{v}))}{\partial s}=\partial_{t\boldsymbol{v}}f.$$

同理可证 ∂_s 的情况.

再回顾 4.6 节练习 1 的结果

$$TF_{(s,t)}(\partial_t)=T(\exp_A)_{t(\boldsymbol{b}+s\boldsymbol{v})}\circ T\psi_{(s,t)}=T(\exp_A)_{t(\boldsymbol{b}+s\boldsymbol{v})}(\boldsymbol{b}+s\boldsymbol{v}).$$

同理可证 ∂_s 的情况.

当 $s=0$ 时，

$$TF_{(0,t)}(\partial_t)=T(\exp_A)_{t\boldsymbol{b}}(\boldsymbol{b}),TF_{(0,t)}(\partial_s)=T(\exp_A)_{t\boldsymbol{b}}(t\boldsymbol{v}).$$

另一方面，我们证明

$$\dot{\gamma}_s(t)=T(\exp_A)_{t(\boldsymbol{b}+s\boldsymbol{v})}(\boldsymbol{b}+s\boldsymbol{v}).\qquad(5.23)$$

这是因为，回顾 4.6 节练习 2

$$\dot{\gamma}_s(t)=\frac{\mathrm{d}}{\mathrm{d}t}\exp_A(t(\boldsymbol{b}+s\boldsymbol{v}))=T(\exp_A)_{t(\boldsymbol{b}+s\boldsymbol{v})}(\boldsymbol{b}+s\boldsymbol{v}).$$

特别地，取 $s=0$

$$\dot{\gamma}_0(t)=T(\exp_A)_{tb}(\boldsymbol{b}). \tag{5.24}$$

注意到 γ_s 是测地线，从而 $(\dot{\gamma}_s(t),\dot{\gamma}_s(t))_{T_{\gamma_s(t)}(S)}$ 关于 t 是常数. 从而

$$\begin{aligned}(\dot{\gamma}_s(t),\dot{\gamma}_s(t))_{T_{\gamma_s(t)}(S)}&=(\dot{\gamma}_s(0),\dot{\gamma}_s(0))_{T_{\gamma_s(t)}(S)}\\&=(T(\exp_A)_O(\boldsymbol{b}+s\boldsymbol{v}),T(\exp_A)_O(\boldsymbol{b}+s\boldsymbol{v}))_{T_A(S)}.\end{aligned}$$

然后用式(5.20)

$$(\dot{\gamma}_s(t),\dot{\gamma}_s(t))_{T_{\gamma_s(t)}(S)}=(\boldsymbol{b},\boldsymbol{b})_{T_A(S)}+2s(\boldsymbol{b},\boldsymbol{v})_{T_A(S)}+s^2(\boldsymbol{v},\boldsymbol{v})_{T_A(S)}. \tag{5.25}$$

随后考虑 $(T(\exp_A)_{tb}(\boldsymbol{b}),T(\exp_A)_{tv}(\boldsymbol{v}))_{\gamma_0(t)}$. 我们希望证明这个量沿着 $\gamma_0(t)$ 曲线是常数. 为此考虑

$$\begin{aligned}&\partial_t(TF_{(s,t)}(\partial_t),TF_{(s,t)}(\partial_s))_{T_{\gamma_s(t)}(S)}\\&=\partial_{\dot{\gamma}(t)}(\dot{\gamma}_s(t),TF_{(s,t)}(\partial_s))_{T_{\gamma_s(t)}(S)}\\&=(\nabla_{\dot{\gamma}_s(t)}\dot{\gamma}_s(t),TF_{(s,t)}(\partial_s))_{T_{\gamma_s(t)}(S)}+(\dot{\gamma}_s(t),\nabla_{\dot{\gamma}_s(t)}TF_{(s,t)}(\partial_s))_{T_{\gamma_s(t)}(S)}\\&=(TF_{(s,t)}(\partial_t),\nabla_{TF_{(s,t)}(\partial_t)}TF_{(s,t)}(\partial_s))_{T_{\gamma_s(t)}(S)},\end{aligned} \tag{5.26}$$

这里第一个等号是因为式(5.23). 第二个等号利用了联络的度量相容性. 第三个等号用了 $\gamma_s(t)$ 是测地线的事实，从而 $\nabla_{\dot{\gamma}_s(t)}\dot{\gamma}_s(t)=0$.

然后我们需要下面的结果：

$$[TF_{(s,t)}(\partial_s),TF_{(s,t)}(\partial_t)]=0. \tag{5.27}$$

这是因为用这个交换子作用在任意一个 $\mathcal{F}_{\gamma_s(t)}(S)$ 上的函数 f 上有

$$TF_{(s,t)}(\partial_s)(f)=\partial_s(F^*f),\quad TF_{(s,t)}(\partial_t)(f)=\partial_t(F^*f).$$

而 F^*f 是 (s,t) 附近定义的光滑函数（因为 F 光滑），从而

$$[\partial_s,\partial_t](F^*f)=0,$$

从而式(5.27)成立.

我们继续式(5.26)的计算. 根据联络的无挠性并利用式(5.27)有

$$\begin{aligned}&\partial_{\dot{\gamma}_s(t)}(T(\exp_A)_{t(\boldsymbol{b}+s\boldsymbol{v})}(\boldsymbol{b}+s\boldsymbol{v}),T(\exp_A)_{t(\boldsymbol{b}+s\boldsymbol{v})}(t\boldsymbol{v}))_{T_{\gamma_s(t)}(S)}\\&=(TF_{(s,t)}(\partial_t),\nabla_{TF_{(s,t)}(\partial_t)}TF_{(s,t)}(\partial_s))_{T_{\gamma_s(t)}(S)}\\&=(TF_{(s,t)}(\partial_t),\nabla_{TF_{(s,t)}(\partial_s)}TF_{(s,t)}(\partial_t))_{T_{\gamma_s(t)}(S)}\\&=\frac{1}{2}\partial_{TF_{(s,t)}(\partial_s)}(TF_{(s,t)}(\partial_t),TF_{(s,t)}(\partial_t))_{T_{\gamma_s(t)}(S)}\\&=\frac{1}{2}\partial_{TF_{(s,t)}(\partial_s)}(\dot{\gamma}_s(t),\dot{\gamma}_s(t))_{T_{\gamma_s(t)}(S)}.\end{aligned} \tag{5.28}$$

随后我们注意到下面的关系. 设 f 为定义在 S 上 $F(s,t)$ 附近的函数. 那么

$$\partial_s(F^* f)(s,t)=\partial_{TF_{(s,t)}(\partial_s)}(f).$$

回顾式(5.28),注意 S 上定义的函数:

$$f:\gamma_s(t)\mapsto(\dot{\gamma}_s(t),\dot{\gamma}_s(t))_{T_{\gamma_s(t)}(S)}.$$

这个通过式(5.25)得知(将这个量写成(s,t)的函数):

$$F^* f=f\circ F=(\boldsymbol{b},\boldsymbol{b})_{T_A(S)}+2s(\boldsymbol{b},\boldsymbol{v})_{T_A(S)}+s^2(\boldsymbol{v},\boldsymbol{v})_{T_A(S)}.$$

于是继续式(5.28)的计算:

$$\begin{aligned}
&\partial_t(T(\exp_A)_{t(\boldsymbol{b}+s\boldsymbol{v})}(\boldsymbol{b}+s\boldsymbol{v}),T(\exp_A)_{t(\boldsymbol{b}+s\boldsymbol{v})}(t\boldsymbol{v}))_{T_{\gamma_s(t)}(S)}\\
&=\frac{1}{2}\partial_s(F^* f)(s,t)\\
&=\frac{1}{2}\partial_s((\boldsymbol{b},\boldsymbol{b})_{T_A(S)}+2s(\boldsymbol{b},\boldsymbol{v})_{T_A(S)}+s^2(\boldsymbol{v},\boldsymbol{v})_{T_A(S)})\\
&=(\boldsymbol{b},\boldsymbol{v})_{T_A(S)}+s(\boldsymbol{v},\boldsymbol{v})_{T_A(s)}.
\end{aligned}$$

在上式中两边取 $s=0$,得到

$$\partial_t(T(\exp_A)_{t\boldsymbol{b}}(\boldsymbol{b}),T(\exp_A)_{t\boldsymbol{b}}(t\boldsymbol{v}))_{T_{\gamma_0(t)}(S)}=(\boldsymbol{b},\boldsymbol{v})_{T_A(S)}.$$

两边对 t 在$[0,1]$上积分,得到

$$(T(\exp_A)_{t\boldsymbol{b}}(\boldsymbol{b}),T(\exp_A)_{t\boldsymbol{b}}(t\boldsymbol{v}))_{T_{\gamma_0(t)}(S)}\Big|_0^1=(\boldsymbol{b},\boldsymbol{v})_{T_A(S)}.$$

注意左边,当 $t=0$ 时,因为 $T(\exp_A)_{t\boldsymbol{b}}(t\boldsymbol{v})=0$,所以得到

$$(T(\exp_A)_{\boldsymbol{b}}(\boldsymbol{b}),T(\exp_A)_{\boldsymbol{b}}(\boldsymbol{v}))_{T_{\gamma_0(t)}(S)}=(\boldsymbol{b},\boldsymbol{v})_{T_A(S)}.$$ □

5.7　弧长变分

测地线是平面上的直线在曲面上的推广. 直线段有一个重要性质就是它是两个点之间的最短线. 本节我们将建立测地线的类似结果.

定理 5.3　设 $A,B\in S$ 为光滑曲面上两个点. 记 Γ_{AB} 为自 A 出发到 B 的正则曲线集合. 若 $\gamma\in\Gamma_{AB}$ 为其中弧长最短者,则 γ 为一条测地线.

为了证明这个结论,我们首先要引入“弧长变分”的概念,如图 5.7 所示. 设 $A,B\in S$是曲面上的两个点,记

$$\Gamma_{AB}=\{\text{从 } A \text{ 到 } B \text{ 的正则曲线}\}.$$

然后对于每一个这样的曲线,我们都可以计算其弧长. 也就是说我们在 Γ_{AB} 上

定义了一个“泛函”：

$$L:\Gamma_{AB}\mapsto\mathbb{R},$$
$$\gamma\mapsto\int_{t_0}^{t_1}(\dot{\gamma}(t),\dot{\gamma}(t))^{1/2}\mathrm{d}t.$$

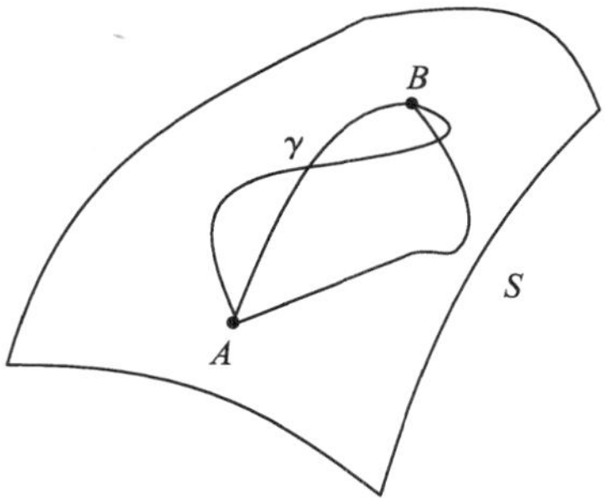

图 5.7

考虑对一条正则曲线做“扰动”，方法如下. 假设

$$\gamma:[t_0,t_1]\mapsto S$$

是一条正则曲线. 假设 $\boldsymbol{X}$ 是定义在 γ 上的一个向量场(对 γ 上每个点指定一个 S 的切向量). 我们定义映射(见图 5.8)：

$$\Gamma_{\boldsymbol{X}}:[t_0,t_1]\times(-\varepsilon,\varepsilon)\mapsto S,$$
$$(t,\eta)\mapsto\exp_{\gamma(t)}(\eta\boldsymbol{X}(t)).$$

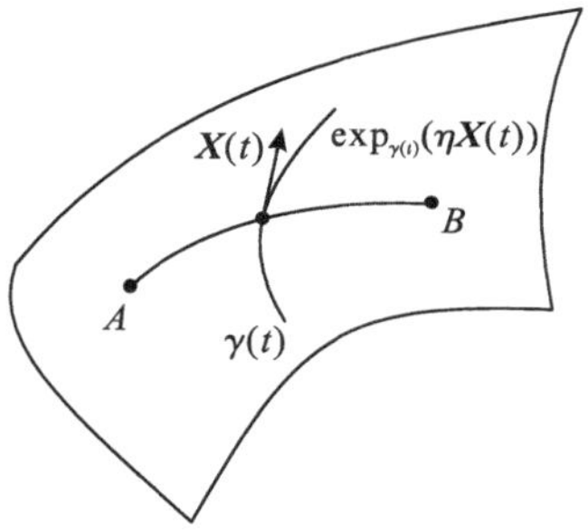

图 5.8

它的意思：对于曲线 γ 的每个点 $\gamma(t)$，我们考虑以该点和 $\boldsymbol{X}(t)$ 为初值的测地线在 η 点的值(是曲面上的点). 但是如此定义有以下两个小问题.

第一个问题：是否存在这样的 $\varepsilon>0$ 使得对于 $\forall\,\gamma(t)$，Cauchy 问题在 $\eta\in(-\varepsilon,\varepsilon)$上有解. 这个回答是肯定的. 因为根据常微分方程的理论，对于每个 $t\in[t_0,t_1]$，在给定 $X(t)$时式(5.18)都有一个解的存在区间$(-\varepsilon_t,\varepsilon_t)$. 并且这个 ε_t 还是 t 的连续函数(因为解对初值和系数的连续依赖性). 于是根据$[t_0,t_1]$的紧性，我们知道

$$\varepsilon := \inf_{t\in[t_0,t_1]} \varepsilon_t > 0.$$

第二个问题：对于给定的 $\eta\in(-\varepsilon,\varepsilon)$，$\exp_{\gamma(t)}(\eta \boldsymbol{X}(t))$是否是一条正则曲线. 这是由于常微分方程解对初值的可微依赖性. 我们观察发现，当 η 取定时，$\exp_{\gamma(t)}(\eta \boldsymbol{X}(t))$是式(5.18)以 $\gamma(t)$、$X(t)$为初值的解在 η 处的值. 而 $\gamma(t)$、$\boldsymbol{X}(t)$都是 t 的光滑函数(各个坐标、分量)，从而 $\exp_{\gamma(t)}(\eta \boldsymbol{X}(t))$的各个坐标是 t 的可微函数. 由$[t_0,t_1]$的紧性，

$$\inf_{t\in[t_0,t_1]} |\dot{\gamma}(t)|>0.$$

另外在 $\eta=0$ 时，

$$\frac{\partial}{\partial t}\exp_{\gamma(t)}(\eta \boldsymbol{X}(t))\Big|_{\eta=0}=\frac{\mathrm{d}}{\mathrm{d}t}\gamma(t)\neq 0$$

所以当 η 充分小时(由 ε 的选择保证)，根据连续性以及$[t_0,t_1]$的紧性，$\exists\,\delta>0$，使得 $\forall\,|\eta|<\delta$, $\forall\,t\in[t_0,t_1]$,

$$\frac{\partial}{\partial t}\exp_{\gamma(t)}(\eta \boldsymbol{X}(t))\neq 0.$$

于是

$$\gamma_\eta:[t_0,t_1]\mapsto S,$$
$$t\mapsto \exp_{\gamma(t)}(\eta \boldsymbol{X}(t))$$

是一条正则曲线.

定义 5.5　我们称如上定义的映射 $\Gamma_{\boldsymbol{X}}(t,\eta)=\exp_{\gamma(t)}(\eta \boldsymbol{X}(t))$为曲线 γ 在向量场 $\boldsymbol{X}$ 下的扰动. 如果 $\boldsymbol{X}(t_0)=\boldsymbol{X}(t_1)=0$，称为 γ 的定端扰动.

注意，曲线关于向量场 $\boldsymbol{X}$ 的扰动实际上是一个单参数曲线族(以 η 为参数，每个 η 给出一条曲线). 于是我们可以定义：

$$\gamma_\eta(t) := \exp_{\gamma(t)}(\eta \boldsymbol{X}(t))$$

以及

$$L(\eta) := \int_{t_0}^{t_1} (\dot{\gamma}_\eta(t),\dot{\gamma}_\eta(t))_g^{1/2}\,\mathrm{d}t.$$

而定端扰动产生的曲线 γ_η 都满足

$$\gamma_\eta(t_0)=A,\ \gamma_\eta(t_1)=B.$$

现在我们证明定理 5.3.

定理 5.3 的证明. 假设曲线

$$\gamma:[t_0,t_1]\mapsto S$$

是一条正则曲线，设 t 是弧长参数并且 $\gamma(t_0)=A$，$\gamma(t_1)=B$. 我们考虑 γ 在向

量场 $\boldsymbol{X}$ 下的定端扰动 $\Gamma_{\boldsymbol{X}}$ 产生的单参数曲线族$\{\gamma_\eta\}$，如图 5.9 所示.

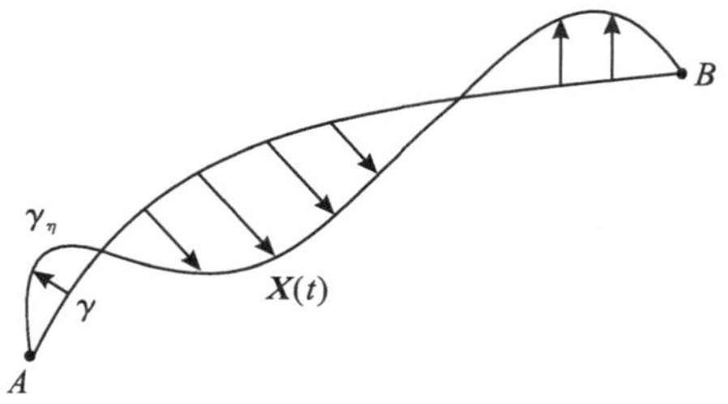

图 5.9

计算 γ_η 的弧长：

$$L(\eta)=\int_{t_0}^{t_1}(\dot{\gamma}_\eta(t),\dot{\gamma}_\eta(t))^{1/2}\mathrm{d}t.$$

注意到 $\Gamma_{\boldsymbol{X}}$ 是一个从$(t_0,t_1)\times(-\varepsilon,\varepsilon)$到 S 上的可微映射. 设 f 为 S 上定义的光滑函数. 定义

$$\partial_1 f=\partial_t f=\partial_{\dot{\gamma}_\eta(t)} f=\frac{\partial(f\circ\Gamma_{\boldsymbol{X}})}{\partial t},\quad \partial_2 f=\partial_\eta f=\frac{\partial(f\circ\Gamma_{\boldsymbol{X}})}{\partial\eta}.$$

这样 ∂_1、∂_2 都是曲面的切向量. 尤其注意$[\partial_1,\partial_2]=0$. 这是因为，$\forall f\in\mathcal{F}_A(S)$，$A\in\Gamma_{\boldsymbol{X}}((t_0,t_1)\times(-\varepsilon,\varepsilon))$都有

$$[\partial_1,\partial_2]f=[\partial_t,\partial_\eta](f\circ\Gamma_{\boldsymbol{X}}).$$

注意这里 $f\circ\Gamma_{\boldsymbol{X}}$ 是$(t_0,t_1)\times(-\varepsilon,\varepsilon)$上的光滑函数. 从而

$$[\partial_1,\partial_2]f=[\partial_t,\partial_\eta](f\circ\Gamma_{\boldsymbol{X}})=0,$$

于是$[\partial_1,\partial_2]=0$. 特别地，当 $\eta=0$ 时

$$\partial_2=\boldsymbol{X}.$$

然后计算(注意这是紧集上对光滑函数的积分，求导可以通过积分号)

$$\begin{aligned}\frac{\mathrm{d}}{\mathrm{d}\eta}L(\eta)&=\frac{\mathrm{d}}{\mathrm{d}\eta}\int_{t_0}^{t_1}(\dot{\gamma}_\eta(t),\dot{\gamma}_\eta(t))^{1/2}\mathrm{d}t=\frac{1}{2}\int_{t_0}^{t_1}\frac{\partial_\eta(\dot{\gamma}_\eta(t),\dot{\gamma}_\eta(t))}{(\dot{\gamma}_\eta(t),\dot{\gamma}_\eta(t))^{1/2}}\mathrm{d}t\\&=\int_{t_0}^{t_1}\frac{(\nabla_{\partial_2}\dot{\gamma}_\eta(t),\dot{\gamma}_\eta(t))}{(\dot{\gamma}_\eta(t),\dot{\gamma}_\eta(t))^{1/2}}\mathrm{d}t=\int_{t_0}^{t_1}\frac{(\nabla_{\dot{\gamma}_\eta(t)}\partial_2,\dot{\gamma}_\eta(t))}{(\dot{\gamma}_\eta(t),\dot{\gamma}_\eta(t))^{1/2}}\mathrm{d}t\\&=\int_{t_0}^{t_1}\frac{\partial_t(\partial_2,\dot{\gamma}_\eta(t))}{(\dot{\gamma}_\eta(t),\dot{\gamma}_\eta(t))^{1/2}}\mathrm{d}t-\int_{t_0}^{t_1}\frac{(\partial_2,\nabla_{\dot{\gamma}_\eta(t)}\dot{\gamma}_\eta(t))}{(\dot{\gamma}_\eta(t),\dot{\gamma}_\eta(t))^{1/2}}\mathrm{d}t.\end{aligned}$$

在上述计算过程中，我们使用了以下事实(第三个等号：联络的度量相容性)：$\partial_\eta(\dot{\gamma}_\eta(t),\dot{\gamma}_\eta(t))=(\nabla_{\partial_2}\dot{\gamma}_\eta(t),\dot{\gamma}_\eta(t))+(\dot{\gamma}_\eta(t),\nabla_{\partial_2}\dot{\gamma}_\eta(t))=2(\nabla_{\partial_2}\dot{\gamma}_\eta(t),\dot{\gamma}_\eta(t))$，以及(第四个等号：联络的无挠性)

$$\nabla_{\partial_2}\dot{\gamma}_\eta(t)-\nabla_{\dot{\gamma}_\eta(t)}\partial_2-[\partial_2,\dot{\gamma}_\eta(t)]=0 \quad\Rightarrow\quad \nabla_{\partial_2}\dot{\gamma}_\eta(t)=\nabla_{\dot{\gamma}_\eta(t)}\partial_2+[\partial_2,\dot{\gamma}_\eta(t)],$$

并且注意到$[\partial_2,\dot{\gamma}_\eta(t)]=[\partial_2,\partial_1]=0$. 从而

$$\nabla_{\partial_2}\dot{\gamma}_\eta(t)=\nabla_{\dot{\gamma}_\eta(t)}\partial_2.$$

最后一个等号：

$$(\nabla_{\dot{\gamma}_\eta(t)}\partial_2,\dot{\gamma}_\eta(t))=\frac{\mathrm{d}}{\mathrm{d}t}(\partial_2,\dot{\gamma}_\eta(t))-(\partial_2,\nabla_{\dot{\gamma}_\eta(t)}\dot{\gamma}_\eta(t)).$$

注意到 $\eta=0$ 时，总有 $\partial_t(\dot{\gamma},\dot{\gamma})=0$(因为 $\gamma(t)$是弧长参数化)，从而

$$\begin{aligned}\frac{\mathrm{d}}{\mathrm{d}\eta}L\bigg|_{\eta=0}&=\int_{t_0}^{t_1}\partial_t\left[\frac{(\partial_2,\dot{\gamma})}{(\dot{\gamma}(t),\dot{\gamma}(t))^{1/2}}\right]\mathrm{d}t-\int_{t_0}^{t_1}\frac{(\partial_2,\nabla_{\dot{\gamma}(t)}\dot{\gamma}(t))}{(\dot{\gamma}(t),\dot{\gamma}(t))^{1/2}}\mathrm{d}t\\&=\left[\frac{(\partial_2,\dot{\gamma}(t))}{(\dot{\gamma}(t),\dot{\gamma}(t))^{1/2}}\right]\bigg|_{t_0}^{t_1}-\int_{t_0}^{t_1}\frac{(\partial_2,\nabla_{\dot{\gamma}(t)}\dot{\gamma}(t))}{(\dot{\gamma}(t),\dot{\gamma}(t))^{1/2}}\mathrm{d}t.\end{aligned}\tag{5.29}$$

我们进一步注意到，∂_2 在 $t=t_0$ 和 $t=t_1$ 的时候都是零. 于是式(5.29)的右端第一项是零. 从而(注意 $\eta=0$ 时 $\partial_2=\boldsymbol{X}$)

$$\frac{\mathrm{d}}{\mathrm{d}\eta}L\bigg|_{\eta=0}=-\int_{t_0}^{t_1}\frac{(\boldsymbol{X},\nabla_{\dot{\gamma}(t)}\dot{\gamma}(t))}{(\dot{\gamma}(t),\dot{\gamma}(t))^{1/2}}\mathrm{d}t.\tag{5.30}$$

这个表达式称为曲线弧长对扰动 $\boldsymbol{X}$ 的变分.

如果在 $\eta=0$ 时，$L(\eta)$取到最小值，那么$\frac{\mathrm{d}L}{\mathrm{d}\eta}(0)=0$. 于是

$$\int_{t_0}^{t_1}\frac{(\boldsymbol{X},\nabla_{\dot{\gamma}(t)}\dot{\gamma}(t))}{(\dot{\gamma}(t),\dot{\gamma}(t))^{1/2}}\mathrm{d}t=0.\tag{5.31}$$

注意，这个等式对于 γ 任意的扰动 $\boldsymbol{X}$ 都成立，也就是任意的向量场 $\boldsymbol{X}(t)$满足 $\boldsymbol{X}(t_0)=\boldsymbol{X}(t_1)=0$ 都成立，这导致了

$$\nabla_{\dot{\gamma}(t)}\dot{\gamma}(t)=0.$$

从而 γ 是测地线. □

补充知识

我们将仿照本节中弧长变分的计算方法来计算能量变分，并且通过这个计算并结合分析力学中的一些基本事实来证明：曲面上仅仅受到曲面约束力作用的质点的运动轨迹是测地线.

首先介绍分析力学中的一个基本原理：Lagrange 原理. 这个原理是牛顿定律系统的一个等价表述. 设一个质点在一个曲面或三维空间中运动，其运动轨迹经过 A、B 两个点. 设质点运动轨迹 $\gamma(t_0,t_1)\mapsto S$ 或者 $\gamma(t_0,t_1)\mapsto\mathbb{E}^3$，定

义 Lagrange 量：

$$L[\gamma]:=\int_{t_0}^{t_1}\frac{m}{2}(\dot{\gamma}(t),\dot{\gamma}(t))-V(\gamma(t))\mathrm{d}t,$$

其中，V 表示空间或者曲面上可能存在的势能场，是空间或者曲面上的一个标量场；m 为质点的质量. Lagrange 原理说：真实的质点运动轨迹是 Lagrange 量的临界点，也就是说 Lagrange 量对于任意的定端扰动的变分为零.

举个例子. 设质点在$\mathbb{E}^3$中自由运动. 那么

$$L[\gamma]=\int_{t_0}^{t_1}\frac{m}{2}(\dot{\gamma}(t),\dot{\gamma}(t))\mathrm{d}t.$$

设质点的轨迹 γ 经过 A、B 点：

$$\gamma:[t_0,t_1]\mapsto\mathbb{E}^3,\gamma(t_0)=A,\gamma(t_1)=B.$$

设 $\boldsymbol{X}$ 为定义在 γ 上的向量场，并且是一个定端扰动. 那么，注意这个时候$\mathbb{E}^3$测地线都是直线

$$\gamma_\eta(t)=\exp_{\gamma(t)}(\eta\boldsymbol{X}(t))=\gamma(t)+\eta\boldsymbol{X}(t),$$

从而

$$\dot{\gamma}_\eta(t)=\dot{\gamma}(t)+\eta\dot{\boldsymbol{X}}(t).$$

计算

$$\begin{aligned}L[\gamma_\eta]&=\int_{t_0}^{t_1}\frac{m}{2}(\dot{\gamma}(t)+\eta\dot{\boldsymbol{X}}(t),\dot{\gamma}(t)+\eta\dot{\boldsymbol{X}}(t))\mathrm{d}t\\&=\frac{m}{2}\int_{t_0}^{t_1}(\dot{\gamma}(t),\dot{\gamma}(t))\mathrm{d}t+m\eta\int_{t_0}^{t_1}(\dot{\gamma}(t),\dot{\boldsymbol{X}}(t))\mathrm{d}t+\frac{m}{2}\eta^2\int_{t_0}^{t_1}(\dot{\boldsymbol{X}}(t),\dot{\boldsymbol{X}}(t))\mathrm{d}t.\end{aligned}$$

然后对 η 求导：

$$\frac{\mathrm{d}}{\mathrm{d}\eta}L[\gamma_\eta]=m\int_{t_0}^{t_1}(\dot{\gamma}(t),\dot{\boldsymbol{X}}(t))\mathrm{d}t+m\eta\int_{t_0}^{t_1}(\dot{\boldsymbol{X}}(t),\dot{\boldsymbol{X}}(t))\mathrm{d}t.$$

令 $\eta=0$，得到：

$$\left.\frac{\mathrm{d}}{\mathrm{d}\eta}L[\gamma_\eta]\right|_{\eta=0}=m\int_{t_0}^{t_1}(\dot{\gamma}(t),\dot{\boldsymbol{X}}(t))\mathrm{d}t.$$

而 Lagrange 原理告诉我们，如果 γ 是质点真实的运动轨迹，那么上述变分对任何定端扰动 $\boldsymbol{X}$ 都是零. 也就是

$$m\int_{t_0}^{t_1}(\dot{\gamma}(t),\dot{\boldsymbol{X}}(t))\mathrm{d}t=0.$$

而左边我们可以进行如下计算：

$$m\int_{t_0}^{t_1}(\dot{\gamma}(t),\dot{\boldsymbol{X}}(t))\mathrm{d}t = m\int_{t_0}^{t_1}\frac{\mathrm{d}}{\mathrm{d}t}(\dot{\gamma}(t),\boldsymbol{X}(t))\mathrm{d}t - m\int_{t_0}^{t_1}(\ddot{\gamma}(t),\boldsymbol{X}(t))\mathrm{d}t$$

$$= m(\dot{\gamma}(t),\boldsymbol{X}(t))\Big|_{t_0}^{t_1} - m\int_{t_0}^{t_1}(\ddot{\gamma}(t),\boldsymbol{X}(t))\mathrm{d}t.$$

因为 $\boldsymbol{X}(t_0)=\boldsymbol{X}(t_1)=0$,所以第一项是零. 从而

$$m\int_{t_0}^{t_1}(\ddot{\gamma},\boldsymbol{X}(t))\mathrm{d}t = 0.$$

经典力学不允许零质量粒子的存在,故而 $m>0$. 从而

$$\int_{t_0}^{t_1}(\ddot{\gamma}(t),\boldsymbol{X}(t))\mathrm{d}t = 0.$$

再注意这个 $\boldsymbol{X}$ 是任意一个定端扰动,从而得到 $\ddot{\gamma}(t)=0$. 也就是质点的加速度为零,从而质点做匀速直线运动. 也就是说我们从 Lagrange 原理出发证明了牛顿第一定律.

本节练习

练习 1 设$\mathbb{E}^3$中存在一个均匀力产生的势能场 $V(A)=-m(\boldsymbol{F},\overrightarrow{OA})$,这里 $\boldsymbol{F}$ 是$\mathbb{E}^3$中一个向量,m 为质点质量,$(\boldsymbol{F},\overrightarrow{OA})$表示$\mathbb{E}^3$中的内积. 仿照上述计算证明牛顿第二定律.

练习 2 设 $\gamma:(t_0,t_1)\mapsto S$ 为曲面 S 上质点的运动轨迹. 当它不受其他外力时,其 Lagrange 量写作

$$L[\gamma] = \int_{t_0}^{t_1}(\dot{\gamma}(t),\dot{\gamma}(t))\mathrm{d}t.$$

用 Lagrange 原理证明(仿照本节弧长变分的计算过程):质点被束缚在曲面上如果不受其他外力,那么其运动轨迹是曲面上的测地线.

补充:练习 2 的结论可以看成建立广义相对论的一个出发点. 它表明了在弯曲的曲面上,测地线扮演了直线作为平面上自由质点运动轨迹的角色. 引力场中质点在引力作用下轨迹弯曲,从另一个角度可以看成是因为引力场弯曲了时空,从而使得平坦时空中的直线变成了弯曲时空中的(不再是直线)测地线. 而质点并不在意时空是否弯曲,它仅仅是沿着测地线运动.

5.8 局部平坦曲面、Riemann 曲率

本节解决本章开头提出的问题:如何判定一个曲面在某点附近可以展开

为平面.

首先建立一个技术引理. 其目的是用于判定如果有一个$(-\varepsilon,\varepsilon)\times(-\varepsilon,\varepsilon)$到曲面上的光滑映射,它何时是一个局部参数化.

引理 5.4 设$A\in S$为光滑曲面上的一个点. 设$(A,\boldsymbol{e}_i)$为一个以A为原点的标准正交坐标系(记坐标为x^i,坐标映射为φ_A,也就是$\varphi_A(P)$给出了P点的坐标$x^i(P)$). 设光滑映射

$$\varphi:(-\tilde{\varepsilon},\tilde{\varepsilon})\times(-\tilde{\varepsilon},\tilde{\varepsilon})\mapsto S,$$
$$(y^1,y^2)\mapsto P=\varphi(y^1,y^2),$$

满足$\varphi(0,0)=A$,$\varphi_A\circ\varphi$为光滑映射,并且

$$D_{(0,0)}(\varphi_A\circ\varphi)$$

满秩,则存在$0<\varepsilon<\tilde{\varepsilon}$,使得$\varphi$限制在$(-\varepsilon,\varepsilon)\times(-\varepsilon,\varepsilon)$是一个$A$点附近的局部参数化.

证明:回顾曲面之间映射光滑性的定义,由于$\varphi_A\circ\varphi$光滑,所以φ是平面片到曲面的光滑映射. 为方便,记

$$\psi=\varphi_A\circ\varphi,$$

那么ψ的三个分量ψ^i都是二元实值光滑函数. 为了证明φ是局部参数化,我们首先证明在$(0,0)$的某个邻域上

$$(\partial_{y^1}\psi^1,\partial_{y^1}\psi^2,\partial_{y^1}\psi^3),\quad(\partial_{y^2}\psi^1,\partial_{y^2}\psi^2,\partial_{y^2}\psi^3)$$

线性无关. 注意这两个向量是导映射$D(\varphi_A\circ\varphi)$的两个列向量. 由已知$D_{(0,0)}(\varphi_A\circ\varphi)$满秩,那么存在$(0,0)$的一个邻域$(-\varepsilon_1,\varepsilon_1)\times(-\varepsilon_1,\varepsilon_1)$使得$D(\varphi_A\circ\varphi)$在其上都满秩.

我们还需要证明存在$(0,0)$的邻域W,使得φ限制在其上是一个到S中开集的双射. 为此回顾光滑曲面的四个等价定义中的广义坐标刻画. 设$A\in S$附近定义了一个广义坐标系$\{U,\tau_U\}$,其坐标自变量记为$\{z^1,z^2,z^3\}$,使得

$$\tau(U\cap S)=\tau(U)\cap\{z^3=0\},\quad \tau(A)=(0,0,0).$$

记$W=\varphi^{-1}(U\cap S)$,则因为φ连续且$A\in W$,故而W为$(0,0)$的邻域. 于是映射

$$\tau\circ\varphi:(-\varepsilon,\varepsilon)\times(-\varepsilon,\varepsilon)\mapsto\tau(U)\cap\{z^3=0\}.$$

光滑. 定义$\theta:=Pr_2\circ\tau\circ\varphi$,其中$Pr_2:(z^1,z^2,z^3)\mapsto(z^1,z^2)$为向前两个坐标投影. 我们将证明$D_{(0,0)}\theta$可逆. 注意到

$$\theta=(Pr_2\circ\tau\circ\varphi_A^{-1})\circ(\varphi_A\circ\varphi)$$
$$D_{(0,0)}\theta=D_{(0,0,0)}Pr_2\circ D_{(0,0,0)}(\tau\circ\varphi_A^{-1})\circ D_{(0,0)}(\varphi_A\circ\varphi)$$

注意

$$(\tau \circ \varphi_{\mathcal{A}}^{-1}) \circ (\varphi_{\mathcal{A}} \circ \varphi) \mapsto \tau(U) \cap \{z^3 = 0\}$$

$$(y^1, y^2) \mapsto (z^1, z^2, 0)$$

于是 $x^m, (m=1,2,3)$ 是 $y^i, (i=1,2)$ 的函数，$z^a, (a=1,2)$ 是 x^m 的函数. 对上面的映射求导：

$$\left.\frac{\partial z^a}{\partial y^i}\right|_{(0,0)} = \left.\frac{\partial z^a}{\partial x^m}\right|_{0,0,0} \left.\frac{\partial x^m}{\partial y^i}\right|_{(0,0)}, \quad a=1,2.$$

由于 $D_{(0,0)}(\varphi_{\mathcal{A}} \circ \varphi)$ 满秩，

$$\left(\frac{\partial x^m}{\partial y^1}\right)_{m=1,2,3}, \quad \left(\frac{\partial x^m}{\partial y^2}\right)_{m=1,2,3}$$

线性无关. 又因为 $\{\tau, U\}$ 是广义坐标系，所以 $\left.\frac{\partial z^a}{\partial x^m}\right|_{(0,0,0)}$ 为可逆矩阵. 于是

$$\left.\frac{\partial z^1}{\partial y^i}\right|_{(0,0)}, \quad \left.\frac{\partial z^2}{\partial y^2}\right|_{(0,0)}$$

线性无关. 于是 $\left(\left.\frac{\partial z^a}{\partial y^i}\right|_{0,0}\right)_{a,i=1,2,}$ 作为矩阵可逆. 而它恰好是 $D_{(0,0)}\theta$. 对 θ 在 $(0,0)$ 点使用逆映射定理，得知存在 $(0,0)$ 的邻域 $V=(-\varepsilon,\varepsilon)\times(-\varepsilon,\varepsilon)$，使得 $\theta|_V$ 是双射.

最后，注意

$$Pr_2 \circ \tau : S \cap U \mapsto \{(z^1, z^2) \mid (z^1, z^2, 0) \in \tau(U)\}$$

是可逆映射. 于是

$$\varphi|_V = (Pr_2 \circ \tau)^{-1} \circ (\theta|_V)$$

是双射. □

本节我们关心曲面在一个点附近是否可以“展开”成为一个平面. 例如圆柱面，在任何一个点附近都可以展平成为平面. 圆锥面在除去锥点的任何一个点附近可以展开成平面. 然而球面在任何一个点附近都不能展开成平面(剥下来的橘子皮怎么也不可能展平). 对直观上这种局部“展平”进行数学刻画，可如下定义.

定义 5.6　一个曲面 S 在某个点 A 附近称为是平坦的，如果存在开集 $A \in U$，$S \cap U$ 上存在一个局部参数化(称为局部标准正交参数化)

$$\varphi : (-\varepsilon,\varepsilon)\times(-\varepsilon,\varepsilon) \mapsto S \cap U,$$

$$(y^1, y^2) \mapsto P \in S \cap U,$$

这里 $\varphi(0,0)=A$，并且 $\{\partial_1, \partial_2\}$ 构成一个局部单位正交标架，也就是说在

$S\cap U$上

$$(\partial_i, \partial_j) = \delta_{ij}.$$

这个定义的意思是说，在曲面局部可以找到这样的一个坐标系(y^1, y^2)，它以A为原点，并且"坐标轴方向"∂_1、∂_2是相互垂直的单位向量. 如此相当于在A附近的曲面上建立了一个直角坐标系. 于是A附近的曲面就成了平面片.

那么下面的一个问题便是，如何判断一张曲面在某点附近是否是平坦的? 为此我们将要引入非常重要的 **Riemann 曲率**概念，并证明曲面在某点附近平坦等价于其曲率在某点附近恒为零.

为此我们进行以下准备工作. 首先回顾指数映射的定义，然后考虑以下情况(见图 5.10)：设A为S上一点，γ为通过A的一条测地线，定义域包含$(-\eta, \eta)$，$\eta>0$，并且满足

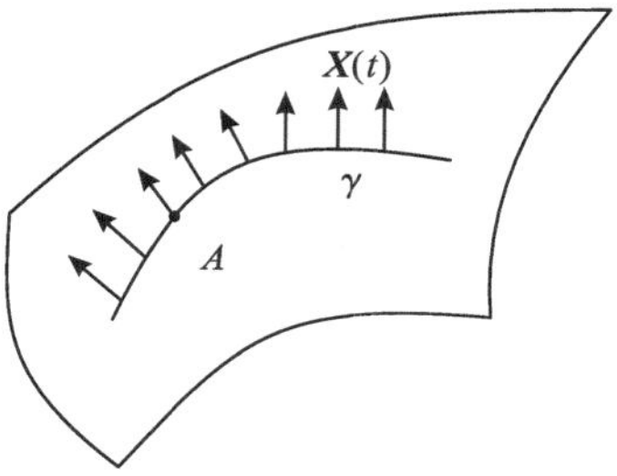

图 5.10

$$\gamma(0) = A, \ |\dot{\gamma}(t)| = 1.$$

$\boldsymbol{X}$为定义在$\gamma(-\eta, \eta)$上的向量场(对于任意$t\in(-\eta, \eta)$，在$\gamma(t)$上指定一个切向量)，满足

$$|\boldsymbol{X}(t)| = 1, \quad (\boldsymbol{X}(t), \dot{\gamma}(t)) = 0.$$

对于任意的$t\in(-\eta, \eta)$，考虑指数映射

$$\exp_{\gamma(t)}(u\boldsymbol{X}(t)).$$

其几何意义是以$\gamma(t)$为起点，作以$\boldsymbol{X}(t)$为初速度的测地线，考察其在u时刻的值(是曲面上的一个点). 根据常微分方程理论，对于每一个t，都有一个区间$(-\varepsilon_t, \varepsilon_t)$使得这个指数映射对于$u\in(-\varepsilon_t, \varepsilon_t)$有定义. 同时这个$\varepsilon_t$还可以选取成为$t$的连续函数. 同时考虑$[-\eta/2, \eta/2]$是个紧集

$$\tilde{\varepsilon} = \inf_{|t|\leqslant \eta/2} \{\varepsilon_t\} > 0.$$

取$\tilde{\varepsilon} = \min\{\varepsilon, \eta/2\} > 0$，我们发现可以定义映射(见图 5.11)

$$\Phi:(-\varepsilon,\varepsilon)\times(-\varepsilon,\varepsilon)\mapsto S\cap U,$$
$$(t,u)\mapsto \exp_{\gamma(t)}(uX(t)). \tag{5.32}$$

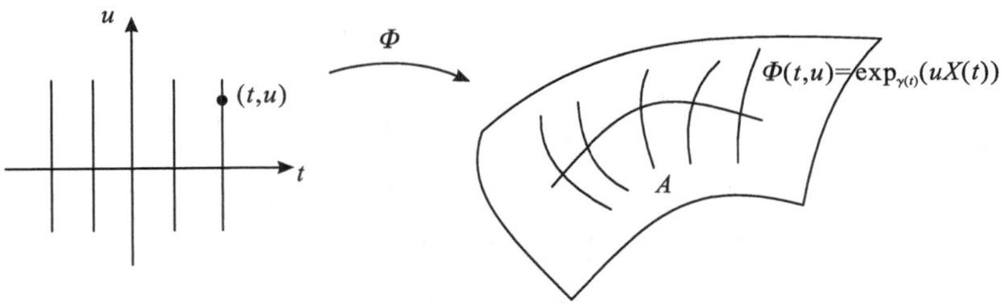

图 5.11

我们将证明,如果 A 点附近 Riemann 曲率恒等于零,则 Φ 就是 A 附近的一个局部标准正交参数化. 首先我们建立如下结果,说明 Φ 总是一个局部参数化.

引理 5.5　如上定义的 Φ 是 A 点附近的一个局部参数化,并且如果设 $\mathcal{A}=(A,\boldsymbol{e}_i)$ 为一个 $\mathbb{E}^3$ 的以 A 为原点的标准正交坐标系,记 x^i 为其坐标,$\varphi_{\mathcal{A}}$ 为坐标映射(也就是 $\varphi_{\mathcal{A}}(P)$ 给出了 P 点的坐标),则

$$D_{(0,0)}(\varphi_{\mathcal{A}}\circ\Phi)\begin{pmatrix}\alpha\\ \beta\end{pmatrix}=\alpha\begin{pmatrix}\dot{\gamma}^1(0)\\ \dot{\gamma}^2(0)\\ \dot{\gamma}^3(0)\end{pmatrix}+\beta\begin{pmatrix}X^1(0)\\ X^2(0)\\ X^3(0)\end{pmatrix}, \tag{5.33}$$

其中,$\dot{\gamma}^i(0)\boldsymbol{e}_i=\dot{\boldsymbol{\gamma}}(0)$,$X^i(0)\boldsymbol{e}_i=\boldsymbol{X}(0)$ 是两个向量在 $\mathcal{A}$ 之下的表出.

解释:映射 $\varphi_{\mathcal{A}}\circ\Phi$ 是一个从 $(-\varepsilon,\varepsilon)\times(-\varepsilon,\varepsilon)$ 到 $\mathbb{R}^3$ 中原点某个开邻域中的映射. 对它在 $(0,0)\in(-\varepsilon,\varepsilon)\times(-\varepsilon,\varepsilon)$ 求得的导数(导映射)是一个从 $\mathbb{R}^2$ 到 $\mathbb{R}^3$ 的映射. 上述引理说明该导映射将 $\mathbb{R}^2$ 中一个向量 (α,β) 映射为 $\mathbb{R}^3$ 中一个向量. 注意式(5.33)已经说明导映射在 $(0,0)$ 满秩(因为 $\{\dot{\boldsymbol{\gamma}}(0),\boldsymbol{X}(0)\}$ 单位正交组,所以线性无关).

证明:注意到

$$\frac{\mathrm{d}}{\mathrm{d}t}(\varphi_{\mathcal{A}}\circ\Phi(\cdot,0))\bigg|_{t=0}=D_{(0,0)}(\varphi_{\mathcal{A}}\circ\Phi)\begin{pmatrix}1\\ 0\end{pmatrix}.$$

同时

$$\varphi_{\mathcal{A}}\circ\Phi(t,0)=\varphi_{\mathcal{A}}\circ\exp_{\gamma(t)}(0\boldsymbol{X}(t))=\varphi_{\mathcal{A}}\circ\gamma(t).$$

所以

$$\dot{\gamma}(0)=D_{(0,0)}(\varphi_{\mathcal{A}}\circ\Phi)\begin{pmatrix}1\\ 0\end{pmatrix}.$$

另一方面

$$\frac{\mathrm{d}}{\mathrm{d}u}(\varphi_A \circ \Phi(0,\cdot))\Big|_{u=0} = D_{(0,0)}(\varphi_A \circ \Phi)\begin{pmatrix}0\\1\end{pmatrix},$$

而

$$\varphi_A \circ \Phi(0,u) = \varphi_A \circ \exp_A(u\boldsymbol{X}(0)).$$

这就是以 A 为起点、以 $\boldsymbol{X}(0)$ 为初速度的测地线. 它满足方程(5.18). 所以在 $u=0$ 也就是起点处的切向量自然就是 $\boldsymbol{X}(0)$. 于是(5.33)得证. □

上述结果结合引理 5.6 知道 Φ 是 A 附近的参数化. 为方便起见,将参数 (t,u) 记为 (y^1,y^2). 其自然标架记为 $\{\partial_1,\partial_2\}$. 注意 ∂_2 是测地线 $\exp_{\gamma(t)}(\cdot\boldsymbol{X}(t))$ 的切向量,所以是单位向量(因为 $\boldsymbol{X}(t)$ 是单位向量,测地线保持其切向量的模). 我们建立以下结果.

引理 5.6 (Gauss 引理,直角坐标形式),在 Φ 定义的参数域 $(-\varepsilon,\varepsilon)\times(-\varepsilon,\varepsilon)$ 上,$\{\partial_1,\partial_2\}$ 正交,如图 5.12 所示.

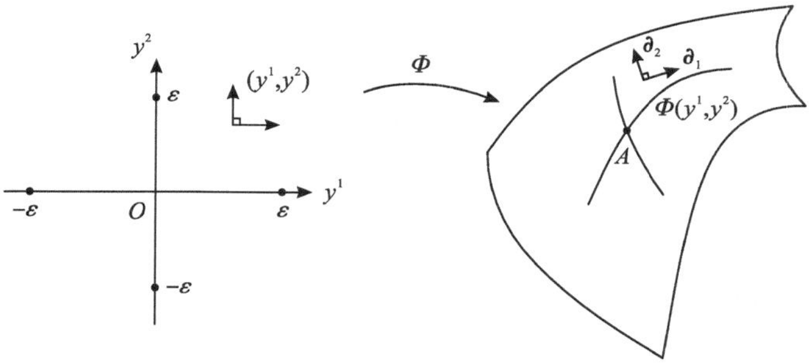

图 5.12

证明: 记 $f=(\partial_1,\partial_2)$ 是 ∂_1 同 ∂_2 的内积,则 f 是一个定义在 $(-\varepsilon,\varepsilon)\times(-\varepsilon,\varepsilon)$ 上的光滑函数. 注意到

$$f(y^1,0)=(\dot{\boldsymbol{\gamma}}(t),\boldsymbol{X}(t))=0,\quad -\varepsilon<t<\varepsilon.$$

随后注意到

$$\begin{aligned}\frac{\partial f}{\partial y^2}&=\partial_2(\partial_1,\partial_2)=(\nabla_{\partial_2}\partial_1,\partial_2)+(\partial_1,\nabla_{\partial_2}\partial_2)\\&=(\nabla_{\partial_2}\partial_1,\partial_2)=(\nabla_{\partial_1}\partial_2,\partial_2)+([\partial_2,\partial_1],\partial_2)\\&=(\nabla_{\partial_1}\partial_2,\partial_2)=\frac{1}{2}\partial_1(\partial_2,\partial_2)=0.\end{aligned}$$

在上述计算中,第三个等号使用了 $\nabla_{\partial_2}\partial_2=0$,因为 ∂_2 是测地线 $\exp_{\gamma(t)}(\cdot\boldsymbol{X}(0))$ 的切向量,所以满足测地线方程. 第四个等号使用了联络无挠性. 第五个等号

是因为$[\partial_1,\partial_2]=0$. 最后一个等号依然是因为 ∂_2 是测地线 $\exp_{\gamma(t)}(\cdot\,\boldsymbol{X}(0))$的切向量，所以模恒为 1.

于是 $\partial_2 f=0$, $f(y_1,0)=0$，推出 $f\equiv 0$. □

到目前为止关于自然标架$\{\partial_1,\partial_2\}$，我们已经知道 ∂_2 是单位向量场，$\partial_1\perp\partial_2$. 想要知道它是不是标准正交标架，只用知道 ∂_1 是不是单位向量. 我们有下列结果.

引理 5.7　在 Φ 的定义域$(-\varepsilon,\varepsilon)\times(-\varepsilon,\varepsilon)$中，若

$$(\nabla_{\partial_2}\nabla_{\partial_1}-\nabla_{\partial_1}\nabla_{\partial_2})\partial_2=0, \tag{5.34}$$

则

$$(\partial_1,\partial_1)\equiv 1. \tag{5.35}$$

证明：首先我们证明$\nabla_{\partial_2}\partial_1\perp\partial_2$. 这是因为

$$(\nabla_{\partial_2}\partial_1,\partial_2)=\partial_2(\partial_1,\partial_2)-(\partial_1,\nabla_{\partial_2}\partial_2)=0$$

第一项等于零是因为上面 Gauss 引理说明$(\partial_1,\partial_2)\equiv 0$. 第二项是因为$\nabla_{\partial_2}\partial_2=0$，因为它是测地线的切向量. 于是$\nabla_{\partial_2}\partial_1$ 同 ∂_1 共线(因为它们都垂直于 ∂_2)我们记

$$\nabla_{\partial_2}\partial_1=k\partial_1.$$

另一方面，我们说明在 $y^2=0$ 也就是 γ 这条测地线上

$$\nabla_{\partial_2}\partial_1=0. \tag{5.36}$$

这是因为

$$\nabla_{\partial_2}\partial_1=\nabla_{\partial_1}\partial_2+[\partial_2,\partial_1]=\nabla_{\partial_1}\partial_2.$$

而在 γ 上

$$0=\partial_1(\partial_2,\partial_1)=(\nabla_{\partial_1}\partial_2,\partial_1)=(\nabla_{\partial_2}\partial_1,\partial_1)=k(\partial_1,\partial_1)=k.$$

上述第一个等号是因为$(\partial_2,\partial_1)=0$ 是常数. 最后一个等号是因为在 γ 上 ∂_1 是测地线切向量，长度恒等于 1. 于是得到 k 作为一个函数在 γ 上为零，也就是

$$k(y^1,0)=0. \tag{5.37}$$

考虑二阶导数

$$\nabla_{\partial_2}(\nabla_{\partial_2}\partial_1)=\nabla_{\partial_2}(k\partial_1)=\partial_2 k\cdot\partial_1+k\,\nabla_{\partial_2}\partial_1=(\partial_2 k+k^2)\partial_1.$$

另一方面

$$\begin{aligned}\nabla_{\partial_2}(\nabla_{\partial_2}\partial_1)&=\nabla_{\partial_2}\nabla_{\partial_1}\partial_2+\nabla_{\partial_2}([\partial_2,\partial_1])\\&=\nabla_{\partial_1}\nabla_{\partial_2}\partial_2+(\nabla_{\partial_2}\nabla_{\partial_1}-\nabla_{\partial_1}\nabla_{\partial_2})\partial_2\\&=(\nabla_{\partial_2}\nabla_{\partial_1}-\nabla_{\partial_1}\nabla_{\partial_2})\partial_2.\end{aligned}$$

上面第一个等号因为无挠性. 第二个等号因为$[\partial_1,\partial_2]=0$. 第三个等号因为

$\nabla_{\partial_2}\partial_2=0$,因为它是测地线切向量. 若

$$(\nabla_{\partial_2}\nabla_{\partial_1}-\nabla_{\partial_1}\nabla_{\partial_2})\partial_2=0,$$

则

$$\partial_2 k+k^2=0. \tag{5.38}$$

结合式(5.37),得到在$(-\varepsilon,\varepsilon)\times(-\varepsilon,\varepsilon)$上,$k\equiv 0$. 于是

$$\partial_2(\partial_1,\partial_1)=2(\nabla_{\partial_2}\partial_1,\partial_1)=k(\partial_1,\partial_1)=0. \tag{5.39}$$

再结合在 $y^2=0$ 时,也就是在 γ 上,$(\partial_1,\partial_1)=1$,所以$(\partial_1,\partial_1)\equiv 1$. 即证. □

综合上述结果,我们得到以下结论. 当

$$(\nabla_{\partial_2}\nabla_{\partial_1}-\nabla_{\partial_1}\nabla_{\partial_2})\partial_2=0$$

时,局部参数化 Φ 是一个**局部标准正交参数化**. 上面这个量是曲面是否局部平坦的关键. 我们着重研究这个量. 注意这是一个向量场:因为对一个向量场求两次联络得到的依然是向量场. 记

$$(\nabla_{\partial_a}\nabla_{\partial_b}-\nabla_{\partial_b}\nabla_{\partial_a})\partial_c=R^d_{abc}\partial_d.$$

这个量称为曲面的 **Riemann 曲率**.

5.9 Riemann 曲率的性质

上节引入的 Riemann 曲率是在给定的局部参数化中计算的(那个 Φ). 但是如果我们希望判断一个曲面在某个点附近是不是平坦的,我们希望能够找一个在任意局部参数化下都可以计算的量来判断,这样的判据才是有意义的. 为此本节我们将证明,上节结尾定义的 Riemann 曲率是一个**不变量**. 在任何一个局部参数化(甚至任何一个局部标架场)中计算,得到的都是"同一个"结果.

5.9.1 Riemann 曲率是几何量

我们假设曲面 S 上一点 A 附近有两个局部参数化 φ、ψ. 分别以$\{y^1,y^2\}$、$\{z^1,z^2\}$为参数,记

$$\partial_a=\partial_{y^a},\quad \bar{\partial}_a=\partial_{z^a},\quad a=1,2.$$

注意到标架变换关系:

$$\partial_a=\frac{\partial z^b}{\partial y^a}\bar{\partial}_b,\quad \bar{\partial}_a=\frac{\partial y^b}{\partial z^a}\partial_b.$$

随后我们计算:

$$\begin{aligned}\nabla_{\partial_b}\partial_c &= \nabla_{\partial_b}\left(\frac{\partial z^j}{\partial y^c}\bar{\partial}_j\right) = \frac{\partial^2 z^j}{\partial y^b \partial y^c}\bar{\partial}_j + \frac{\partial z^j}{\partial y^c}\nabla_{\partial_b}\bar{\partial}_j \\ &= \frac{\partial^2 z^j}{\partial y^b \partial y^c}\bar{\partial}_j + \frac{\partial z^j}{\partial y^c}\frac{\partial z^k}{\partial y^b}\nabla_{\bar{\partial}_k}\bar{\partial}_j,\end{aligned}$$

以及

$$\begin{aligned}\nabla_{\partial_a}\nabla_{\partial_b}\partial_c &= \nabla_{\partial_a}\left(\frac{\partial^2 z^j}{\partial y^b \partial y^c}\bar{\partial}_j\right) + \nabla_{\partial_a}\left(\frac{\partial z^j}{\partial y^c}\frac{\partial z^k}{\partial y^b}\nabla_{\bar{\partial}_k}\bar{\partial}_j\right) \\ &= \frac{\partial^3 z^j}{\partial y^a \partial y^b \partial y^c}\bar{\partial}_j + \frac{\partial z^k}{\partial y^a}\frac{\partial^2 z^j}{\partial y^b \partial y^c}\nabla_{\bar{\partial}_k}\bar{\partial}_j \\ &\quad + \frac{\partial}{\partial y^a}\left(\frac{\partial z^j}{\partial y^c}\frac{\partial z^k}{\partial y^b}\right)\nabla_{\bar{\partial}_k}\bar{\partial}_j + \frac{\partial z^j}{\partial y^c}\frac{\partial z^k}{\partial y^b}\frac{\partial z^l}{\partial y^a}\nabla_{\bar{\partial}_l}\nabla_{\bar{\partial}_k}\bar{\partial}_j \\ &= \frac{\partial z^j}{\partial y^c}\frac{\partial z^k}{\partial y^b}\frac{\partial z^l}{\partial y^a}\nabla_{\bar{\partial}_l}\nabla_{\bar{\partial}_k}\bar{\partial}_j \\ &\quad + \left(\frac{\partial z^k}{\partial y^a}\frac{\partial^2 z^j}{\partial y^b \partial y^c} + \frac{\partial z^k}{\partial y^b}\frac{\partial^2 z^j}{\partial y^a \partial y^c} + \frac{\partial z^j}{\partial y^c}\frac{\partial^2 z^k}{\partial y^a \partial y^b}\right)\nabla_{\bar{\partial}_k}\bar{\partial}_j \\ &\quad + \frac{\partial^3 z^j}{\partial y^a \partial y^b \partial y^c}\bar{\partial}_j.\end{aligned}$$

交换 a、b 的角色计算得到：

$$\nabla_{\partial_a}\nabla_{\partial_b}\partial_c - \nabla_{\partial_b}\nabla_{\partial_a}\partial_c = \frac{\partial z^j}{\partial y^c}\frac{\partial z^k}{\partial y^b}\frac{\partial z^l}{\partial y^a}(\nabla_{\bar{\partial}_l}\nabla_{\bar{\partial}_k}\bar{\partial}_j - \nabla_{\bar{\partial}_k}\nabla_{\bar{\partial}_l}\bar{\partial}_j).$$

进一步，如果记

$$(\nabla_{\partial_a}\nabla_{\partial_b} - \nabla_{\partial_b}\nabla_{\partial_a})\partial_c = R^d_{abc}\partial_d,$$

以及

$$(\nabla_{\bar{\partial}_l}\nabla_{\bar{\partial}_k} - \nabla_{\bar{\partial}_k}\nabla_{\bar{\partial}_l})\bar{\partial}_j = \bar{R}^m_{lkj}\bar{\partial}_m,$$

则根据上述计算，得到：

$$\begin{aligned}R^d_{abc}\partial_d &= \frac{\partial z^j}{\partial y^c}\frac{\partial z^k}{\partial y^b}\frac{\partial z^l}{\partial y^a}(\nabla_{\bar{\partial}_l}\nabla_{\bar{\partial}_k}\bar{\partial}_j - \nabla_{\bar{\partial}_k}\nabla_{\bar{\partial}_l}\bar{\partial}_j) \\ &= \frac{\partial z^j}{\partial y^c}\frac{\partial z^k}{\partial y^b}\frac{\partial z^l}{\partial y^a}\bar{R}^m_{lkj}\bar{\partial}_m \\ &= \frac{\partial z^j}{\partial y^c}\frac{\partial z^k}{\partial y^b}\frac{\partial z^l}{\partial y^a}\bar{R}^m_{lkj}\frac{\partial y^d}{\partial z^m}\partial_d.\end{aligned}$$

对照两边 ∂_d 向量的系数，得到：

$$R^d_{abc} = \frac{\partial z^j}{\partial y^c}\frac{\partial z^k}{\partial y^b}\frac{\partial z^l}{\partial y^a}\frac{\partial y^d}{\partial z^m}\bar{R}^m_{lkj}. \tag{5.40}$$

我们称按照这种方式在不同参数化之下变化的量为(3，1)-型张量. 我们发现，如果在某个参数化下计算了 Riemann 曲率的分量为零，则在所有参数化下这个量都是零. 于是 Riemann 曲率是否为零是一个具有可操作性的判断曲面是否局部平坦的判据. 我们进一步可以将式(5.40)写成下面结果.

定理 5.4　定义 Riemann 曲率张量：

$$R=R^d_{abc}\,\mathrm{d}y^a\otimes\mathrm{d}y^b\otimes\mathrm{d}y^c\otimes\partial_d,$$

则 R 不随参数变换而变化.

证明：设 φ 和 ψ 是曲面 S 在 A 点附近的两个局部参数化，分别以 $\{y^1,y^2\}$、$\{z^1,z^2\}$ 为参数，记

$$\partial_a=\partial_{y^a},\quad \bar{\partial}_a=\partial_{z^a},\quad a=1,2.$$

注意到标架变换关系

$$\partial_a=\frac{\partial z^b}{\partial y^a}\bar{\partial}_b,\quad \bar{\partial}_a=\frac{\partial y^b}{\partial z^a}\partial_b,$$

以及

$$\mathrm{d}z^a=\frac{\partial z^a}{\partial y^b}\mathrm{d}y^b,\quad \mathrm{d}y^a=\frac{\partial y^a}{\partial z^b}\mathrm{d}z^b.$$

将这些关系直接代入 R 所在的表达式，并注意式(5.40)以及互逆关系

$$\frac{\partial y^a}{\partial z^b}\frac{\partial z^b}{\partial y^i}=\delta^a_i,$$

即可得证. □

*5.9.2　Riemann 曲率分量的对称性

在上节引入 Riemann 曲率的时候我们发现只有分量

$$(\nabla_{\partial_1}\nabla_{\partial_2}-\nabla_{\partial_2}\nabla_{\nabla_1})\partial_2$$

对于判断曲面是否平坦是起作用的. 那么其余分量的作用是什么呢？本节中我们将说明在二维情况下，曲率 R 仅有一个独立分量. 其余分量全都可以写成上述分量的函数(在高维情况下这不成立). 我们记

$$R(\partial_a,\partial_b)\partial_c:=(\nabla_{\partial_a}\nabla_{\partial_b}-\nabla_{\partial_b}\nabla_{\partial_a})\partial_c=R^d_{abc}\partial_d,$$

那么显然有

$$R^d_{abc}=-R^d_{bac}. \tag{5.41}$$

注意到这一共是 3 个独立的关系.

随后我们注意到(无挠条件)：

$$\begin{aligned}\nabla_{\partial_a}\nabla_{\partial_b}\partial_c-\nabla_{\partial_b}\nabla_{\partial_a}\partial_c &= \nabla_{\partial_a}\nabla_{\partial_c}\partial_b-\nabla_{\partial_b}\nabla_{\partial_c}\partial_a \\ &=(\nabla_{\partial_a}\nabla_{\partial_c}-\nabla_{\partial_c}\nabla_{\partial_a})\partial_b+\nabla_{\partial_c}\nabla_{\partial_a}\partial_b-\nabla_{\partial_b}\nabla_{\partial_c}\partial_a \\ &=(\nabla_{\partial_a}\nabla_{\partial_c}-\nabla_{\partial_c}\nabla_{\partial_a})\partial_b+(\nabla_{\partial_c}\nabla_{\partial_b}-\nabla_{\partial_b}\nabla_{\partial_c})\partial_a,\end{aligned}$$

于是得到(**比安基(Bianchi)恒等式**):

$$R(\partial_a,\partial_b)\partial_c+R(\partial_b,\partial_c)\partial_a+R(\partial_c,\partial_a)\partial_b=0. \tag{5.42}$$

我们还注意到:

$$\begin{aligned}g(\nabla_{\partial_a}\nabla_{\partial_b}\partial_c,\partial_d) &= \partial_a g(\nabla_{\partial_b}\partial_c,\partial_d)-g(\nabla_{\partial_b}\partial_c,\nabla_{\partial_a}\partial_d) \\ &=\partial_a\partial_b g(\partial_c,\partial_d)-\partial_a g(\nabla_{\partial_b}\partial_d,\partial_c)-g(\nabla_{\partial_b}\partial_c,\nabla_{\partial_a}\partial_d) \\ &=\partial_a\partial_b g(\partial_c,\partial_d)-g(\nabla_{\partial_a}\nabla_{\partial_b}\partial_d,\partial_c)-g(\nabla_{\partial_b}\partial_d,\nabla_{\partial_a}\partial_c) \\ &\quad -g(\nabla_{\partial_b}\partial_c,\nabla_{\partial_a}\partial_d).\end{aligned}$$

于是,交换 a、b 并相减

$$g(R(\partial_a,\partial_b)\partial_c,\partial_d)=-g(R(\partial_a,\partial_b)\partial_d,\partial_c). \tag{5.43}$$

最后我们注意以下计算:

$$g(R(\partial_a,\partial_b)\partial_c,\partial_d)+g(R(\partial_a,\partial_b)\partial_d,\partial_c)=0.$$

用 Bianchi 恒等式代换左边两项,得到

$$\begin{aligned}&g(R(\partial_b,\partial_c)\partial_a,\partial_d)+g(R(\partial_c,\partial_a)\partial_b,\partial_d)+g(R(\partial_b,\partial_d)\partial_a,\partial_c) \\ &\quad +g(R(\partial_d,\partial_a)\partial_b,\partial_c)=0.\end{aligned}$$

对第一项和第二项用式(5.43)

$$\begin{aligned}&g(R(\partial_b,\partial_c)\partial_d,\partial_a)+g(R(\partial_c,\partial_a)\partial_d,\partial_b)= \\ &g(R(\partial_b,\partial_d)\partial_a,\partial_c)+g(R(\partial_d,\partial_a)\partial_b,\partial_c).\end{aligned} \tag{5.44}$$

再对左边两项用 Bianchi 恒等式,得到

$$\begin{aligned}\text{左边}&=-g(R(\partial_d,\partial_b)\partial_c,\partial_a)-g(R(\partial_c,\partial_d)\partial_b,\partial_a) \\ &\quad -g(R(\partial_d,\partial_c)\partial_a,\partial_b)-g(R(\partial_a,\partial_d)\partial_c,\partial_b) \\ &=g(R(\partial_d,\partial_b)\partial_a,\partial_c)+2g(R(\partial_c,\partial_d)\partial_a,\partial_b)-g(R(\partial_d,\partial_a)\partial_b,\partial_c).\end{aligned}$$

代入上面等式(5.44),得到

$$2g(R(\partial_c,\partial_d)\partial_a,\partial_b)=2g(R(\partial_b,\partial_d)\partial_a,\partial_c)+2g(R(\partial_d,\partial_a)\partial_b,\partial_c).$$

对右边再用 Bianchi 恒等式及式(5.43),得到

$$g(R(\partial_c,\partial_d)\partial_a,\partial_b)=g(R(\partial_a,\partial_b)\partial_c,\partial_d). \tag{5.45}$$

注意式(5.43)可以从式(5.45)推出.本质上它们在 Bianchi 恒等式成立的时候是等价的.

于是我们注意到,在二维曲面上,Riemann 曲率有 $2^4=16$ 个分量.但是从

上面的对称性来看很多分量是零. 为方便起见，我们记

$$R_{abcd} := g_{dd'}R^{d'}_{abc} = g(\partial_d, R(\partial_a, \partial_b)\partial_c).$$

由于反对称性(5.41)，当$(a,b)=(1,1)$或$(2,2)$时，曲率分量都是零. 于是非零分量只能是R_{12cd}或者R_{21cd}，这二者还是相反数的关系. 而由于式(5.45)，还有$R_{abcd}=R_{cdab}$，所以不为零的分量 cd 也只能是 12 或者 21. 于是在二维情况下，不为零的 Riemann 曲率分量就只有

$$R_{1212}, \quad R_{2112}, \quad R_{1221}, \quad R_{2121}.$$

注意，这个在高维的时候就不对了. 这四个分量的绝对值相等. 于是我们得出了一个结论：二维曲面的 Riemann 曲率只有一个自由度. 或者说其所有分量都是某一个函数的函数. 如果希望检查一个曲面在局部是否平坦，只需计算

$$g(R(\partial_1, \partial_2)\partial_1, \partial_2),$$

考查它是不是零即可判断. 当然，计算 Riemann 曲率的分量是一件**非常艰巨**的工作. 因为需要计算两次联络，这涉及 Christoffel 记号及其导数的计算. 在下一节中我们将把 Riemann 曲率同测地线的一些性质联系起来，由此来解决某些特殊曲面的Riemann曲率的计算问题.

*5.10 Jacobi 方程、局部法坐标

5.10.1 Jacobi 方程

本节我们希望对 Riemann 曲率进行进一步的介绍，尤其希望了解 Riemann 曲率如何刻画曲面的形状. 限于篇幅和准备知识，有些问题我们只能进行不严格的说明，而非严格的证明.

我们将引入 Jacobi 场的概念. 它是 5.7 节中描述的对曲线进行扰动的一种特殊情况. 在这个情况下，我们将扰动测地线. 实际上我们将考虑如下问题. 设

$$\varphi:(-\varepsilon,\varepsilon)\times(-\varepsilon,\varepsilon)\mapsto S, (y^1, y^2)\mapsto \varphi(y)$$

是$\mathbb{R}^2$上一个开区域到曲面 S 的光滑映射. 如果对于每一个固定的 y_2，曲线

$$\gamma_{y^2} = \varphi(\cdot, y^2):(-\varepsilon,\varepsilon)\mapsto S$$

都是 S 上的测地线，那么称$\{\gamma_{y_2}, y_2\in(-\varepsilon,\varepsilon)\}$为 S 上的单参数测地线族.

在 5.6.3 节中描述的映射

$$F:(-\varepsilon,\varepsilon)\times(-\varepsilon,\varepsilon)\mapsto S$$

$$(s,t)\mapsto \exp_A(t(\boldsymbol{b}+s\boldsymbol{v}))$$

就是一个单参数测地线族$\{\gamma_s=\exp_A(\cdot(\boldsymbol{b}+s\boldsymbol{v}))\}$. 式(5.32)中描述的 Φ 也是一个单参数测地线族$\{\gamma_t=\exp_{\gamma(t)}(\cdot\boldsymbol{X}(t))\}$,如图 5.13 所示.

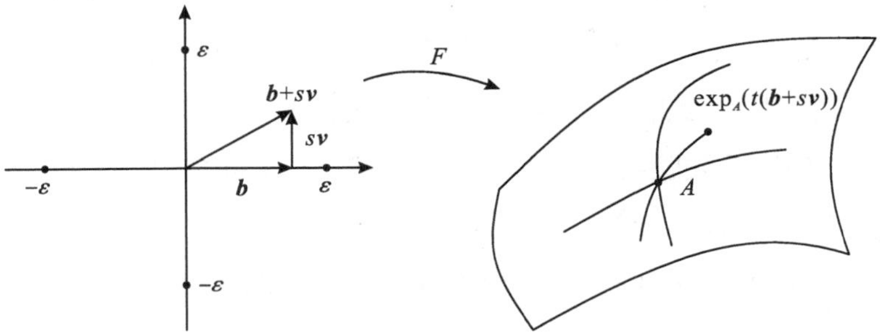

图 5.13

为方便起见,我们记$\{\partial_1,\partial_2\}$为 S 上的向量场,定义为

$$\partial_i(f)=\partial_{y^i}(\varphi^* f)=\partial_{y^i}(f\circ\varphi).$$

现在的问题是,如果$\{\gamma_{y^2}=\varphi(\cdot,y^2)\}$是一个单参数测地线族,那么向量场 ∂_1 是测地线的切向量,具有自平行性质. 而 ∂_2 应该具有什么性质? 它可以是一个任意的向量场么? 实际上我们将证明以下引理.

引理 5.8 (Jacobi 方程). $\varphi:(-\varepsilon,\varepsilon)\times(-\varepsilon,\varepsilon)\mapsto S,(y^1,y^2)\mapsto\varphi(y)$是以 y_2 为参数的单参数测地线族,则 ∂_2 满足:

$$\nabla_{\partial_1}\nabla_{\partial_1}\partial_2-R(\partial_1,\partial_2)\partial_1=0,\tag{5.46}$$

其中

$$R(\partial_1,\partial_2)\partial_1=(\nabla_{\partial_1}\nabla_{\partial_2}-\nabla_{\partial_2}\nabla_{\partial_1})\partial_1=R^d_{121}\partial_d.$$

证明: 首先注意$[\partial_1,\partial_2]=0$. 这是因为对于 S 某个点附近有定义的光滑函数.

$$\partial_i f=\partial_{y^i}(f\circ\varphi).$$

注意到 $f\circ\varphi$ 是$(-\varepsilon,\varepsilon)\times(-\varepsilon,\varepsilon)$某个点附近有定义的光滑函数(因为 φ 光滑). 于是

$$[\partial_1,\partial_2]=[\partial_{y_1},\partial_{y_2}](f\circ\varphi)=0.$$

然后我们直接验证等式:

$$\begin{aligned}\nabla_{\partial_1}\nabla_{\partial_1}\partial_2-(\nabla_{\partial_1}\nabla_{\partial_2}-\nabla_{\partial_2}\nabla_{\partial_1})\partial_1&=\nabla_{\partial_1}(\nabla_{\partial_1}\partial_2-\nabla_{\partial_2}\partial_1)+\nabla_{\partial_2}\nabla_{\partial_1}\partial_1\\&=\nabla_{\partial_1}([\partial_1,\partial_2])+\nabla_{\partial_2}(\nabla_{\partial_1}\partial_1)\\&=0,\end{aligned}$$

其中,第一项是因为$[\partial_1,\partial_2]=0$,第二项是因为 ∂_1 是测地线的切向量,故而

$\nabla_{\partial_1}\partial_1=0.$ □

5.10.2 局部法坐标系

式(5.46)的关键之处是其中出现了曲率的分量. 为了理解式(5.46),我们考虑一个类似于5.6.3节中描述的情况:所有的测地线从一个点出发,由其指向作为参数构成一个单参数测地线族,如图5.14所示. 更精确地讲,设S为$\mathbb{E}^3$中曲面,考虑指数映射$\exp_A:B(\varepsilon_A)\mapsto S$,将$T_A(S)$上$O$的一个圆形邻域映射到$S$上. 在$T_A(S)$上建立一个标准正交坐标系(在$T_A(S)$的度量意义下)$\mathcal{A}=\{O,\boldsymbol{e}_1,\boldsymbol{e}_2\}$. 设$\boldsymbol{v}_\theta\in T_A(S)$为单位向量,其中$\theta$为$\boldsymbol{e}_1$到$\boldsymbol{v}_\theta$的角,$\theta\in[0,2\pi)$. 那么

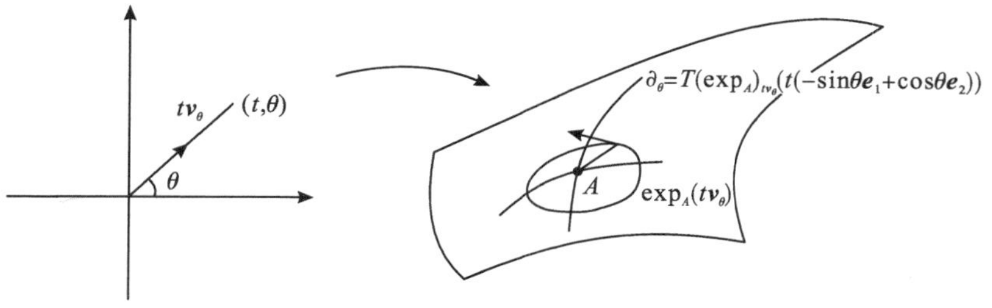

图 5.14

$$\gamma_\theta:(0,\varepsilon_A)\times[0,2\pi)\mapsto S,\quad t\mapsto\exp_A(t\boldsymbol{v}_\theta)=\exp_A(t(\cos\theta\boldsymbol{e}_1+\sin\theta\boldsymbol{e}_2))$$

是一个单参数测地线族. 上述构造实际上在A点附近的去心邻域上定义了一个局部参数化(t,θ). ∂_t的性质已知:这是测地线的切向量,模长为1. 重点在于讨论∂_θ. 注意它是$B(\varepsilon_A)$上圆周的切向量$t(-\sin\theta\boldsymbol{e}_1+\cos\theta\boldsymbol{e}_2)$在$\exp_A$之下的像:

$$\partial_\theta=T(\exp_A)_{t\boldsymbol{v}_\theta}(t(-\sin\theta\boldsymbol{e}_1+\cos\theta\boldsymbol{e}_2)).\tag{5.47}$$

由定理5.2可知

$$\partial_t\perp\partial_\theta.\tag{5.48}$$

因为在$B(\varepsilon_A)$上径向和圆周的切向垂直. 经过指数映射作用之后依然垂直. 这就确定了∂_θ的方向. 注意因为$\partial_t\perp\partial_\theta$,而$\partial_\theta$在$t\neq0$处不为零,所以两者总是线性无关的. 这个参数化是当年Riemann引入的**局部法坐标系**. 我们将利用这个参数化讨论曲率和曲面局部的形状的相互影响.

对于给定的θ,考虑测地线γ_θ上的一个平行向量场$\boldsymbol{X}(t,\theta)$,使得在某个不同于A的点上$\boldsymbol{X}\perp\partial_t$,并且$(\boldsymbol{X},\boldsymbol{X})=1$. 实际上我们将说明如此定义的$\boldsymbol{X}$就是一个在逐点同$\partial_t$垂直,并且模长恒等于1的向量场. 实际上,因为$\boldsymbol{X}$沿着$\gamma_\theta$

平行：

$$\partial_t(\boldsymbol{X},\boldsymbol{X})=2(\nabla_{\dot{\gamma}_\theta}\boldsymbol{X},\boldsymbol{X})=0,$$

并且

$$\partial_t(\partial_t,\boldsymbol{X})=(\nabla_{\partial_t}\partial_t,\boldsymbol{X})+(\partial_t,\nabla_{\partial_t}\boldsymbol{X})=0.$$

也就是其模长和同 ∂_t 的内积沿着 γ_θ 都是常数，从而恒为 1 和 0.

为了为下面的讨论做准备，我们关心 $\boldsymbol{X}(t,\theta)$ 在 $t\to0^+$ 时的极限. 注意 ∂_t 在 $t\to0^+$ 的极限是

$$T(\exp_A)_{tv_\theta}(\cos\theta\boldsymbol{e}_1+\sin\theta\boldsymbol{e}_2)\to\cos\theta\boldsymbol{e}_1+\sin\theta\boldsymbol{e}_2.$$

这是因为 ∂_t 是 $\boldsymbol{\gamma}_\theta$ 的切向量，它在 $t=0$ 点的值就是曲线的初速度. 因为 γ_θ 是测地线，它的初速度按照定义就是 $\cos\theta\boldsymbol{e}_1+\sin\theta\boldsymbol{e}_2$. 明确这一点之后，由于 $\boldsymbol{X}(t,\theta)$ 沿着 γ_θ 是同 ∂_t 垂直且模长等于 1 的光滑向量场，那么它的极限(如果存在)也只能是一个模长为 1 的同 ∂_t 在 $t=0$ 处极限垂直的向量. 而事实上，取

$$\boldsymbol{X}_\theta=-\sin\theta\boldsymbol{e}_1+\cos\theta\boldsymbol{e}_2.$$

我们简单说明为什么 $\boldsymbol{X}(t,\theta)$ 当 $t\to0^+$ 时极限存在. 这是因为 $\boldsymbol{X}$ 是单位向量场. 当 $t\to0^+$ 时(固定 θ)，它是单位球面上的曲线段. 由单位球面的紧致性以及上面的讨论得知 $\boldsymbol{X}_\theta$ 是集合 $\{\boldsymbol{X}(t,\theta)\}$ 唯一可能的聚点，于是得到 $\boldsymbol{X}(t,\theta)$，$t\to0^+$ 收敛，并且收敛到这个唯一的聚点.

回到对于 ∂_θ 的讨论. 因为 $\boldsymbol{X}$ 同 ∂_θ 一样都是垂直于 ∂_t 的向量场，故而可以设 $\partial_\theta=k\boldsymbol{X}$. $k=k(t,\theta)$ 是一个数量函数，k^2 是其模长的平方.

直接计算可得：

$$\nabla_{\partial_t}\partial_\theta=\nabla_{\partial_t}(k\boldsymbol{X})=\partial_t k\boldsymbol{X}+k\,\nabla_{\partial_t}\boldsymbol{X}=\partial_t k\boldsymbol{X},$$

$$\nabla_{\partial_t}\nabla_{\partial_t}\partial_\theta=\nabla_{\partial_t}(\partial_t k\boldsymbol{X})=\partial_t^2 k\boldsymbol{X}.$$

结合式(5.46)(注意按照(5.46)约定，$\partial_t=\partial_1$，$\partial_\theta=\partial_2$)

$$\partial_t^2 k\boldsymbol{X}=R(\partial_1,\partial_2)\partial_1.\tag{5.49}$$

这里注意

$$R(\partial_1,\partial_2)\partial_1=R_{121}^d\partial_d=R_{121}^1\partial_t+R_{121}^2\partial_\theta=R_{121}^1\partial_t+R_{121}^2 k\boldsymbol{X},$$

代入式(5.49)得到

$$\partial_t^2 k=R_{121}^2 k.\tag{5.50}$$

当固定 θ 的时候，这是一个关于 t 的二阶常微分方程. 为了求解，我们需要在 $t=0$处的初值条件. 为此，注意到当 $t\mapsto0^+$ 时，

$$\partial_\theta=T(\exp_A)_{tv_\theta}(t(-\sin\theta\boldsymbol{e}_1+\cos\theta\boldsymbol{e}_2))\mapsto0.\tag{5.51}$$

这同样是因为 $(\exp_A)_{tv_\theta}$ 收敛到 $Id_{T_A(S)}$ 并且 $t(-\sin\theta\boldsymbol{e}_1+\cos\theta\boldsymbol{e}_2)$ 本身收敛于零.

但是我们仍然需要 $\partial_t k$ 在 $t=0$ 的值(或极限). 实际上我们将说明(而非严格证明)

$$\partial_t k=1 \quad \text{或者等价地讲} \quad \nabla_{\partial_t}\partial_\theta=\boldsymbol{X}_\theta=-\sin\theta\boldsymbol{e}_1+\cos\theta\boldsymbol{e}_2. \tag{5.52}$$

我们暂时承认这一点,将其留在本节末尾. 如此,综合式(5.50)、式(5.51)和式(5.52),我们得到了(固定 θ 时)k 满足的 Cauchy 问题

$$\begin{cases}\partial_t^2 k=R_{121}^2 k,\\ k(0)=0,\partial_t k(0)=1.\end{cases} \tag{5.53}$$

在接下来的讨论中我们将以式(5.53)为依据,讨论具有一些对称性的特殊曲面,以此来初步阐明 Riemann 曲率与曲面形状的关系.

Riemann 曲率的这个特殊分量 R_{121}^2 叫做 Gauss **曲率**(其实应该是 $-R_{121}^2$). 历史上其实 Gauss 先发现这个曲率. Riemann 曲率出现得要晚得多. 我们只是事后诸葛亮地先从 Riemann 曲率的角度出发进行了上述计算,发现这个特殊的分量在决定曲面形状这个问题上具有重大意义. 在下一章我们将介绍 Gauss 的"绝妙定理",来从遵循历史脉络的角度重新研究这个量.

5.10.3 对式(5.52)的说明

事实上我们进行如下计算:

$$\begin{aligned}&\nabla_{\partial_t}(T(\exp)_{tv_\theta}(t(-\sin\theta\boldsymbol{e}_1+\cos\theta\boldsymbol{e}_2)))\\ =&\nabla_{\partial_t}(tT(\exp)_{tv_\theta}(-\sin\theta\boldsymbol{e}_1+\cos\theta\boldsymbol{e}_2))\\ =&T(\exp)_{tv_\theta}(-\sin\theta\boldsymbol{e}_1+\cos\theta\boldsymbol{e}_2)+t\,\nabla_{\partial_t}(T(\exp)_{tv_\theta}(-\sin\theta\boldsymbol{e}_1+\cos\theta\boldsymbol{e}_2)).\end{aligned} \tag{5.54}$$

观察右边两项当 $t\mapsto 0^+$ 时的行为,我们发现:$T(\exp)_{tv_\theta}\mapsto Id_{T_A(S)}$,故而第一项收敛于

$$-\sin\theta\boldsymbol{e}_1+\cos\theta\boldsymbol{e}_2.$$

第二项,对于固定的 θ,我们只需说明$\nabla_{\partial_t}T(\exp)_{tv_\theta}(\boldsymbol{e}_i)$在 $t\mapsto 0^+$ 时有界即可. 注意向量场 ∂_t 在 θ 固定的时候是测地线 γ_θ 的切向量场. 我们现在固定 θ 并将这个向量场的定义延拓到 $t\in(-\varepsilon_A,\varepsilon_A)$,注意这个时候 $tv_\theta\in B(\varepsilon_a)$从而 $\exp_A(tv_\theta)$有定义. 在这个情况下再来观察

$$\nabla_{\partial_t}(T(\exp)_{tv_\theta}(-\sin\theta\boldsymbol{e}_1+\cos\theta\boldsymbol{e}_2)),$$

这就是沿着 γ_θ 这个测地线对给定的光滑向量场 $T(\exp)_{tv_\theta}(-\sin\theta\boldsymbol{e}_1+\cos\theta\boldsymbol{e}_2)$ 求联络. 注意 $T(\exp)_{tv_\theta}(-\sin\theta\boldsymbol{e}_1+\cos\theta\boldsymbol{e}_2)$是 $T_A(S)$上的常向量场$(-\sin\theta\boldsymbol{e}_1+$

$\cos\theta \boldsymbol{e}_2$)被光滑映射 $\exp_A$ 的切映射在每个点推出到 S 上形成的向量场，故而是光滑向量场. 由此可知

$$\nabla_{\partial_t}(T(\exp)_{tv_\theta}(-\sin\theta \boldsymbol{e}_1+\cos\theta \boldsymbol{e}_2))$$

存在并且特别地，在 $t=0$ 点有定义. 从而式(5.54)最后的第二项趋于零.

*5.11 常 Gauss 曲率曲面

从现在开始我们假设曲面 S 在 A 附近具有径向对称性. 也就是上述提到的几何量譬如$\nabla_{\partial_t}\boldsymbol{\partial}_\theta$、$k$、$\boldsymbol{X}$ 等都仅仅随 t 变化而变化，而对 θ 是常数. 我们更假定 R^2_{121}是常数. 那么根据其符号不同，讨论将分为以下三种情况.

5.11.1 零曲率情况

我们假设 $R^2_{121}=0$. Cauchy(5.53)问题得到解

$$k=t.$$

这说明

$$(\partial_\theta,\partial_\theta)=t^2. \tag{5.55}$$

对比$\mathbb{E}^2$上的标准极坐标系，$\{\partial_t,\partial_\theta\}$同$\mathbb{E}^2$上标准极坐标系的自然标架具有相同的行为：它们(除原点外)处处正交，∂_t 是单位向量，∂_θ 的模长是 t. 所以我们有理由相信在这种情况下 S 在 A 点附近可以展平. 为了严格说明这一点，在 $B(\varepsilon_A)$上引入标准极坐标系：

$$x^1=t\cos\theta,\quad x^2=t\sin\theta.$$

为了避免同 S 上的向量场 ∂_t、∂_θ 混淆，我们记 $B(\varepsilon_A)$上，极坐标的自然标架为

$$\bar{\partial}_t=\cos\theta \boldsymbol{e}_1+\sin\theta \boldsymbol{e}_2,\quad \bar{\partial}_\theta=-t\sin\theta \boldsymbol{e}_1+t\cos\theta \boldsymbol{e}_2.$$

注意当 $t\neq 0$ 时，

$$\boldsymbol{e}_1=\cos\theta\,\bar{\partial}_t-t^{-1}\sin\theta\,\bar{\partial}_\theta,\quad \boldsymbol{e}_2=\sin\theta\,\bar{\partial}_t+t^{-1}\cos\theta\,\bar{\partial}_\theta.$$

注意 $T(\exp_A)_x$ 是线性映射，并且 $\forall\, x\in(-\varepsilon',\varepsilon')\times(-\varepsilon',\varepsilon')$

$$T(\exp_A)_x(\bar{\partial}_t)=\partial_t,\quad T(\exp_A)_x(\bar{\partial}_\theta)=\partial_\theta.$$

从而

$$T(\exp_A)_x(\boldsymbol{e}_1)=\cos\theta\partial_t-t^{-1}\sin\theta\partial_\theta,$$
$$T(\exp_A)_x(\boldsymbol{e}_2)=\sin\theta\partial_t+t^{-1}\cos\theta\partial_\theta.$$

直接利用式(5.48)、式(5.55)计算内积，便可验证$\{T(\exp_A)_x(\boldsymbol{e}_1),T(\exp_A)_x(\boldsymbol{e}_1)\}$在每个点都是标准正交基. 从而上面定义的参数化

$$(x^1,x^2)\mapsto(t,\theta)\mapsto \exp_A(t\cos\theta\boldsymbol{e}_1+t\sin\theta\boldsymbol{e}_2)$$

是局部标准正交参数化，从而 S 在 A 点附近平坦，如图 5.15 所示. 注意在这个情况下，半径为 t 测地圆周的 $\exp_A(t\boldsymbol{v}_\theta)$，$\theta\in[0,2\pi)$ 的周长为

$$S_0(t)=\int_0^{2\pi}(\partial_\theta,\partial_\theta)^{1/2}\mathrm{d}\theta=2\pi t.$$

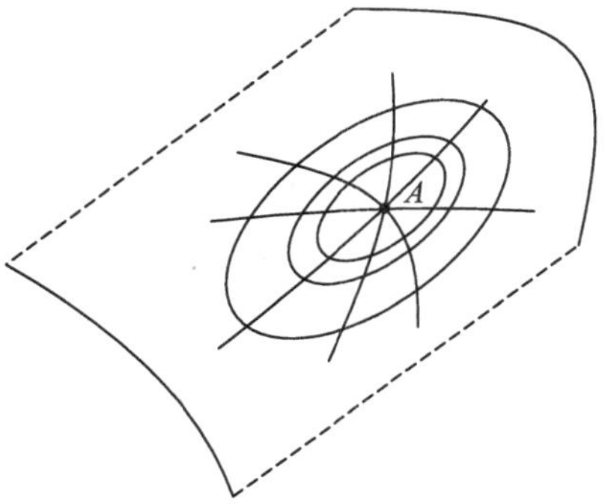

图 5.15

5.11.2 正曲率情况

假设 $R_{121}^2=-1$. 在此情况下解方程(5.53)得到

$$k=\sin t.$$

也就是说，$\partial_\theta(\pi)=0$，而 $(\partial_\theta,\partial_\theta)=\sin^2 t$. 我们发现这同单位球面上的参数化(去除南北极点)：

$$x^1=\sin t\cos\theta,\quad x^2=\sin t\sin\theta,\quad x^3=\cos t$$

的自然标架场的行为一致. 于是我们有理由相信这个时候 S 在 A 点附近同球冠局部等距. 为此，作映射

$$F:\mathbb{S}^2\mapsto S,$$
$$(t,\theta)\mapsto\exp_A(t\boldsymbol{v}_\theta).$$

为了避免混淆，我们记 $\mathbb{S}^2$ 上的自然标架场(并展开在 $\mathbb{E}^3$ 标准正交基下)

$$\bar{\partial}_t=\cos t\cos\theta\boldsymbol{e}_1+\cos t\sin\theta\boldsymbol{e}_2-\sin t\boldsymbol{e}_3,$$

$$\bar{\partial}_\theta=-\sin t\sin\theta\boldsymbol{e}_1+\sin t\cos\theta\boldsymbol{e}_2.$$

然后简要说明：$\forall x\in\mathbb{S}^2$ 使得 $\exp_A(t\boldsymbol{v}_\theta)$ 有定义

$$TF_x(\bar{\partial}_t)=\partial_t,\quad TF_x(\bar{\partial}_\theta)=\partial_\theta.$$

这是因为，设 f 为任意一个定义在 S 上 $F(x)$ 附近的光滑函数，那么

$$TF_x(\bar{\partial}_t)(f)=\bar{\partial}_t(f\circ F)=\frac{\partial(f\circ\exp_A(t\boldsymbol{v}_\theta))}{\partial t},$$

这是沿着 S 上的曲线 $\exp_A(\cdot\ \boldsymbol{v}_\theta)$ 对 f 求导，故而是沿着该曲线的切向量对 f 求导. 该曲线的切向量正是 $T(\exp)_x(\boldsymbol{v}_\theta)$，这里 $x\in\mathbb{S}^2$ 对应于参数点 (t,θ). 同样道理

$$TF_x(\bar{\partial}_\theta)(f)=\bar{\partial}_\theta(f\circ F)=\frac{\partial(f\circ\exp_A(t\boldsymbol{v}_\theta))}{\partial\theta}$$

是沿着 S 上的曲线 $\exp_A(t\ \cdot)$（测地圆周）对 f 求导，故而是沿着该曲线的切向量对该函数求导，而该切向量正是 ∂_θ.

直接计算可以发现，在球面上：

$$(\bar{\partial}_t,\bar{\partial}_t)=1,\quad(\bar{\partial}_t,\bar{\partial}_\theta)=0,\quad(\bar{\partial}_\theta,\bar{\partial}_\theta)=\sin^2 t.$$

同样地，在 S 上

$$(\partial_t,\partial_t)=1,\quad(\partial_t,\partial_\theta)=0,\quad(\partial_\theta,\partial_\theta)=\sin^2 t.$$

所以这个时候 S 在 A 点附近同球面的一部分（球冠）等距①，如图 5.16 所示. 在球面上进行研究的几何学叫做**球面几何学**.

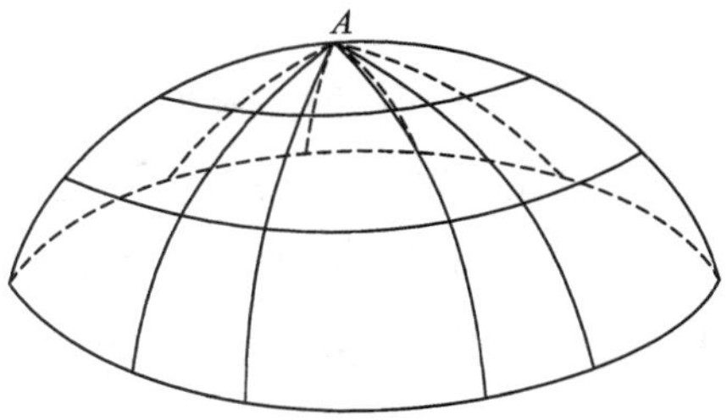

图 5.16

注意在此情况下，半径为 t 测地圆周的 $\exp_A(t\boldsymbol{v}_\theta)$，$0\in[0,2\pi)$ 的周长为

$$S_{-1}(t)=\int_0^{2\pi}(\partial_\theta,\partial_\theta)^{1/2}\mathrm{d}\theta=2\pi\sin t<2\pi t.$$

这表明测地线束有“收缩”的趋势. 实际上在球面上，从北极出发的测地线束（经线）最终汇聚在南极.

最后我们说一点关于欧几里得几何第五公设的问题. 这个公设说：在平面上，过一条直线外一点总可以做另一条直线同原直线不相交（平行）. 注意到在球面上，大圆作为测地线扮演了平面上直线的角色. 然而在球面上过给定大圆外任意一个点，无法做出同这个大圆不相交的另一个大圆，或者换句话说，在球面上过“直线外”一点不存在另一条“直线”平行于“原直线”. 这正是球面的曲率“迫使”测地线汇聚造成的结果.

---

①$F:S_1\mapsto S_2$ 为曲面之间的等距，若 F 为双射，并且 TF_x 在 T_xS_1 到 $T_{F(x)}S_2$ 之间为线性等距.

5.11.3 负曲率情况

取 $R^2_{121}=1$. 我们依然求解 Cauchy 问题(5.52),得到

$$k=\frac{e^t-e^{-t}}{2}=\sinh t.$$

如果计算半径为 t 的测地圆周的周长,会发现

$$S_1(t)=2\pi\sinh t>2\pi t.$$

这说明在这种情况下,测地线具有"发散"的趋势,如图 5.17 所示.

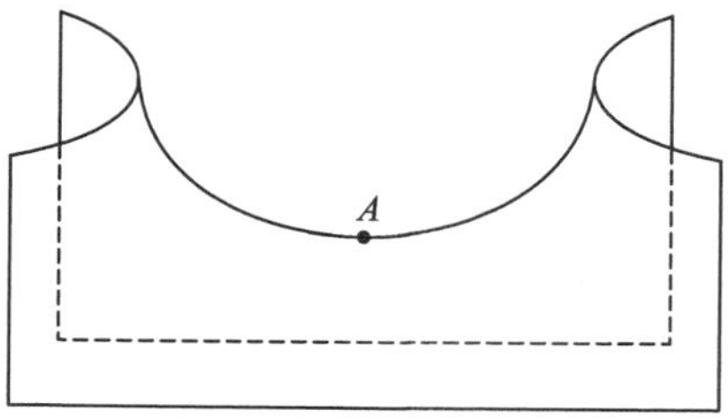

图 5.17

这第三种情况可能对读者来说不如前两种情况熟悉. 实际上它对应的一个叫做伪球面的曲面,它是由曳物线生成的旋转面. 我们不在这里过多介绍这个曲面,因为实际上 $R^2_{121}=1$ 的更加常见的例子是克莱因(Klein)模型、庞加莱(Poincaré)圆盘和上半平面模型. 研究这种情况下的曲面上的几何学叫做**双曲几何学**.

我们这里对 Poincaré 圆盘做简单介绍. 限于篇幅和准备知识,在下面的论述中我们将牺牲一部分数学严密性,而更多地着眼于几何直观.

首先,在$\mathbb{R}^2$单位开圆盘上引入度量

$$g=\frac{4}{(1-|x^1|^2-|x^2|^2)^2}(dx^1dx^1+dx^2dx^2)=\frac{4}{(1-r^2)^2}(drdr+r^2d\theta d\theta),$$

其中,(r,θ)是标准极坐标系. 引入度量的意思是,在这个区域上我们"人为"规定:

$$\partial_r\perp\partial_\theta$$

并且

$$(\partial_r,\partial_r)^{1/2}=\frac{2}{1-r^2},(\partial_\theta,\partial_\theta)^{1/2}=\frac{2r}{1-r^2}$$

当然这样的规定并不是随意的. 在以后的课程中我们将看到如此规定了度量的单位圆盘具有非常多奇妙的性质并具有重要应用.

我们将通过计算半径为 t 的测地圆周切向量的模长和测地圆周的周长,

来不严格地说明 Poincaré 圆盘的度量同我们研究的 $R(\partial_1,\partial_2)\partial_1=1$ 的曲面等距. 为此，计算从 O 出发的径向曲线 $\theta=$常数的弧长. 该曲线写作：

$$\gamma_\theta:[0,1)\mapsto(r\cos\theta, r\sin\theta).$$

从而 $\dot{\gamma}_\theta=\partial_r=\cos\theta\boldsymbol{e}_1+\sin\theta\boldsymbol{e}_2$. 计算该曲线的弧长：

$$\int_0^r(\partial_r,\partial_r)^{1/2}\mathrm{d}\rho=\int_0^r\frac{2\mathrm{d}\rho}{1-\rho^2}=\ln\left(\frac{1+r}{1-r}\right).$$

所以如果考虑半径为 t 的测地圆周，该圆周应位于 $r(t)$ 处，满足

$$\ln\left(\frac{1+r(t)}{1-r(t)}\right)=t\Rightarrow r(t)=\frac{\mathrm{e}^t-1}{\mathrm{e}^t+1}=\tanh\frac{t}{2}.$$

而在此处，∂_θ 的模为

$$\frac{2r}{1-r^2}=\frac{2\tanh^2(t/2)}{1-\tanh^2(t/2)}=\sinh t.$$

从而半径为 t 的测地圆周的周长为 $S_P(t)=2\pi\sinh t$. 这同 $S_1(t)$ 相同. 上面的计算同时也说明了在半径为 t 的测地圆周上，Poincaré 圆盘上的切向向量 ∂_θ 和 S 上的切向向量 ∂_θ（很遗憾这里我们只能接受这个记号冲突）具有相同的模长 $\sinh t$. 如果我们考虑映射 F，将圆盘上同原点测地距离为 t 的点 x（从而 $t=\ln\frac{1+r}{1-r}$）映射到 S 上的 $\exp_A(t\boldsymbol{v}_\theta)$，那么 F 的切映射 TF 将圆盘上的 ∂_r 映射为

$$TF(\partial_r)=\frac{\mathrm{d}t}{\mathrm{d}r}T(\exp_A)_{t\boldsymbol{v}_\theta}(\boldsymbol{v}_\theta)=\left(\ln\frac{1+r}{1-r}\right)'T(\exp_A)_{t\boldsymbol{v}_\theta}(\boldsymbol{v}_\theta)=\frac{2r}{1-r^2}T(\exp_A)_{t\boldsymbol{v}_\theta}(\boldsymbol{v}_\theta)$$

而右端，我们知道 $T(\exp_A)_{t\boldsymbol{v}_\theta}(\boldsymbol{v}_\theta)$ 的模长为 1，从而 $TF(\partial_r)$ 模长为 $\frac{2r}{1-r^2}$. 这同 ∂_r 在 Poincaré 圆盘上的模长相同. 同时注意在 S 和圆盘上 $\partial_r\perp\partial_\theta$ 都成立. 于是两边建立的等距同构.

本节练习

练习 1　求证：直线段是所在平面的测地线；反之，平面的测地线一定是直线段.

练习 2　求证：大圆是球面的测地线；反之，球面上的测地线一定是大圆.

练习 3*　设 $S\subset\mathbb{E}^3$ 为一曲面

$$\gamma:(-\varepsilon,\varepsilon)\mapsto S$$

为 S 上一段正则曲线. 求证，如果 $\ddot{\gamma}(t)$ 同 $\gamma(t)$ 点的 S 的切平面垂直，则存在一测地线 ζ，γ 是 ζ 的正则再参数化.

第6章　三维欧氏空间中曲面的局部外蕴几何

6.1　引子：内蕴和外蕴

所谓外蕴，指从现在起我们关心的几何量不仅仅依赖于第一基本形式. 为了描述外蕴和内蕴的区别，依旧考虑上一章提到的柱面的例子. 圆柱面沿母线剪开之后可以展开成平面，我们知道这是因为其 Riemann 曲率为零. 然而圆柱面毕竟不是平面，它依然是“弯曲的”. 这就需要外蕴几何进行刻画.

为了阐述两种弯曲的区别，我们考虑两种定义曲面上两个点的距离的方式. 设 S 为一片曲面，$A,B\in S$. 一种方式是

$$D(A,B)=\inf\{S\text{ 上从 }A\text{ 到 }B\text{ 的正则曲线的弧长}\}.$$

另一种方式是直接定义为三维欧氏空间中两个点 A、B 的欧氏距离，记为 $d(A,B)$. 永远有 $d(A,B)\leqslant D(A,B)$. 注意，$D(A,B)$ 的计算完全依赖于第一基本形式. 所以凡是研究只同 $D(A,B)$ 有关的几何学都是仅仅由第一基本形式决定. 如果我们要研究曲面关于 $d(A,B)$ 的性质，这就不能仅仅由第一基本形式决定了. 例如我们要研究曲面在下述意义下的“合同”.

定义 6.1　设 $A\in S,A'\in S'$. 如果存在 A、A' 的邻域 U、U'，以及一个等距变换（平移+正交变换）φ 使得 $\varphi(U\cap S)=U'\cap S'$，则称两个曲面片 $U\cap S$，$U'\cap S'$ 合同.

6.2　第二基本形式

6.2.1　第二基本形式的物理意义

回顾我们考虑的在曲面上运动的质点的加速度：

$$\begin{aligned}\boldsymbol{a}(t)=&\ddot{u}(t)\partial_u+\ddot{v}(t)\partial_v+\dot{u}(t)\left(\frac{\partial(\partial_u x^i)}{\partial u}\dot{u}(t)+\frac{\partial(\partial_u x^i)}{\partial v}\dot{v}(t)\right)\boldsymbol{e}_i\\&+\dot{v}(t)\left(\frac{\partial(\partial_v x^i)}{\partial u}\dot{u}(t)+\frac{\partial(\partial_v x^i)}{\partial v}\dot{v}(t)\right)\boldsymbol{e}_i\\=&\ddot{u}(t)\partial_u+\ddot{v}(t)\partial_v+(\dot{u}(t)\dot{u}(t)\partial^2_{uu}x^i+2\dot{u}(t)\dot{v}(t)\partial^2_{uv}x^i+\dot{v}(t)\dot{v}(t)\partial^2_{vv}x^i)\boldsymbol{e}_i\\=&\ddot{u}(t)\partial_u+\ddot{v}(t)\partial_v+\dot{u}(t)\dot{u}(t)\partial^2_{uu}x^i\boldsymbol{e}_i+2\dot{u}(t)\dot{v}(t)\partial^2_{uv}x^i\boldsymbol{e}_i+\dot{v}(t)\dot{v}(t)\partial^2_{vv}x^i\boldsymbol{e}_i.\end{aligned}$$

上一章我们研究的是加速度在曲面切平面内的分量,然后由此引出了 Christoffel 记号、测地线、联络导数等的概念. 那么自然我们要问,这个加速度垂直于曲面切平面的分量是什么意思?

从物理上来看,加速度的法向分量的意义是:为了迫使质点留在曲面内,曲面施加给质点的约束力. 如果没有这个约束力,质点将在三维空间内做匀速直线运动,不会留在曲面内. 于是这个加速度的大小在某种意义上衡量了曲面在相应点的弯曲程度. 例如曲面是平面的情况,曲面不需要对质点施加约束力,质点将自动保持在平面内.

我们进一步分析这个法向加速度分量. 注意到上面加速度的表达式,含有二阶导数的项全部在切平面内(∂_u、∂_v 的线性组合,注意 $\partial_u=\partial_u x^i\boldsymbol{e}_i$),法向分量一定在后三项. 而后三项都是速度的二次型(也就是 u、v 的一阶导数的二次型). 于是得到:加速度法向分量是速度的二次型. 这个二次型就是我们将要引入的**第二基本形式**,如图6.1所示.

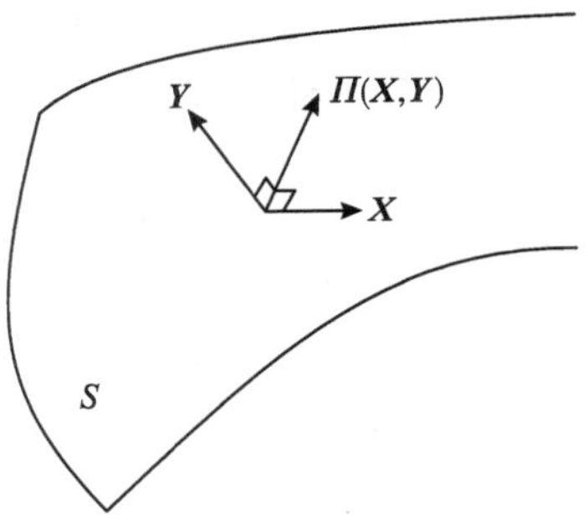

图 6.1

如果设 $\gamma:(-\varepsilon,\varepsilon)\mapsto S$ 为质点的运动方程(同时也是一条曲线),$\dot{\gamma}^i\boldsymbol{e}_i$ 为其速度. 那么加速度:

$$\boldsymbol{a}=\partial_{\dot{\gamma}}\dot{\gamma}^i\boldsymbol{e}_i.$$

上面第二基本形式的定义可以写成

$$\Pi(\dot{\boldsymbol{\gamma}},\dot{\boldsymbol{\gamma}}):=(\partial_{\dot{\gamma}}\dot{\gamma}^i\boldsymbol{e}_i)_{\perp},$$

这里⊥表示取同曲面正交的那个分量. 这已经可以看成是 S 切空间上一个向量的二次型了.

6.2.2 第二基本形式及其定义和基本性质

基于上一节的描述,我们给出第二基本形式的严格数学定义.

定义 6.2 设 $\mathbb{E}^3$ 中有曲面 S 和一个标准正交坐标系 $\{O,\boldsymbol{e}_i\}$(记坐标为 x^i). 设 $A\in S$ 为曲面上的一个点, U 为 A 的一个邻域. 设 $\boldsymbol{X}$、$\boldsymbol{Y}$ 为两个定义在 $U\cap S$ 上的切向量场. 定义

$$\Pi(\boldsymbol{X},\boldsymbol{Y})=(\partial_{\boldsymbol{X}}Y^i\boldsymbol{e}_i)_\perp$$

为曲面的第二基本形式. 这里 $\partial_{\boldsymbol{X}}$ 为 $\boldsymbol{X}$ 的方向导数, ⊥的意思是取这个向量在曲面法方向的分量.

这个定义显然同具体的标准正交坐标系的选取无关. 观察定义,发现这首先是个二次型. 我们证明以下性质.

引理 6.1 (第二基本形式的基本性质). 设 Π 为曲面 S 的第二基本形式. $\boldsymbol{X}$、$\boldsymbol{Y}$ 为曲面在 A 点的两个切向量, f 为定义在 S 上的光滑函数. 则:

(1) $\Pi(\boldsymbol{X},\boldsymbol{Y})=\Pi(\boldsymbol{Y},\boldsymbol{X})$,

(2) $\Pi(f\boldsymbol{X},\boldsymbol{Y})=\Pi(\boldsymbol{X},f\boldsymbol{Y})=f\Pi(\boldsymbol{X},\boldsymbol{Y})$.

证明:(1)设 $\boldsymbol{X}=X^i\boldsymbol{e}_i$, $\boldsymbol{Y}=Y^i\boldsymbol{e}_i$. 直接计算:

$$(\partial_X Y^i-\partial_Y X^i)\boldsymbol{e}_i=[\boldsymbol{X},\boldsymbol{Y}].$$

注意 $\boldsymbol{X}$、$\boldsymbol{Y}$ 都是 S 的光滑切向量场,所以 $[\boldsymbol{X},\boldsymbol{Y}]$ 也是 S 的光滑切向量场(命题 5.1). 所以

$$((\partial_X Y^i-\partial_Y X^i)\boldsymbol{e}_i)_\perp=0.$$

从而

$$(\partial_X Y^i\boldsymbol{e}_i)_\perp=(\partial_Y X^i\boldsymbol{e}_i)_\perp.$$

(2)直接计算可得

$$\Pi(f\boldsymbol{X},\boldsymbol{Y})=(fX^i\partial_i Y^j\boldsymbol{e}_j)_\perp=f(X^i\partial_i Y^j\boldsymbol{e}_j)_\perp=f\Pi(\boldsymbol{X},\boldsymbol{Y}),$$

然后结合(1),即证. □

我们现在给出(在一个局部参数化下)曲面的第二基本形式的计算公式. 为此,设 $A\in S$, $A\in U$ 为 A 的邻域. 设 $U\cap S$ 上曲面的局部参数化 φ,参数记为 y^1,y^2. 我们记 $\{\partial_1,\partial_2\}$ 为局部参数标架. 设曲面上的点 $\varphi(y^1,y^2)$ 在标准正交坐标系 $\{O,\boldsymbol{e}_i\}$ 中的坐标为 $x^i(y^1,y^2)$,则

$$\Pi(\partial_a,\partial_b)=\left(\left(\frac{\partial^2 x^i}{\partial y^a\partial y^b}\right)\boldsymbol{e}_i\right)_{\perp}.$$

我们记：

$$\Pi_{ab}=\left(\frac{\partial^2 x^i}{\partial y^a\partial y^b}\right)\boldsymbol{e}_i\cdot\boldsymbol{n}.$$

这里 $\boldsymbol{n}=\dfrac{\partial_1\times\partial_2}{|\partial_1\times\partial_2|}$是曲面的单位法向量.

在点 A，Π 是 T_AS 上的对称双线性函数. 于是在点 A，Π 可以写作（仿照第一基本形式）

$$\Pi=\Pi_{ab}\,\mathrm{d}y^a\mathrm{d}y^b.$$

6.2.3　第二基本形式分量在不同参数坐标下的变换关系

现在假设曲面 A 点附近另一个局部参数化 ψ，参数记为 z^1、z^2，对应的自然标价记为$\{\bar{\partial}_1,\bar{\partial}_2\}$. 我们希望计算第二基本形式在两个参数化下的分量之间的变换关系. 为此，我们只需注意：

$$\bar{\partial}_a=\frac{\partial y^b}{\partial z^a}\partial_b.$$

注意这里$\dfrac{\partial y^b}{\partial z^a}$是 $U\cap S$ 上的光滑函数. 于是

$$\bar{\Pi}_{ab}\boldsymbol{n}=\Pi(\bar{\partial}_a,\bar{\partial}_b)=\Pi\left(\frac{\partial y^c}{\partial z^a}\partial_c,\frac{\partial y^d}{\partial z^b}\partial_d\right)=\frac{\partial y^c}{\partial z^a}\,\frac{\partial y^d}{\partial z^b}\Pi_{cd},$$

也就是说第二基本形式的分量的变换规律和第一基本形式相同. 它们都是所谓的二阶张量.

本节练习

练习 1　通过计算说明圆柱面的第二基本形式不为零. 这就是它不是外蕴意义下的平面的原因.

练习 2　本题将通过物理直观计算三维欧氏空间中单位球面的第二基本形式. 注意第二基本形式是质点在曲面上运动的加速度的法向分量. 我们考虑沿单位球面经过北极点的大圆运动的自由质点（只受约束力），设其速率为 1，它通过北极点时的速度为

$$\boldsymbol{v}(N)=\cos\theta\boldsymbol{e}_1+\sin\theta\boldsymbol{e}_2,$$

其中，θ 是 $\boldsymbol{e}_1$ 到速度 $\boldsymbol{v}(N)$的角. 注意由匀速圆周运动的知识知道质点在北极

点 N 的**向心加速度**为

$$\boldsymbol{a}(N)=|\boldsymbol{v}(N)|^2\boldsymbol{e}_3.$$

请根据上述观察计算 $\Pi(\mathbb{S}^2)(N)$，并回答：当球面半径为 r 时，其第二基本形式是什么？

6.3　曲面局部合同的条件

6.3.1　曲面的自然标架运动公式

设 S 为 $\mathbb{E}^3$ 中一个光滑曲面. 设 $A\in S$ 的邻域 U 上有局部参数化 φ（参数记为 y^1、y^2），与之联系的局部参数标架为 $\{\partial_1,\partial_2\}$. 我们再定义每个点曲面的单位法向量：

$$\boldsymbol{n}=\frac{\partial_1\times\partial_2}{|\partial_1\times\partial_2|}.$$

注意，因为在每个点 ∂_1、∂_2 都是线性无关的，所以上述定义在每个点都有意义. 我们考虑标架场 $\{\partial_1,\partial_2,\boldsymbol{n}\}$. 仿照曲线的情况，我们希望计算这个标架场在 ∂_1、∂_2 方向上求导的结果. 为方便，记 $\partial_b=X_b^i\boldsymbol{e}_i$，$b=1,2$；$i=1,2,3$. 根据联络导数的定义，我们已经知道矢量 ∂_b 沿着 ∂_a 方向求导（就是三维欧氏空间中通常意义的求导——分量求导）

$$\begin{aligned}\partial_a(\partial_b)&=(\partial_a X_b^i\boldsymbol{e}_i)=(\partial_a X_b^i\boldsymbol{e}_i)_{\parallel}+(\partial_a X_b^i\boldsymbol{e}_i)_{\perp}=\nabla_{\partial_a}\partial_b+\Pi(\partial_a,\partial_b)\\&=\Gamma_{ab}^c\partial_c+\Pi_{ab}\boldsymbol{n}.\end{aligned}$$

然后就剩下计算单位法向量的导数. 首先注意 $\boldsymbol{n}$ 是单位向量，所以它的导数一定和它自己垂直，也就是 $\partial_a\boldsymbol{n}\in T_AS$. 所以假设

$$\partial_a\boldsymbol{n}=D_a^c\partial_c,$$

然后两边点积 ∂_b，得到

$$g_{cb}D_a^c=(\partial_b,\partial_a\boldsymbol{n})=\partial_a(\partial_b,\boldsymbol{n})-(\partial_a(\partial_b),\boldsymbol{n})=-\Pi_{ab}.$$

这里注意最后一个等号使用了性质 $\boldsymbol{n}\perp\partial_b$ 以及第二基本形式的定义. 于是我们得到了自然标架运动公式：记 g^{cb} 是矩阵 g_{cb} 的逆矩阵的元素，也就是说：

$$g^{cb}g_{bc'}=\delta_{c'}^c,$$

那么上式变成

$$D_a^c=-g^{cb}\Pi_{ab}.$$

于是得到

$$\begin{cases}\partial_a(\partial_b)=\Gamma_{ab}^c\partial_c+\Pi_{ab}\boldsymbol{n},\\ \partial_a(\boldsymbol{n})=-g^{cb}\Pi_{ab}\partial_c.\end{cases}\tag{6.1}$$

这个称为曲面上的自然标架运动公式. 可以看到标架的运动完全由第一基本形式(决定 Christoffel 记号)和第二基本形式确定.

6.3.2　曲面局部合同条件

本节我们将证明以下定理.

定理 6.1　(曲面局部合同条件). 设 $D=(-\varepsilon,\varepsilon)\times(-\varepsilon,\varepsilon)$,两个曲面 S_1、S_2 上两个点 A_1、A_2 附近有局部参数化 φ_1,φ_2:

$$\varphi_i:D\mapsto U_i\cap S_i,$$

这里 U_i 是 A_i 的邻域. 记 $\partial_a^{(1)}$、$\partial_a^{(2)}$ 分别为 φ_1、φ_1 在 S_1、S_2 上的局部自然标架. 如果对于任意的 $P_i=\varphi_i(y^1,y^2)$,$(y^1,y^2)\in D$,都有

$$g_1(\partial_a^{(1)},\partial_b^{(1)})=g_2(\partial_a^{(2)},\partial_b^{(2)}),\quad \Pi_1(\partial_a^{(1)},\partial_b^{(1)})=\Pi_2(\partial_a^{(2)},\partial_b^{(2)}).$$

这里 g_i 和 Π_i 分别是两个曲面的第一与第二基本形式,则存在一个 $\mathbb{E}^3$ 上的刚体变换 Φ 使得在此变换下,$S_1\cap U_1$ 同 $S_2\cap U_2$ 重合.

这是定理 2.1 在曲面情况下的对应.

证明:方便起见我们设 $A_i=\varphi_i(0,0)$. 在两个曲面上我们分别用

$$\partial_a^{(1)},\boldsymbol{n}^{(1)},\partial_a^{(2)},\boldsymbol{n}^{(2)}$$

表示其自然标架. 现在在 $\mathbb{E}^3$ 中考虑刚体变换 Φ,使得在 Φ 的作用下,$\Phi(A_2)=A_1$,$\Phi(\partial_a^{(2)}(A_2))=\partial_a^{(1)}(A_1)$. 记 $\bar{S}=\Phi(S_2)$. 那么自然有

$$\boldsymbol{n}^{(1)}=\Phi(\boldsymbol{n}^{(2)}).$$

为方便起见,在下文中

$$\partial_a=\partial_a^{(1)},\boldsymbol{n}=\boldsymbol{n}^{(1)},\quad \bar{\partial}_a=\Phi(\partial_a^{(2)}),\bar{\boldsymbol{n}}=\Phi(\boldsymbol{n}^{(2)}).$$

设 $\mathcal{A}=\{O,\boldsymbol{e}_i\}$ 为 $\mathbb{E}^3$ 中的标准正交坐标系. 记 P、$\bar{P}$ 分别为 S、$\bar{S}$ 上的点. 我们记

$$\boldsymbol{r}=\overrightarrow{OP},\quad \bar{\boldsymbol{r}}=\overrightarrow{O\bar{P}}.$$

在仿射坐标系下,上述向量场都可以写成分量参数式:

$$\partial_a=v_a^i\boldsymbol{e}_i,\bar{\partial}_a=\bar{v}_a^i\boldsymbol{e}_i,\boldsymbol{n}=n^i\boldsymbol{e}_i,\bar{\boldsymbol{n}}=\bar{n}^i\boldsymbol{e}_i,\boldsymbol{r}=r^i\boldsymbol{e}_i,\bar{\boldsymbol{r}}=\bar{r}^i\boldsymbol{e}_i$$

这些分量都是 D 上定义的函数.

我们将证明,$\{\boldsymbol{r},\partial_a,\boldsymbol{n}\}$ 同 $\{\bar{\boldsymbol{r}},\bar{\partial}_a,\bar{\boldsymbol{n}}\}$ 在 D 上处处相等,从而两张曲面重合. 为此,令

$$\begin{cases} u_{ab}(y):=(\partial_a-\bar{\partial}_a)\cdot(\partial_b-\bar{\partial}_b), \\ u_a(y):=(\partial_a-\bar{\partial}_a)\cdot(\boldsymbol{n}-\bar{\boldsymbol{n}}), \\ u(y):=(\boldsymbol{n}-\bar{\boldsymbol{n}})\cdot(\boldsymbol{n}-\bar{\boldsymbol{n}}). \end{cases}$$

那么当 $y=0$ 时，根据 Φ 的构造，知道 $u_{ab}(0)=u_a(0)=u(0)=0$. 另一方面，根据式(6.1)

$$\begin{aligned} \frac{\partial u_{ab}}{\partial y^c} &= (\partial_c\partial_a-\bar{\partial}_c\bar{\partial}_a)\cdot(\partial_b-\bar{\partial}_b)+(\partial_a-\bar{\partial}_a)\cdot(\partial_c\partial_b-\bar{\partial}_c\bar{\partial}_b) \\ &= (\Gamma_{ca}^d\partial_d-\bar{\Gamma}_{ca}^d\bar{\partial}_d+\Pi_{ca}\boldsymbol{n}-\bar{\Pi}_{ca}\boldsymbol{n})\cdot(\partial_b-\bar{\partial}_b) \\ &\quad +(\partial_a-\bar{\partial}_a)\cdot(\Gamma_{cb}^d\partial_d-\bar{\Gamma}_{cb}^d\bar{\partial}_d+\Pi_{cb}\boldsymbol{n}-\bar{\Pi}_{cb}\bar{\boldsymbol{n}}). \end{aligned}$$

注意到已知条件说第一、第二基本形式逐点对应相等，那么 $\Gamma_{ca}^d=\bar{\Gamma}_{ca}^d$，$\Pi_{cb}=\bar{\Pi}_{cb}$，所以上式简化为

$$\frac{\partial u_{ab}}{\partial y^c}=\Gamma_{ca}^d u_{db}+\Pi_{ca}u_b+\Gamma_{cb}^d u_{ad}+\Pi_{cb}u_a.$$

同样方法

$$\partial_c u_a=\Gamma_{ca}^d u_d+\Pi_{ca}u-g^{db}\Pi_{cb}u_{ad},$$

$$\partial_c u=-2g^{ab}\Pi_{cb}u_a.$$

于是得到方程组：

$$\begin{cases} \partial_c u_{ab}=\Gamma_{ca}^d u_{db}+\Pi_{ca}u_b+\Gamma_{cb}^d u_{ad}+\Pi_{cb}u_a, \\ \partial_c u_a=\Gamma_{ca}^d u_d+\Pi_{ca}u-g^{db}\Pi_{cb}u_{ad}, \\ \partial_c u=-2g^{ab}\Pi_{cb}u_a. \end{cases} \tag{6.2}$$

这虽然是一个一阶线性偏微分方程组. 但是我们可以通过常微分方程组的知识来讨论. 首先考虑固定 $y^1=0$，在直线段 $\{y^1=0\}\cap\{|y_2|<\varepsilon\}$ 上看上述方程，并令 $c=2$，便得到

$$\begin{cases} \dfrac{\mathrm{d}}{\mathrm{d}y^2}u_{ab}(0,y^2)=\Gamma_{2a}^d u_{db}(0,y^2)+\Pi_{2a}u_b(0,y^2)+\Gamma_{2b}^d u_{ad}(0,y^2)+\Pi_{2b}u_a(0,y^2), \\ \dfrac{\mathrm{d}}{\mathrm{d}y^2}u_a(0,y^2)=\Gamma_{2a}^d u_d(0,y^2)+\Pi_{2a}u(0,y^2)-g^{db}\Pi_{2b}u_{ad}(0,y^2), \\ \dfrac{\mathrm{d}}{\mathrm{d}y^2}u(0,y^2)=-2g^{ab}\Pi_{2b}u_a(0,y^2), \end{cases}$$

并且 u_{ab}、u_a、u 在(0,0)都是零. 根据常微分方程组的理论，上述 Cauchy 问题的唯一解恒为零. 于是得到在直线段 $\{y^1=0\}\cap\{|y_2|<\varepsilon\}$ 上 u_{ab}、u_a、u 在(0,0)都为零.

然后考虑任意一个 $|y_0^2|<\varepsilon$. 固定 $y^2=y_0^2$ 而让 y^1 变化. 考虑式(6.2)对 y^1 的导数，写成一个常微分方程系统：

$$\begin{cases}\dfrac{\mathrm{d}}{\mathrm{d}y^1}u_{ab}(y^1,y_0^2)=\Gamma_{1a}^d u_{db}(y^1,y_0^2)+\Pi_{1a}u_b(y^1,y_0^2)+\Gamma_{1b}^d u_{ad}(y^1,y_0^2)+\Pi_{1b}u_a(y^1,y_0^2),\\ \dfrac{\mathrm{d}}{\mathrm{d}y^1}u_a(y^1,y_0^2)=\Gamma_{1a}^d u_d(y^1,y_0^2)+\Pi_{1a}u(y^1,y_0^2)-g^{db}\Pi_{1b}u_{ad}(y^1,y_0^2),\\ \dfrac{\mathrm{d}}{\mathrm{d}y^1}u(y^1,y_0^2)=-2g^{ab}\Pi_{1b}u_a(y^1,y_0^2).\end{cases}$$

再考虑上初值条件：且 u_{ab}、u_a、u 在 $(0,y_0^2)$ 点都为零. 在每个 y_0^2 点解上述 Cauchy 问题都可以得到，u_{ab}、u_a、u 在 (y^1,y_0^2) 在直线段 $\{y^2=y_0^2\}$ 上为零. 从而 u_{ab}、u_a、u 在 $\{|y^1|,|y^2|<\varepsilon\}$ 上为零. 于是

$$\partial_c=\bar{\partial}_c,\quad \boldsymbol{n}=\bar{\boldsymbol{n}}.$$

注意到 $D_0=\{(y^1,y^2)\in D\,|\,\partial_c=\bar{\partial}_c\,|\,\}$ 是闭集，$D_0\ni(0,0)$. 上述讨论还说明 D_0 为(0,0)的邻域. 事实上，通过平移可以证明，若 $(a,b)\in D_0$，则 $\exists\,\varepsilon>0$，使得 $\{|y^1-a|\subset\varepsilon,|y^2-b|\subset\varepsilon\}\subset D_0$，于是 D_0 也是开集. 从而 $D_0=D$(因为 D 连通). 于是在 D 上 $\partial_c=\bar{\partial}_c$. 现在我们来证明 $\boldsymbol{r}-\bar{\boldsymbol{r}}$ 恒为零，从而两个曲面重合. 为此，我们观察

$$(\boldsymbol{r}-\bar{\boldsymbol{r}})\cdot(\boldsymbol{r}-\bar{\boldsymbol{r}})=\sum_{i=1}^{3}(r^i-\bar{r}^i)^2.$$

对 y^1、y^2 求导，得到

$$\partial_c((\boldsymbol{r}-\bar{\boldsymbol{r}})\cdot(\boldsymbol{r}-\bar{\boldsymbol{r}}))=2(\boldsymbol{r}-\bar{\boldsymbol{r}})(\partial_c-\bar{\partial}_c)=0,$$

这说明 $(\boldsymbol{r}-\bar{\boldsymbol{r}})\cdot(\boldsymbol{r}-\bar{\boldsymbol{r}})$ 在 D 上是常数. 又因为它在原点(0,0)为零，于是它恒为零. □

6.4　Gauss-Codazzi 方程、曲面的局部存在性

本节我们将解决曲面的局部存在性问题，这同定理 2.2 相对应. 然而同曲线的情况不同，我们不能随意指定两个二阶张量为第一、第二基本形式然后寻找这样的曲面，因为作为曲面的第一和第二基本形式，两者并不独立. 这首先可以从"自由度"的角度来阐明.

设 S 在 A 点附近有局部参数化，因此我们给定了三个二变量实函数. 注意在这里我们有三个自由度. 第一基本形式有四个分量，考虑到对称性只有

三个不相等的分量. 第二基本形式同样有三个不相等的分量. 这加起来就是六个函数. 注意这六个函数都是局部参数化给出的三个函数计算得来的. 那么可以想象这六个函数彼此并不"独立",应该存在三个等式使得在任何情况下一个曲面的第一和第二基本形式的分量都满足这三个等式. 这三个等式就叫做高斯–柯达兹(Gauss-Codazzi)方程.

下面我们着手推导这一组方程. 设 S 为 $\mathbb{E}^3$ 中一个正则曲面,在 A 点附近有局部参数化 $\{U,\varphi_U\}$,其参数记为 $\{y^1,y^2\}$,自然标架场记为 $\{\partial_1,\partial_2\}$. 再以 A 为原点建立 $\mathbb{E}^3$ 中的标准正交坐标系 $\{A,\boldsymbol{e}_i\}$,其坐标自变量记为 $\{x^1,x^2,x^3\}$. 那么对于曲面上的点,其标准正交坐标的值是 y^1、y^2 的光滑函数,记为 $x^i(y)$. 设自然标架场在标准正交标架下的表出为

$$\partial_b = X_b^i \boldsymbol{e}_i, \quad X_b^i = \frac{\partial x^i}{\partial y^b}.$$

按照联络导数和第二基本形式的定义

$$\nabla_{\partial_a}\partial_c = \partial_a X_c^i \boldsymbol{e}_i - \Pi_{ac}\boldsymbol{n}.$$

这个式子将联络同第二基本形式联系在了一起. 我们将用这个式子计算 Riemann曲率,来看看 Riemann 曲率和第二基本形式的关系.

为此,计算

$$\begin{aligned}\nabla_{\partial_b}\nabla_{\partial_a}\partial_c &= \partial_b(\partial_a X_c^i \boldsymbol{e}_i - \Pi_{ac}\boldsymbol{n}) - \Pi(\partial_b, \nabla_{\partial_a}\partial_c)\boldsymbol{n} \\ &= \partial_b\partial_a X_c^i \boldsymbol{e}_i - \partial_b \Pi_{ac}\boldsymbol{n} - \Pi_{ac}\partial_b\boldsymbol{n} - \Pi(\partial_b, \nabla_{\partial_a}\partial_c)\boldsymbol{n}\end{aligned} \tag{6.3}$$

首先对于第三项,回顾式(6.1)

$$-\Pi_{ac}\partial_b\boldsymbol{n} = g^{ed}\Pi_{ac}\Pi_{bd}\partial_e.$$

然后对第四项,回顾 Christoffel 记号的定义

$$\nabla_{\partial_a}\partial_b = \Gamma_{ab}^c\partial_c.$$

于是

$$-\Pi(\partial_b, \nabla_{\partial_a}\partial_c)\boldsymbol{n} = -\Gamma_{ac}^d\Pi_{bd}\boldsymbol{n}.$$

将这两个结果代入式(6.3),得到

$$\nabla_{\partial_b}\nabla_{\partial_a}\partial_c = \partial_b\partial_a X_c^i\boldsymbol{e}_i + g^{ed}\Pi_{ac}\Pi_{bd}\partial_e - (\partial_b\Pi_{ac} + \Gamma_{ac}^d\Pi_{bd})\boldsymbol{n}. \tag{6.4}$$

交换 a、b 得到

$$\nabla_{\partial_a}\nabla_{\partial_b}\partial_c = \partial_a\partial_b X_c^i\boldsymbol{e}_i + g^{ed}\Pi_{bc}\Pi_{ad}\partial_e - (\partial_a\Pi_{bc} + \Gamma_{bc}^d\Pi_{ad})\boldsymbol{n}.$$

两者相减,左边正是 Riemann 曲率. 于是

$$-R(\partial_a,\partial_b)\partial_c = g^{ed}(\Pi_{ac}\Pi_{bd} - \Pi_{bc}\Pi_{ad})\partial_e + (\partial_a\Pi_{bc} + \Gamma_{bc}^d\Pi_{ad} - \partial_b\Pi_{ac} - \Gamma_{ac}^d\Pi_{bd})\boldsymbol{n}.$$

注意,左边无论如何还是 S 的切向量,从而

$$\begin{cases} -R^e_{abc}\partial_e = g^{ed}(\Pi_{ac}\Pi_{bd}-\Pi_{bc}\Pi_{ad})\partial_e, \\ 0=\partial_a\Pi_{bc}+\Gamma^d_{bc}\Pi_{ad}-\partial_b\Pi_{ac}-\Gamma^d_{ac}\Pi_{bd}. \end{cases} \tag{6.5}$$

这就是 Gauss-Codazzi 方程. 它将 Riemann 曲率同第二基本形式相联系. 注意，它一共有三个方程：$e=1,2$ 两个加上最后的法向. 这里尤其注意 Riemann 曲率和 Christoffel 记号完全由第一基本形式决定. 所以 Gauss-Codazzi 方程刻画了第一和第二基本形式之间的制约关系.

我们对 Gauss-Codazzi 方程进行一个解释. 注意这个方程实际上揭示了曲面同曲线的本质不同. 对于曲线，只要给出两个函数(充分光滑，$\kappa>0$)，我们都可以构造出一段曲线使其以此二函数为曲率挠率. 但是曲面就不同，它的两个不变量并不独立. 一个初等几何的类比是三角形，三角形的三条边和三个角之间并不独立(其实只有三个相互独立). 所以并不是随便给三个边长和角度就一定能画出一个三角形.

随后我们简单阐述曲面的局部存在性. 这个问题可以用以下定理描述.

定理 6.2　设 $D=(-\varepsilon,\varepsilon)\times(-\varepsilon,\varepsilon)$，在 D 上定义了两个对称二次型 g 和 Π. 其中 g 正定，并且 g、Π 满足 Gauss-Codazzi 方程(6.5). 那么一定存在 $\mathbb{E}^3$ 中的曲面片 S 和曲面上点 A，使得在 A 点附近有一个局部参数化 $\{U,\varphi_U\}$

$$\varphi_U: D\mapsto S,$$

并且在这个参数化下，S 的第一基本形式(度量)为 g，第二基本形式为 Π.

证明：我们首先假设在 $(0,0)\in D$，$g_{ab}=\delta_{ab}$. 这总可以通过线性坐标变换达成. 事实上因为 $g(0,0)$ 是对称正定矩阵，它有两个相互垂直的特征方向. 在特征方向上取单位向量记为 $\{\boldsymbol{v}_1,\boldsymbol{v}_2\}$. 在 D 上以 $(0,0)$ 为中心，以 $\{\boldsymbol{v}_1,\boldsymbol{v}_2\}$ 为基建立一个新的仿射坐标系. 那么在该坐标系下，$g(0,0)_{ab}=\delta_{ab}$，所以我们总假设 $g(0,0)_{ab}=\delta_{ab}$.

然后我们考虑如下方程组

$$\begin{cases} \partial_a r^i = v^i_a, \\ \partial_a v^i_b = \Gamma^c_{ab}v^i_c + \Pi_{ab}n^i, \\ \partial_a n^i = -g^{cb}\Pi_{ab}v^i_c. \end{cases} \tag{6.6}$$

其中，r^i、v^i_c、n^i 都是二元实值函数；g^{ab} 是 g_{ab} 的逆，而 Γ^c_{ab} 由 g_{ab} 通过下面的式子决定：

$$\Gamma^c_{ab}=\frac{1}{2}g^{cd}(\partial_a g_{bd}+\partial_b g_{ad}-\partial_d g_{ab}).$$

这自然也都是光滑函数. 我们考虑“初值”条件：

$$r^i(0,0)=0,\quad v_a^i(0,0)=\delta_a^i,\quad n^i(0,0)=\delta_3^i,$$

接下来我们将应用定理 6.3 来建立式(6.6)的存在性.

接下来的证明都是为了验证式(6.13). 为此,将式(6.6)记作:

$$\partial_a X_b = A_{ab}^c X_c \tag{6.7}$$

的形式. 我们先验证,对于每一个方程的右端,都有:

$$\partial_a(A_{db}^c X_c)=\partial_d(A_{ab}^c X_c). \tag{6.8}$$

实际上对于 r^i 的方程这是显然的:

$$\partial_a v_b^i=\Gamma_{ab}^c v_c^i+\Pi_{ab}\boldsymbol{n}^i.$$

而

$$\partial_b v_a^i=\Gamma_{ba}^c v_c^i+\Pi_{ba}\boldsymbol{n}^i.$$

由 Γ_{ab}^c 和 Π_{ab} 的对称性就得到了.

而对于 v_b^i 和 n^i 的方程,计算发现我们需要保证:

$$\partial_k(\Gamma_{pb}^c v_c^i+\Pi_{pb}n^i)=\partial_p(\Gamma_{kb}^c v_c^i+\Pi_{kb}n^i), \tag{6.9}$$

$$\partial_p(g^{cd}\Pi_{pb}v_c^i)=\partial_k(g^{cd}\Pi_{pb}v_c^i). \tag{6.10}$$

我们将说明这组方程等价于 Gauss-Godazzi 方程. 实际上,注意到:

$$\begin{aligned}R(\partial_a,\partial_b)\partial_c &=\nabla_{\partial_a}(\Gamma_{bc}^d\partial_d)-\nabla_{\partial_b}(\Gamma_{ac}^d\partial_d)\\ &=(\partial_a\Gamma_{bc}^d-\partial_b\Gamma_{ac}^d)\partial_d+(\Gamma_{bc}^e\Gamma_{ae}^d-\Gamma_{ac}^e\Gamma_{be}^d)\partial_d,\end{aligned}$$

从而式(6.5)中关于曲率的方程得出:

$$\partial_a\Gamma_{bc}^e-\partial_b\Gamma_{ac}^e+\Gamma_{bc}^d\Gamma_{ad}^e-\Gamma_{ac}^d\Gamma_{bd}^e=-g^{ed}(\Pi_{ac}\Pi_{bd}-\Pi_{bc}\Pi_{ad}),$$

也就是:

$$\partial_a\Gamma_{bc}^e-g^{ed}\Pi_{bc}\Pi_{ad}+\Gamma_{bc}^d\Gamma_{ad}^e=\partial_b\Gamma_{ac}^e-g^{ed}\Pi_{ac}\Pi_{bd}+\Gamma_{ac}^d\Gamma_{bd}^e. \tag{6.11}$$

现在关注式(6.9)的左边:

$$\partial_k(\Gamma_{pb}^c v_c^i+\Pi_{pb}n^i)=\partial_k\Gamma_{pb}^c v_c^i+\Gamma_{pb}^c\partial_k v_c^i+\partial_k\Pi_{pb}n^i+\Pi_{pb}\partial_k n^i.$$

将式(6.6)代入上式右端的第 2、4 项,得到

$$\partial_k(\Gamma_{pb}^c v_c^i+\Pi_{pb}n^i)=\partial_k\Gamma_{pb}^c v_c^i+\Gamma_{pb}^c\Gamma_{kc}^d v_d^i+\Gamma_{pb}^c\Pi_{kc}n^i+\partial_k\Pi_{pb}n^i-g^{ce}\Pi_{ke}\Pi_{pb}v_c^i,$$

也就是

$$\partial_k(\Gamma_{pb}^c v_c^i+\Pi_{pb}n^i)=(\partial_k\Gamma_{pb}^c\Gamma_{pb}^d\Gamma_{kd}^c-g^{ce}\Pi_{ke}\Pi_{pb})v_c^i+(\Gamma_{pb}^c\Pi_{kc}+\partial_k\Pi_{pb})n^i.$$

代入式(6.11)和式(6.5)的第二个方程,得到:

$$\begin{aligned}\partial_k(\Gamma_{pb}^c v_c^i+\Pi_{pb}n^i)&=(\partial_p\Gamma_{kb}^c+\Gamma_{kb}^d\Gamma_{pd}^c-g^{ce}\Pi_{kb}\Pi_{pe})v_c^i+(\Gamma_{kb}^c\Pi_{pc}+\partial_p\Pi_{kb})n^i\\ &=\partial_p(\Gamma_{kb}^c v_c^i+\Pi_{kb}n^i).\end{aligned}$$

这就证明了式(6.9). 而式(6.10)的证明完全类似,这里从略. 至此,我们建立了式(6.8). 接下来我们从这个条件出发证明式(6.13). 实际上,直接计算得到

$$\partial_i(A_{jb}^c X_c)=\partial_i A_{jb}^c X_c + A_{jb}^c \partial_i X^c = \partial_i A_{jb}^c X_c + A_{jb}^c A_{ic}^d X_d = (\partial_i A_{jb}^c + A_{jb}^d A_{id}^c) X_c,$$

然后由式(6.8)得到

$$\partial_i A_{jb}^c + A_{jb}^d A_{id}^c = \partial_j A_{ib}^c + A_{ib}^d A_{jd}^c.$$

取 $i=1, j=2$,就得到了式(6.13). □

补充:一阶线性偏微分方程解的存在性

我们将建立以下定理.

定理 6.3　设 $D=(-\varepsilon,\varepsilon)\times(-\varepsilon,\varepsilon)$ 为 $\mathbb{R}^2$ 中开区域. 考虑方程组

$$\partial_a X_b = A_{ab}^c X_c \tag{6.12}$$

和初值条件 $X_b(0,0)=X_b(0)$,其中 A_{ab}^c 为定义在 D 上的光滑函数. 如果

$$\partial_2 A_{1b}^d - \partial_1 A_{2b}^d + A_{1b}^c A_{2c}^d - A_{2b}^c A_{1c}^d = 0, \tag{6.13}$$

那么方程存在唯一解.

证明:其实就是通过解常微分方程将这个解构造出来. 而用条件(6.13)保证构造出来的解满足原来的方程组(6.12).

首先在直线段$(0,y^2)$上考虑上述方程组,如图 6.2 所示. 在这个情况下式(6.12)成为常微分方程组

$$\frac{\mathrm{d}}{\mathrm{d}y^2} X_b(0,y^2) = A_{2b}^c X_c(0,y^2) \tag{6.14}$$

从而其 Cauchy 问题在$(-\varepsilon,\varepsilon)$上有唯一解. 同时因为系数 $A_{ab}^c(0,y^2)$ 是光滑函数,根据常微分方程解对系数的光滑依赖性,得知获得的解 $X_b(0,y^2)$ 是 y^2 的光滑函数.

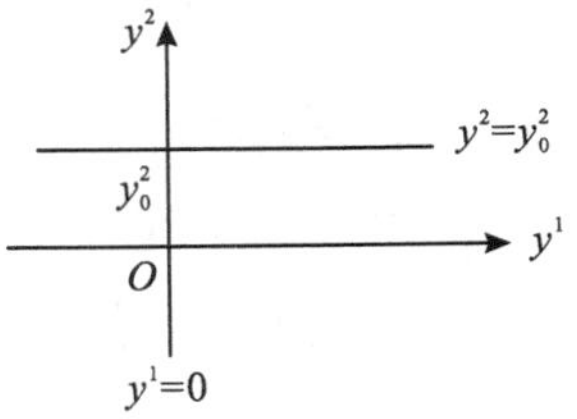

图 6.2

然后在直线段$\{y^1=0\}$上固定一个点$(0,y_0^2)$,考虑常微分系统的 Cauchy 问题:

$$\begin{cases} \dfrac{\mathrm{d}}{\mathrm{d}y^1} X_b(y^1,y^2) = A_{1b}^c X_c(y^1,y^2) \\ X_b(0,y_0^2)\text{由上一步确定} \end{cases} \tag{6.15}$$

根据常微分方程理论,给定任意一个 y^2,上述 Cauchy 问题都产生一个存在于

$y^1\in(-\varepsilon,\varepsilon)$上的解. 将这个解记为

$$X_b(y^1,y^2)$$

由于系统的系数光滑，所以该解对于 y^1 光滑. 同时因为 $X_b(0,y^2)$光滑，根据解对初值的光滑依赖性，得出 $X_b(y^1,y^2)$光滑. 我们现在验证这个解满足式(6.12).

实际上因为 $X_b(y^1,y^2)$是式(6.15)的解，所以当 $a=1$ 时方程自然满足. 我们只需要验证

$$\partial_2 X_b(y^1,y^2)=A^c_{2b}X_c(y^1,y^2). \tag{6.16}$$

实际上由于式(6.14)，上述等式在 $y^1=0$ 时成立. 为了证明其在一般点上成立，考虑

$$\begin{aligned}\partial_1(\partial_2 X_b-A^c_{2b}X_c)&=\partial_2\partial_1 X_b-\partial_1 A^c_{2b}X_c-A^c_{2b}\partial_1 X_c\\&=\partial_2(A^c_{1b}X_c)-\partial_1 A^c_{2b}X_c-A^c_{2b}A^d_{1c}X_d\\&=\partial_2 A^c_{1b}X_c+A^c_{1b}\partial_2 X_c-\partial_1 A^c_{2b}X_c-A^c_{2b}A^d_{1c}X_d.\end{aligned}$$

于是得到

$$\partial_1(\partial_2 X_b-A^c_2 bX_c)=(\partial_2 A^d_{1b}-\partial_1 A^d_{2b}+A^c_{1b}A^d_{2c}-A^c_{2b}A^d_{1c})X_d.$$

根据条件(6.13)

$$\partial_1(\partial_2 X_b-A^c_{2b}X_c)=0.$$

从而式(6.16)在 D 上成立. 于是这样构造的 X_b 的确是式(6.12)的解. □

6.5　Gauss 绝妙定理

最后我们将介绍 Gauss 绝妙定理作为本书的结束. 从某种程度上可以说它是微分几何发展史早期最重要的局部定理之一. 正是由于这个定理人们开始系统认识内蕴几何和外蕴几何的区别，人们发现第一基本形式本身也携带着曲面如何弯曲的信息.

我们先遵循历史脉络，介绍 Gauss 曲率. 设 S 为$\mathbb{E}^3$中一片光滑曲面，$A\in S$. 在 A 点建立适当的标准正交坐标系$\{A,\boldsymbol{e}_i\}$，总可以使得 S 在 A 附近成为一个二元实值函数 f 的图像(见图 6.3)，也就是

$$P\in S\cap U\Leftrightarrow x^3(P)=f(x^1(P),x^2(P)),\quad x^1(A)=x^2(A)=x^3(A)=0.$$

这里 $x^i(P)$指 P 点的第 i 个坐标. 并且 $\partial_a f(0,0)=0,a=1,2$. f 在(0,0)点的 Hessian 矩阵的行列式值，称为曲面 S 在 A 点的 **Gauss 曲率**.

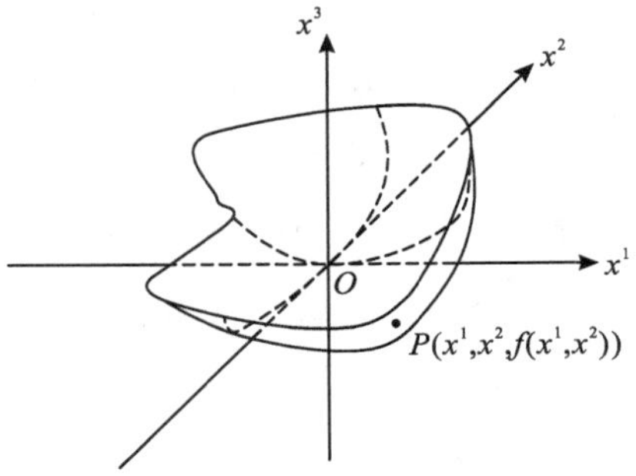

图 6.3

如此古怪的定义，是因为我们省略了很多前置内容. 现在对它们进行介绍. 首先，将曲面按照上述方式放置在坐标系中是为了方便叙述. 其次，注意到 Hessian 矩阵对应的二次型是曲面在原点的二阶展开，所以 Hessian 矩阵的形态将直接影响曲面在原点的几何性质. 第三，注意到 Hessian 矩阵是一个实对称的 2×2 矩阵，那么它一定可以对角化. 如果它有两个不相同的特征值，那么两个对应的特征向量相互垂直. 如果它只有一个特征值，那么也一定可以找到两个相互垂直的特征向量. 如此，Hessiaan 矩阵的行列式值就是这两个特征值的乘积. 这两个特征值的平均值也有一个名称，叫做**平均曲率**.

Gauss 绝妙定理如下.

定理 6.4　Gauss 曲率由曲面度量(也就是第一基本形式)完全确定.

这个定理的“绝妙”之处在于，回顾上述 Gauss 曲率定义的过程，我们又是建立三维空间的坐标系，又是计算 Hessian 矩阵. 这一切做法都非常“外蕴”，也就是这些计算都严重依赖于曲面在外部空间$\mathbb{E}^3$的具体形状. 然而，Gauss 曲率只由第一基本形式确定，因而这是一个内蕴量. 内蕴量其实和曲面如何在$\mathbb{E}^3$存在并不直接相关. 比如在内蕴观点下柱面、锥面和平面局部是无法区分的，但是它们存在于$\mathbb{E}^3$的方式显然非常不同.

更重要的是，在 Gauss 的年代，人们并没有明确地区分内蕴和外蕴. 由于第一基本形式和第二基本形式放在一起才能确定曲面的形状(正如曲线的曲率和挠率得放在一起)，人们并不清楚仅仅观察第一基本形式能够获得多少曲面“如何弯曲”的信息. Gauss 的发现揭示了这样一个事实：单单第一基本形式就已经携带了“相当多的”曲面如何弯曲的信息.

接下来我们着手证明 Gauss 绝妙定理. 需要指出的是我们的证明远远比 Gauss 当年的证明简单. 在 Gauss 的年代还没有明确的 Riemann 曲率、联络等概念. 我们的证明带有强烈的“事后诸葛亮”的味道.

证明:采用上文中在 A 点建立的标准正交坐标系 $\{A,\boldsymbol{e}_i\}$. 我们先求 S 在 A 点的第二基本形式. 在 A 点取三条 S 上的曲线

$$\boldsymbol{\gamma}_1:(-\varepsilon,\varepsilon)\mapsto S,\quad t\mapsto t\boldsymbol{e}_1+f(t,0)\boldsymbol{e}_3;$$

$$\boldsymbol{\gamma}_2:(-\varepsilon,\varepsilon)\mapsto S,\quad t\mapsto t\boldsymbol{e}_2+f(0,t)\boldsymbol{e}_3;$$

$$\boldsymbol{\gamma}_3:(-\varepsilon,\varepsilon)\mapsto S,\quad t\mapsto t\boldsymbol{e}_1+t\boldsymbol{e}_2+f(t,t)\boldsymbol{e}_3.$$

这是三个纵向平面在曲面上的截线. 计算

$$\dot{\boldsymbol{\gamma}}_1(t)=\boldsymbol{e}_1+\partial_1 f(t,0)\boldsymbol{e}_3,$$

$$\dot{\boldsymbol{\gamma}}_2(t)=\boldsymbol{e}_2+\partial_2 f(0,t)\boldsymbol{e}_3,$$

$$\dot{\boldsymbol{\gamma}}_3(t)=\boldsymbol{e}_1+\boldsymbol{e}_2+(\partial_1 f(t,t)+\partial_2 f(t,t))\boldsymbol{e}_3;$$

并且根据坐标系的选取约定

$$\dot{\boldsymbol{\gamma}}_1(0)=\boldsymbol{e}_1,\quad \dot{\boldsymbol{\gamma}}_2(0)=\boldsymbol{e}_2,\quad \dot{\boldsymbol{\gamma}}_3(0)=\boldsymbol{e}_1+\boldsymbol{e}_2.$$

而两阶导数(也就是加速度)是

$$\partial_{\dot{\gamma}_1}\dot{\gamma}_1^i(t)\boldsymbol{e}_i=\ddot{\boldsymbol{\gamma}}_1(t)=\partial_1^2 f(t,0)\boldsymbol{e}_3,$$

$$\partial_{\dot{\gamma}_2}\dot{\gamma}_2^i(t)\boldsymbol{e}_i=\ddot{\boldsymbol{\gamma}}_2(t)=\partial_2^2 f(0,t)\boldsymbol{e}_3,$$

$$\partial_{\dot{\gamma}_3}\dot{\gamma}_3^i(t)\boldsymbol{e}_i=\ddot{\boldsymbol{\gamma}}_3(t)=(\partial_1^2 f(t,t)+2\partial_1\partial_2 f(t,t)+\partial_2^2 f(t,t))\boldsymbol{e}_3.$$

注意在 A 点(也就是(0,0)点),

$$(\partial_{\dot{\gamma}_1}\dot{\gamma}_1^i(0)\boldsymbol{e}_i)_\perp=\partial_1^2 f(0,0)\boldsymbol{e}_3,$$

$$(\partial_{\dot{\gamma}_2}\dot{\gamma}_2^i(0)\boldsymbol{e}_i)_\perp=\partial_2^2 f(0,0)\boldsymbol{e}_3,$$

$$(\partial_{\dot{\gamma}_3}\dot{\gamma}_3^i(t)\boldsymbol{e}_i)_\perp=(\partial_1^2 f(0,0)+2\partial_1\partial_2 f(0,0)+\partial_2^2 f(0,0))\boldsymbol{e}_3.$$

根据第二基本形式的定义:

$$\Pi(\boldsymbol{e}_1,\boldsymbol{e}_1)=\partial_1^2 f(0,0),$$

$$\Pi(\boldsymbol{e}_2,\boldsymbol{e}_2)=\partial_2^2 f(0,0),$$

$$\Pi(\boldsymbol{e}_1+\boldsymbol{e}_2,\boldsymbol{e}_1+\boldsymbol{e}_2)=\partial_1^2 f(0,0)+2\partial_1\partial_2 f(0,0)+\partial_2^2 f(0,0).$$

于是得到,当在 $T_A(S)$ 上以 $\{\boldsymbol{e}_1,\boldsymbol{e}_2\}$ 为基时,

$$\Pi_{11}=\partial_1^2 f(0,0),\Pi_{12}=\Pi_{21}=\partial_1\partial_2 f(0,0),\Pi_{22}=\partial_2^2 f(0,0).$$

也就是说,f 在(0,0)的 Hessian 矩阵正是曲面 S 在 A 的第二基本形式.

现在回顾式(6.5),注意到

$$-R_{abc}^{e}=g^{ed}(\Pi_{ac}\Pi_{bd}-\Pi_{bc}\Pi_{ad}),$$

从而(两边乘以 g_{ef})

$$-R_{abcf}=\Pi_{ac}\Pi_{bf}-\Pi_{bc}\Pi_{af}.$$

取$(a,b,c,f)=(1,2,1,2)$，得到

$$-R_{1212}=\Pi_{11}\Pi_{22}-(\Pi_{12})^2=\partial_1^2 f(0,0)\partial_2^2 f(0,0)-(\partial_1\partial_2 f(0,0))^2.$$

右端正是 Hessian 矩阵的行列式值，也就是 Gauss 曲率. 左端是 Riemann 曲率的分量，它仅仅由第一基本形式决定. 从而得证. □

最后我们解释一下，当时在 5.10 节，已经引入了$-R_{121}^2$作为 Gauss 曲率. 注意这是在局部法坐标系中的定义. 现在说明当时定义的 Gauss 曲率和这里的 Gauss 曲率是一个量. 这是因为回顾在 5.10 节的法坐标系中，$\partial_1=\partial_t$ 和 $\partial_2=\partial_\theta$ 是正交的. 于是 $g_{12}=g_{21}=0$. 另一方面 ∂_t 是测地线切向量，其模长恒等于 1. 于是，在局部单位正交标架$\{\partial_t,k^{-1}\partial_\theta\}$下，

$$R_{1212}=R_{121}^d g_{d2}=R_{121}^2 g_{22}=R_{121}^2.$$

附录 A　点集拓扑基础

本节是对点集拓扑基础概念的一个非常简要的介绍. 读者如果希望了解这方面更多的知识,可以阅读文献[2].

假设读者对于朴素集合论有一个基本的了解. 我们用大写拉丁字母 A, B,…表示集合,小写拉丁字母 a,b,…表示集合中的元素. 我们尤其提请读者注意的是,$A=B\Leftrightarrow A\subset B$ 并且 $B\subset A$. 这也是实际操作中证明两个集合相等的标准方法.

假定读者熟悉**映射**、**单射**、**满射**的概念. 设 $f:A\mapsto B$ 为一个映射,$C\subset B$,则

$$f^{-1}(C)=\{a\in A, f(a)\in C\}.$$

注意 $f^{-1}(C)\subset A$. 注意这个记号与 f 是否可逆**无关**. 设 $D\subset A$,那么

$$f(D)=\{b\in B, \exists\, a\in D \text{ 使得 } b=f(a)\}.$$

请读者自行证明下面的等式:

$$f^{-1}(\bigcup_{i\in I}B_i)=\bigcup_{i\in I}f^{-1}(B_i),\quad f^{-1}(\bigcap_{i\in I}B_i)=\bigcap_{i\in I}f^{-1}(B_i);\tag{A.1}$$

$$f(\bigcup_{i\in I}A_i)=\bigcup_{i\in I}f(A_i),\quad f(\bigcap_{i\in I}A_i)\subset\bigcap_{i\in I}f(A_i).\tag{A.2}$$

当 f 可逆时,记 $f^{-1}(b)$ 为 b 的原像(唯一).

设 A 为非空集合,$2^A=\{B,B\subset A\}$ 是 A 所有子集构成的集合,称为 A 的**幂集**. 用这个记号的原因是如果 A 是有限集合,含有 n 个元素,那么 2^A 中元素的个数(也就是 A 的子集个数)为 2^n.

设 $\mathscr{T}\subset 2^A$ 满足下面三个条件:

(1) $\varnothing, A\in\mathscr{T}$;

(2) 若 $A_i\in\mathscr{T}, i\in I$. 那么 $\bigcup_{i\in I}A_i\in\mathscr{T}$;

(3) 若 $A_1, A_2\in\mathscr{T}$,那么 $A_1\cap A_2\in\mathscr{T}$.

那么 $\mathscr{T}$ 称为定义在 A 上的一个**拓扑**. 拓扑中 A 的子集称为**开集**.

可以验证,熟知的 $\mathbb{R}$ 上的开集满足上面的性质. 但是上面的定义可以允许我们在抽象的空间上建立开集概念,并且一个集合上可以建立多个拓扑.

如果 $\mathscr{T}=2^A$,称 $\mathscr{T}$为 A 上的**离散拓扑**.若 $\mathscr{T}=\{\varnothing,A\}$,称 $\mathscr{T}$为 A 上的**平凡拓扑**.

设 A 上有两个拓扑 $\mathscr{T}_1$和 $\mathscr{T}_2$.如果 $\mathscr{T}_1\subset\mathscr{T}_2$(也就是 $\mathscr{T}_2$含有更多的开集),那么称 $\mathscr{T}_2$比 $\mathscr{T}_1$**细**.

设 $a\in A$,若 B 为开集并且 $a\in B$,称 B 为 A 的**开邻域**.

设 $B\subset A$,$a\in B$ 称为 B 的**内点**,如果$\exists$开集 C,使得 $a\in C\subset B$,此时称 B 为 a 的**邻域**.

如果 B^c 是开集,$B\subset A$ 称为**闭集**.

下面我们定义映射的**连续性**.为此需要两个带有拓扑的集合(称为拓扑空间)$(A,\mathscr{T}_A)$,$(B,\mathscr{T}_B)$.设 $f:A\mapsto B$,$a\in A$,如果$\forall B'\subset B$ 为 $f(a)$的邻域,都有 $f^{-1}(B')$为 a 的邻域,称 f 在 a 点**连续**,如果$\forall B'\subset B$ 为开集,都有 $f^{-1}(B')$为 A 中开集,称 f 在 A 上**连续**.

我们引入"拉回拓扑"的概念来作为这个附录的结束.设 $f:A\mapsto B$,并且 B 上有拓扑 $\mathscr{T}_B$.记

$$f^{-1}(\mathscr{T}_B)=\{f^{-1}(B'),B'\in\mathscr{T}_B\},$$

称为 A 由 f **拉回**的拓扑.根据式(A.1)可以证明,$f^{-1}(\mathscr{T}_B)$的确是 A 上的一个拓扑.这个性质保证了我们在仿射空间中引入拓扑的时候,称"坐标映射的像为$\mathbb{R}^n$中开集的集合为开集"的说法是合理的.

附录 B　逆映射定理和隐函数定理

隐函数定理及其特例逆映射定理堪称微分几何和微分流形的基础，它本身也是多元微积分最重要的结果之一. 用通俗点的话来解释，逆映射定理说明了足够好的映射在局部的可逆性由其导映射决定. 我们先建立如下版本的逆映射定理.

定理 B.1　(逆映射定理). 设 U、V 分别为$\mathbb{R}^n$中的开集. $f:U\mapsto V$ 为 C^1 映射. 设$a\in U$，$f(a)=b\in V$. 记 D_af 为 f 在 a 点的导映射. 如果 D_af 满秩，那么存在 a 的邻域 U_a 与 b 的邻域 V_b，$U_a\subseteq U$，$V_b\subseteq V$，以及 C^1 映射

$$\varphi: V_b\mapsto U_a=\varphi(V_b),$$

使得
$$\varphi\circ f=Id|_{U_a},\ f\circ\varphi=Id|_{V_b}.$$

并且
$$D_y\varphi=(D_xf)^{-1},\quad 若\ y=f(x).$$

证明：该定理有非常多的证明. 我们这里将采用分析的观点，将求取逆映射看作是解方程. 我们将利用压缩映射原理完成证明.

首先证明，$\exists\,\varepsilon_b>0$ 使得 $\forall\ |y_0-b|<\varepsilon_b$，方程 $f(x)=y_0$ 在 a 的某邻域内有唯一解. 为此我们在 U 上构造映射

$$F(x)=x-(D_af)^{-1}(f(x)-y_0).$$

我们需要选择一个 a 的邻域使得 F 是该邻域到自身的映射. 考虑

$$\begin{aligned}F(x)-a&=(x-a)-(D_af)^{-1}(f(x)-f(a)-(y_0-b))\\&=(x-a)-(D_af)^{-1}(Df_a(x-a)+R(x,a)(x-a)-(y_0-b))\\&=(D_af)^{-1}(R(x,a)(x-a))-(D_af)^{-1}(y_0-b).\end{aligned}$$

此处当 $R(x,a)$是一个 $n\times n$ 方阵. $x\to a$ 时，$R(x,a)\to 0$. 如此我们可以选择一个 $\varepsilon_1>0$ 使得当 $|x-a|\leqslant\varepsilon_1$ 时，$|R(x,a)|\leqslant\frac{1}{2}|(D_af)^{-1}|^{-1}$. 这样的话，当 $|x-a|\leqslant\delta\leqslant\varepsilon_1$ 且 $|y_0-b|\leqslant\frac{1}{2}|(D_af)^{-1}|^{-1}\delta$ 时，

$$|F(x)-a|\leqslant\frac{1}{2}|x-a|+\frac{1}{2}\delta\leqslant\delta.$$

于是当 $0<\delta\leqslant\varepsilon_1$ 时，F 成为了一个 $\bar{B}_a(\delta)=\{|x-a|\leqslant\delta\}$ 到自身的 C^1 映射. 再来考查 F 何时是压缩映射.

$$\begin{aligned}F(x_1)-F(x_2)&=x_1-x_2-(D_af)^{-1}(f(x_1)-f(x_2))\\&=x_1-x_2-(D_af)^{-1}(D_{x_2}f(x_1-x_2)+R(x_1,x_2)(x_1-x_2))\\&=x_1-x_2-(D_af)^{-1}(D_af(x_1-x_2))\\&\quad-(D_af)^{-1}((D_{x_2}f-D_af)(x_1-x_2))+(D_af)^{-1}(R(x_1,x_2)(x_1-x_2))\\&=-(D_af)^{-1}((D_{x_2}f-D_af)(x_1-x_2))\\&\quad+(D_af)^{-1}(R(x_1,x_2)(x_1-x_2)).\end{aligned}$$

因为 $f\in C^1$，从而 D_xf 对 x 连续. 从而存在 $\varepsilon_2>0$ 使得当 $|x-a|\leqslant\varepsilon_2$ 时，$|D_xf-D_af|<\frac{1}{4}|(D_af)^{-1}|^{-1}$. 同样地，$R(x,x')=f(x)-f(x')-D_{x'}f(x-x')$ 也是连续函数，并且当 $x=x'=a$ 时它为零. 于是 $\exists\,\varepsilon_3>0$，使得 $|x_1-a|\leqslant\varepsilon_3$，$|x_2-a|\leqslant\varepsilon_3$ 时

$$|R(x_1,x_2)|\leqslant\frac{1}{4}|(D_af)^{-1}|^{-1}.$$

那么当 $x_1,x_2\in B_a(\varepsilon_2)\cap\bar{B}_a(\varepsilon_3)$ 时

$$|F(x_1)-F(x_2)|\leqslant\frac{1}{2}|x_1-x_2|.$$

现在取 $\varepsilon_a=\min\{\varepsilon_1,\varepsilon_2,\varepsilon_3\}$. 那么当 $|y_0-b|\leqslant\frac{1}{2}|(D_af)^{-1}|^{-1}\varepsilon_1$ 时，F 在 $B_a(\varepsilon_a)$ 上是一个自身到自身的 C^1 映射，并且还是压缩映射. 通过巴拿赫(Banach)压缩映射原理得知，在这个球内，F 有唯一的不动点 x_0. 于是

$$F(x_0)=x_0\quad\Leftrightarrow\quad x_0-(D_af)^{-1}(f(x_0)-y_0)=x_0\quad\Leftrightarrow\quad f(x_0)=y_0,$$

这就是说，当 $|y_0-b|\leqslant\varepsilon_b:=\frac{1}{2}|(D_af)^{-1}|^{-1}\varepsilon_a$ 时，方程 $f(x)=y_0$ 在 $\{|x-a|\leqslant\varepsilon_a\}$ 内有唯一解. 如此可以定义一个映射 $\varphi:B_b(\varepsilon_b)\mapsto B_a(\varepsilon_a)$，它将每一个 y 映射到其唯一解.

令 $V_b=\{|y-b|<\varepsilon_b\}$，令 $U_a=B_a(\varepsilon_a)\cap f^{-1}(V_b)$. 则 U_a 是 a 的开邻域，注意到 $\varphi(V_b)\subseteq f^{-1}(V_b)$. 这是因为 $\forall\,x\in\varphi(V_b)$，都 $\exists\,y\in V_b$，使得 $x=\varphi(y)$，从而 $f(x)=y\in V_b$，从而 $x\in f^{-1}(V_b)$. 而又因为 $\varphi(V_b)\subseteq B_a(\varepsilon_a)$，从而 $U_a\supseteq\varphi(V_b)$，且 $\forall\,y\in V_b$，$f\circ\varphi(y)=y$，即 $f\circ y=Id|_{V_b}$.

另一方面，$\forall\,x\in U_a$，$y=f(x)\in V_b$. 从而 $x=\varphi(y)$. 于是 $U_a\subseteq\varphi(V_b)$，从而 $U_a=\varphi(V_b)$. 同时，$\varphi(y)=\varphi\circ f(x)=x$，即 $\varphi\circ f=Id|_{U_a}$.

再来验证如此定义的 φ 是 V_b 上的 C^1 映射. 为此，注意到如果 $y_1,y_2\in V_b$，

$f(x_1)=y_1, f(x_2)=y_2$

$$\begin{aligned}&\varphi(y_1)-\varphi(y_2)-(D_{x_2}f)^{-1}(y_1-y_2)\\=&x_1-x_2-(D_{x_2}f)^{-1}(y_1-y_2)\\=&x_1-x_2-(D_{x_2}f)^{-1}(f(x_1)-f(x_2))\\=&x_1-x_2-(D_{x_2}f)^{-1}(D_{x_2}f(x_1-x_2)+R(x_1,x_2)(x_1-x_2))\\=&x_1-x_2-(x_1-x_2)-(D_{x_2}f)^{-1}(R(x_1,x_2)(x_1-x_2))\\=&-(D_{x_2}f)^{-1}(R(x_1,x_2)(x_1-x_2)).\end{aligned}$$

我们有

$$y_1-y_2=(D_{x_2}f)(x_1-x_2)+R(x_1,x_2)(x_1-x_2)$$

因为 $\lim\limits_{x_1\mapsto x_2}|R(x_1,x_2)|=0$，且 $D_{x_2}f$ 可逆.

故 $\exists\delta>0$，使得当 $|x_1-x_2|<\delta$ 时，$D_{x_2}f+R(x_1,x_2)$ 可逆，且 $\exists M>0$，使得

$$|x_1-x_2|<M|y_1-y_2|.$$

于是，

$$|\varphi(y_1)-\varphi(y_2)-(D_{x_2}f)^{-1}(y_1-y_2)|\leqslant|D_{x_2}f|^{-1}-|R(x_1,x_2)|.$$

从而

$$\begin{aligned}|\varphi(y_1)-\varphi(y_2)-(D_{x_2}f)^{-1}(y_1-y_2)|&\leqslant|D_{x_2}f|^{-1}\cdot|x_1-x_2|\cdot|R(x_1,x_2)|\\&\leqslant|D_{x_2}f|^{-1}|R(x_1,x_2)|\cdot M|y_1-y_2|.\end{aligned}$$

于是，

$$\begin{aligned}&\lim_{y_1\mapsto y_2}\frac{|\varphi(y_1)-\varphi(y_2)-(D_{x_2}f)^{-1}(y_1-y_2)|}{|y_1-y_2|}\\&\leqslant\lim_{y_1\mapsto y_2}M|D_{x_2}f|^{-1}|R(x_1,x_2)|=0.\end{aligned}$$

这说明 φ 在 y_2 点可微，并且其导映射是 $(D_{x_2}f)^{-1}$. 而因为 D_xf 是对 x 连续，所以

$$D_y\varphi=(D_{\varphi(y)}f)^{-1}$$

也连续(看成是先把 y 通过连续映射 φ 映射到 x，x 再通过 D_xf 映射为一个 n 阶方阵，这个映射也连续. 然后再映射为这个方阵的逆，这还是一个连续映射. 三个连续映射复合，故而仍然连续). 由此我们断定 φ 为 C^1 映射. □

在逆映射定理基础之上，我们可以建立隐函数定理. 它表述如下.

定理 B.2　设 $f:U\mapsto V$ 为一个 C^1 映射，$U\subset\mathbb{R}^m$，$V\subset\mathbb{R}^n$，$m>n$. 设 $a\in U$，$b=f(a)\in V$. 将 f 写成分量式，$x=(x_1,x_2,\cdots,x_m)$，$y=(y_1,\cdots,y_n)$：

$$f_j(x_1,x_2,\cdots,x_m)=y_j,$$

并且

$$f_j(a_1,\cdots,a_m)=b_j.$$

设 D_af 满秩.那么在适当调整$(x_1,x_2,\cdots,x_m)$的顺序之后,存在 $\varepsilon_0>0$ 以及定义在$\{|x_{n+k}-a_{n+k}|<\varepsilon_0\}\times\{|y_j-b_j|<\varepsilon_0\}$上的 C^1 映射 φ_j, $j=1,2,\cdots,n$,

$$f(\varphi_j(\bar{x},y),\bar{x})=y_j.$$

这里 $\bar{x}=(x_{n+1},x_{n+2},\cdots,x_m)$.

证明:注意到 D_af 是 $n\times m$ 的“矮胖”矩阵.它满秩意味着行满秩.不妨设 D_af 的前 n 个列向量线性无关(如果不是前 n 个,就调整$(x_1,x_2,\cdots,x_m)$的顺序使之成为前 n 个).因为 $f\in C^1$,从而存在 $\varepsilon_1>0$ 使得当 $|x_i-a_i|<\varepsilon_1$ 时,D_xf 依然是前 n 个列向量线性无关的矩阵.如此,固定 $\bar{x}=(x_{n+1},\cdots,x_m)$满足 $|x_{n+k}-a_{n+k}|<\varepsilon_1$,$f$ 变成了$\{|x_i-a_i|<\varepsilon_1,i=1,2,\cdots,n\}$到 V 的 C^1 映射,记为 $f_{\bar{x}}$.为方便起见记 $\hat{x}=(x_1,x_2,\cdots,x_n)$.那么$(D_{\bar{x}}f)_{\hat{x}}$是 D_xf 的前 n 列.

另一方面,注意到 D_xf 是连续映射并且 D_af 的前 n 列线性无关,也就是说

$$(D_{\bar{a}}f)_{\hat{a}}$$

可逆.于是 $\exists\,\varepsilon_2>0$,使得当 $|x_{n+k}-a_{n+k}|\leqslant\varepsilon_2$ 时,$|(D_{\bar{x}}f)_{\hat{a}}^{-1}|+|(D_{\bar{x}}f)_{\hat{a}}|\leqslant C$,这里 C 为一个充分大的常数.

进一步,当 $|x_{n+k}-a_{n+k}|<\varepsilon_2$ 时,固定 $\bar{x}$,并对 $f_{\bar{x}}$使用逆映射定理.那么存在$\varepsilon_0(\bar{x})>0$ 使得当 $|y-b|<\varepsilon_0(\bar{x})$时,有 C^1 函数 $\varphi_{\bar{x}}$定义在 $B_b(\varepsilon_0(\bar{x}))$上使得

$$f_{\bar{x}}\circ\varphi_{\bar{x}}(y)=y.$$

也就是

$$f(\varphi_{\bar{x}}(y),\bar{x})=y.$$

其中,$|[\varphi_{\bar{x}}(y)]_i-a_i|\leqslant\varepsilon_1$, $i=1,2,\cdots,n$.这里注意,当 $|x_{n+k}-a_{n+k}|<\varepsilon_2$ 充分小时,

$$\varepsilon_0=\inf_{\{|x_{n+k}-a_{n+k}|<\varepsilon_2\}}\varepsilon_0(\bar{x})>0.$$

于是 $\forall\,|y_j-b_j|<\varepsilon_0$, $|x_{n+k}-a_{n+k}|<\varepsilon_2$,都存在唯一

$$\hat{x}_j=(\varphi_{\bar{x}})_j(y)=[\varphi(\bar{x},y)]_j,$$

使得

$$f(\varphi(\bar{x},y),\bar{x})=y.$$

其中,$|x_i-a_i|\leqslant\varepsilon_1$, $i=1,\cdots,n$.通过逆映射定理,知道 $\varphi(\bar{x},y)$对 y 是 C^1 函数.为了确定其对 $\bar{x}$ 的正则性,对于 $|y-b|<\varepsilon_0$, $\bar{x}_1$、$\bar{x}_2$ 满足 $|(x_{n+k})_\alpha-a_{n+k}|<\varepsilon_2$, $\alpha=1,2$,记

$$\hat{x}_\alpha=\varphi(\bar{x}_\alpha,y),\quad \alpha=1,2$$

那么

$$f(\hat{x}_1,\bar{x}_1)=y=f(\hat{x}_2,\bar{x}_2).$$

于是

$$\begin{aligned}0&=f(\hat{x}_1,\bar{x}_1)-f(\hat{x}_2,\bar{x}_2)=D_{x_2}f(x_1-x_2)+R(x_1,x_2)(x_1-x_2)\\&=(D_{\bar{x}_2}f)_{\hat{x}_2}(\hat{x}_1-\hat{x}_2)+D_{x_2}f((0,\bar{x}_1-\bar{x}_2))+R(x_1,x_2)(x_1-x_2)\end{aligned}$$

这里 $R(x_1,x_2)$为一个 $n\times m$ 矩阵,并且当 $x_1\to x_2$ 时,$R(x_1,x_2)\to 0$. 上式写成

$$\begin{aligned}\hat{x}_1-\hat{x}_2&=-(D_{\bar{x}_2}f)_{\hat{x}_2}{}^{-1}D_{x_2}f((0,\bar{x}_1-\bar{x}_2))-(D_{\bar{x}_2}f)_{\hat{x}_2}{}^{-1}R(x_1,x_2)((0,\bar{x}_1-\bar{x}_2))\\&\quad+(D_{\bar{x}_2}f)_{\hat{x}_2}{}^{-1}R(x_1,x_2)((\hat{x}_1-\hat{x}_2,0))\end{aligned}\tag{B.1}$$

因为 f 是 C^1 函数,$R(x_1,x_2)$满足

$$|R(x_1,x_2)|=O(|x_1-x_2|).\tag{B.2}$$

注意到$|x_1-x_2|\leqslant C\varepsilon_1$,$C$ 为由维数 m 确定的常数. 于是当 ε_1 充分小时,

$$|(D_{\bar{x}_2}f)^{-1}R(x_1,x_2)((\hat{x}_1-\hat{x}_2,0))|\leqslant(1/4)|\hat{x}_1-\hat{x}_2|.$$

于是(B.1)得出

$$(3/4)|\hat{x}_1-\hat{x}_2|\leqslant C|\bar{x}_1-\bar{x}_2|,\tag{B.3}$$

其中 C 为 f 决定的常数. 于是 $\varphi(\bar{x},y)$对于 $\bar{x}$ 李普希兹连续.

再来看可微性. 为方便起见,记

$$T(\bar{x}_1,\bar{x}_2):=R\Big((\varphi(\bar{x}_1,y),\bar{x}_1),(\varphi(\bar{x}_2,y),\bar{x}_2)\Big).$$

于是

$$\begin{aligned}\hat{x}_1-\hat{x}_2&=-(D_{\bar{x}_2}f)_{\hat{x}_2}{}^{-1}Df_{x_2}((0,\bar{x}_1-\bar{x}_2))+(D_{\bar{x}_2}f)_{\hat{x}_2}{}^{-1}T(\bar{x}_1,\bar{x}_2)((0,\bar{x}_1-\bar{x}_2))\\&\quad+(D_{\bar{x}_2}f)_{\hat{x}_2}{}^{-1}T(\bar{x}_1,\bar{x}_2)((\hat{x}_1-\hat{x}_2,0)).\end{aligned}\tag{B.4}$$

于是

$$\begin{aligned}&\varphi(\bar{x}_1,y)-\varphi(\bar{x}_2,y)+(D_{\bar{x}_2}f)_{\hat{x}_2}{}^{-1}D_{x_2}f((0,\bar{x}_1-\bar{x}_2))\\&=(D_{\bar{x}_2}f)_{\hat{x}_2}{}^{-1}T(\bar{x}_1,\bar{x}_2)((0,\bar{x}_1-\bar{x}_2))+(D_{\bar{x}_2}f)_{\hat{x}_2}{}^{-1}T(\bar{x}_1,\bar{x}_2)((\hat{x}_1-\hat{x}_2,0))\end{aligned}$$

注意,右边两项都是$|\bar{x}_1-\bar{x}_2|$的高阶小量. 于是我们得到了 φ 对于 $\bar{x}$ 的可微性,并且其(偏)导映射是

$$(D_{\bar{x}}f)^{-1}D_xf((0,\cdot))=(D_{\bar{x}}f)^{-1}D_{(\varphi(\bar{x},y),\bar{x})}f(0,\cdot)$$

这矩阵显然对 $\bar{x}$ 连续. 于是我们说明了 φ 对 $\bar{x}$ 的正则性. □

参考文献

[1]吴光磊,田畴.解析几何简明教程[M].北京:高等教育出版社,2003.

[2]尤承业.基础拓扑学讲义[M].北京:北京大学出版社,1997.

[3]伍鸿熙,沈纯理,虞言林.黎曼几何初步[M].北京:高等教育出版社,2014.

[4]伍鸿熙,陈维桓.黎曼几何选讲[M].北京:北京大学出版社,1993.

[5]张筑生.微分拓扑新讲[M].北京:北京大学出版社,2002.

[6]THORPE J A. Elementary Topics in Differential Geometry, Undergraduate Texts in Mathematics[M]. New York: Springer, 1979.